Tim Cole
Unternehmen 2020

TIM COLE

Unternehmen 2020

Das Internet war erst der Anfang

Forsthaus

Dieses Buch ist unter einer internationalen Creative Commons 3.0 by attribution, share alike Lizenzpubliziert. Das bedeutet, dass die Inhalte kopiert, weiterverbreitet und verändert werden dürfen, solange auf die Quelle hingewiesen wird und die kopierten oder veränderten Werke auch unter derselben Lizenz veröffentlicht werden.

Obwohl unter Creative Commons lizenzierte Werke als freie Inhalte gelten, bedeutet das nicht, dass diese Inhalte ausschließ¬lich kostenlos angeboten werden müssen, oder dass keine Ver¬wertung dieser Inhalte möglich ist.

Es ist Zeit- und Geldverschwendung, sich gegen die Kopier¬barkeit von Inhalten zu wehren. Im Sinne der Nutzer, der Urheber und der Gesellschaft ist es, dass die Vor¬teile der einfachen Verbreitung von Kultur und Wissen genutzt werden.

1. Auflage 2010 (Carl Hanser Verlag München)

2. überarbeitet Auflage 2015

1 2 3 4 5 6   13 12 11 10

© Forsthaus-Verlag, Forsthausgasse 80, A-5582 St. Michael im Lungau,
Tel. +43 (6477) 20253, forsthausverlag@gmx.at

Herstellung und Verlag:
BoD - Books on Demand, Norderstedt
ISBN 978-3-7347-6886-6

Danksagung

Christoph Witte, meinem Freund, Kollegen und „Mit-Czyslansky", ohne den dieses Buch in dieser Form niemals möglich gewesen wäre.

Inhalt

Vorwort 1

KAPITEL 1
Die vernetzte Wirtschaft 7

Das Internet hatte gleich zwei Väter 7
Der Internet-Kühlschrank 8
Der Netzwerkeffekt – und die Folgen 10
Das Zeitalter der digitalen Transformation 12
E-Enabling: Startschuss zur totalen Vernetzung 13
Weg mit dem digitalen Müllberg 17
Fallbeispiel: Hymer Freizeitfahrzeuge 23
Neuauflage der New Economy 24
Die neue Macht des Kunden 25
Fallbeispiel: Ciao 29
Der Kunde im Mittelpunkt 30

KAPITEL 2
Das Unternehmen von morgen 33

Warum das Netz dem Mittelstand gehört 33
Wo sich Coase irrte 34
Die Zukunft gehört den kleinen Unternehmen 35
Der globale Mittelstand 37
Globalisierung 3.0 40
Fortschritt ist wie Froschhüpfen 43
Sourcing für alle! 46
Konvergenz in den Köpfen 49
Der Kunde als Unternehmer 53
Fallbeispiel: Frösche gehen auf Reisen 54

KAPITEL 3
Wie – und wo – wir 2020 arbeiten 57

Das Büro von morgen 57
Bitte Platz nehmen im PC 59
Fallbeispiel: Brose arbeitet in der Zukunft 61
Auge in Auge kommunizieren 63
Die Grenzen von Skype 66
Fallbeispiel: Bei Goldbeck war Reisen gestern 69
Arbeit 2.0: Mitarbeiter als Module 70
Die neue Mobilität 72
Willkommen bei den digitalen Beduinen 75
Fallbeispiel: Nie mehr ins (Heim-)Büro! 78
Mobilität verändert den Menschen 79

KAPITEL 4
Unternehmen im Wandel 83

Die digitale Transformation der Wirtschaft 83
Customer Asset Management:
Der Kunde als Teil des Firmenvermögens 85
The Extended Enterprise 89
Fallbeispiel: Blick frei auf das „Kunden-Universum" 93
Das Wissen in den Köpfen der Mitarbeiter 97

KAPITEL 5
Der neue Kunde 101

Geschäftsmodell Hoflieferant 101
Loyalität muss sich für beide lohnen! 105
Fallbeispiel eDelight: Empfehlungen vom Feinsten 108
Der wahre Preis der Ware 109
Die neue Macht des Kunden im Internet 111
Das eBay-Modell: Der Kunde bestimmt den Preis 112
Preisvergleich per Mausklick 117
Das Ende der Service-Wüste 118

Fallbeispiel Kromi AG:
Vom Handelshaus zum Service-Unternehmen 120
Service als Chance für Existenzgründer 122

KAPITEL 6
E-Marketing: Neue Töne aus dem Netz 125

Dialog statt Monolog 125
Der Kunde bekommt einen Rückkanal 127
Online-Communities: Vertrauen schafft Stammkunden 129
Fallbeispiel fahrrad.de:
Das Unternehmen bekommt ein Gesicht 130
Jeder Kunde ist in Zukunft eine Zielgruppe 132
Nur der Erfolg wird belohnt 134
Permission Marketing: Darf ich bitten? 136
Googlenomics: Wie Suchmaschinen
die Welt der Werbung auf den Kopf stellen 137
Reputation Management:
Im Internet ist ein guter Name alles! 141
Aus Web 2.0 wird Marketing 2.0 143
Fallbeispiel Ludgar Freese: Ein Metzger im Netz 144
Virales Marketing: Empfehlung statt Werbung 145
Fallbeispiel RVF: Handel mit Empfehlungen 146
Der Dialog muss auch gelebt werden 147

KAPITEL 7
Die neue Rolle der IT im vernetzten Unternehmen 149

Investitionsstau bremst die Unternehmens-IT 150
Fallbeispiel Quelle-Pleite: Die IT war doch nicht schuld ... 152
Der Erfolg macht den Mittelstand betriebsblind 154
Die IT nimmt sich zurück – und wird immer wichtiger ... 157
Modularisierung: Die IT flexibilisieren 159
Führungskräfte müssen die richtigen
Fragen stellen können 161
SaaS: Software aus der Dose 163
Managed Services: Die Unternehmens-IT geht fremd 166

Service verändert die IT 170
Cloud Computing: Die Wolken lichten sich 171
Wie sicher ist die Wolken-IT? 176

KAPITEL 8
Vertrauen gegen Kontrolle 181

Identitätsmangement: Das digitale Ich – und die Folgen 181
Wer schützt uns vor unseren Beschützern? 183
Aktenzeichen Internet: Der Identitäten-Klau geht um! 188
Lassen Sie Sicherheits-Profis ran! 191
Die Zeit ist reif für die digitale Unterschrift 194
Was hat IT-Sicherheit mit Basel II zu tun? 199
Wie man digitale Identitäten erfolgreich verwaltet 201

KAPITEL 9
Mitarbeiterführung 2020 205

Nur der flexible Personaler überlebt 205
Die digitale Arbeitsmittelausgabe 206
Entlassung per Mausklick ist schlechter Stil 207
Personalentwicklung per Internet 208
Digital Natives finden und führen 209
Arbeitsalltag 2020 211
Talente aus der Datenbank 215
Vom Arbeitsmarkt zur Fachkräftebörse 217
Andere Mitarbeiter – andere Arbeitsplätze 219
Die Zahnpaste passt nicht mehr in die Tube 221
Homo oeconomicus hat ausgedient 222
E-Mail war vorgestern 223
Der Mitarbeiter von morgen 224

Nachwort: Schirrmachers Kopf, oder
warum das Internet an allem schuld ist 227
Digitale Überforderung als Fortschrittsmotor 228
Das Internet und die Krise 231

Index 235

Vorwort

Die Geschichte des deutschen Unternehmertums wurde von starken Unternehmerpersönlichkeiten geschrieben: Männern und Frauen mit Ideen und Visionen, mit dem Mut zur Innovation und dem Geschäftssinn, das Beste daraus zu machen. Sie waren Einzelgänger, die unbeirrbar ihren Weg gingen und am Ende viel Erfolg hatten. Sie sind bis heute Vorbilder geblieben.

Doch die Zeiten ändern sich. Ein Robert Bosch oder Karl Benz, ein Max Grundig oder Hermann Bahlsen, eine Margarethe Steiff oder eine Caroline Märklin hätten heute vermutlich mit einem kleinen Laden kaum noch eine Chance, auf eigene Faust zum Erfolg zu kommen. Sie wären heute wahrscheinlich die Ersten, die Internet, moderne Kommunikation und Netzwerkeffekte für sich nutzen würden. Denn das zeichnet inzwischen den weitsichtigen Unternehmer aus: Er lässt den Wandel für sich arbeiten.

Solche Weitsicht ist heute mehr gefragt denn je. Der deutsche Mittelstand, die tragende Säule der deutschen Volkswirtschaft, droht eine der wichtigsten Weichenstellungen der Neuzeit zu verpassen: den Übergang von einer analogen zur digitalen Wirtschaft – einer Wirtschaft, in der es weniger auf unternehmerische Einzelleistung und mehr auf Vernetzung, auf Kommunikation und Kollaboration ankommt. Darauf sind die meisten Unternehmer und Manager in Deutschland auch heute noch, mehr als zehn Jahre nach dem Beginn der Internet-Revolution, noch nicht ausreichend gerüstet.

Wie soll es aber weitergehen? Wie sehen Unternehmen im Jahr 2020 aus, also wenn das kommende nächste Jahrzehnt der digitalen Wirtschaft vorüber ist? Wie wird der Standort Deutschland, der ein zutiefst mittelständischer ist, im internationalen Vergleich dastehen? Das sind Fragen, die nicht nur für die Unternehmen, sondern für alle Menschen in diesem Land von größter Tragweite sind. Der Konkurrent von morgen hat seinen Betrieb nicht in Wanne-Eickel oder Rosenheim, sondern in Hyderabad oder Fujian. Denn auch der deutsche Mittelstand muss auf der Globalisierungswelle mitschwimmen – oder untergehen.

Auch wenn Ausnahmen die Regel bestätigen, so muss man leider feststellen, dass die Mehrzahl der mittelständischen Unternehmen die Möglichkeiten der Digitalisierung nicht ausreichend nutzt, um ihr Geschäft voranzutreiben und ihre Zukunft zu sichern. Gleichgültig ob Produktionsbetriebe, Handels- oder Dienstleistungsunternehmen: Die meisten setzen Informationstechnologie und Vernetzung längst nicht offensiv genug ein. Natürlich stehen überall in den Büros, in Lagerhäusern und Fabriken PCs, natürlich verfügen auch kleine und mittlere Unternehmen über Server und Datennetze zur Informationsübermittlung und -verarbeitung. Sie beschränken sich aber weitgehend auf die Automatisierung klassischer Abläufe und Verwaltungsprozesse, zum Beispiel im Rechnungswesen, in der Warenwirtschaft, in der Produktionssteuerung oder in Konstruktion und Planung.

Es stimmt zwar, dass viele Unternehmen in den letzten Jahren auch erste, meist zaghafte Schritte Richtung E-Business unternommen oder mithilfe mehr oder weniger funktionsfähiger Webshops den Einstieg in den E-Commerce gewagt haben, manchmal sogar mit einer Anbindung an bestehende Warenwirtschaftssysteme. Insgesamt aber bleiben Digitalisierung und Vernetzung in den meisten mittelständischen Unternehmen Stückwerk – digitale Inseln inmitten analoger, arbeitsintensiver und deshalb heute schon ineffizienter Geschäftsprozesse. Und dabei stehen wir mit der Digitalisierung ja eigentlich erst am Anfang!

Im Unternehmen 2020 wird es Brücken geben müssen, um die verschiedenen digitalen Inseln miteinander zu verbinden. Das ist leichter gesagt als getan. Bislang mussten die schmalen Brücken, die es bereits gibt, mühsam über technisch teilweise hochkomplexe Schnittstellen hergestellt werden. Nun weiß aber jeder Informationstechniker, wie schwierig es ist, Eingriffe in laufende Systeme vorzunehmen. „Never change a running system!", lautet denn auch das erste Gebot aller IT. Jede kleinste Veränderung wirkt sich auf andere Systeme aus, wenn also ein Glied in der Kette verändert wird, müssen alle anderen angepasst und ebenfalls verändert werden. So viel zum Thema Flexibilisierung in der IT. In der Praxis ist es häufig aufwendiger, eine neue Software in die bestehenden Systeme zu integrieren, als die ursprünglich anvisierte Prozessunterstützung zu entwickeln. Wenigstens ist in der IT-Branche selbst langsam ein Umdenken zu erkennen, mit einer neuen Hinwendung zur Modularisierung und Wiederverwendbarkeit von System- und Softwareeinheiten. Dazu später mehr.

Doch die Technik ist nicht das Problem. Die wahren Defizite liegen im vernetzten Denken. Sie stellen die eigentliche Ursache für den zögerlichen Einsatz von Informationstechnologie und Internet in mittelständischen (und übrigens auch in vielen großen) Unternehmen dar. In diesem Buch wollen wir die These wagen, dass mit intensiverer Nutzung heutiger Technologien eine viel stärkere Verzahnung aller Geschäftsprozesse in einem Unternehmen und zwischen verschiedenen Unternehmen möglich wäre, wenn Unternehmer und Manager ihre Fähigkeit, vernetzt zu denken, entwickeln und verbessern würden.

Was ist damit gemeint?

In der westlichen Kultur steht seit alters her der Einzelne im Mittelpunkt. Individualismus und Eigenständigkeit (die oft nur eine nette Umschreibung für Selbstsucht sind) sind tief in unseren Traditionen und im unternehmerischen Selbstverständnis gerade des Mittelstandes verwurzelt. Ich bin mir selbst der Nächste, dann kommt lange nichts, dann mein Partner oder meine Partnerin, meine Kinder, meine Familie, meine Freunde, meine Bekannten, mein Verein – kurz: mein ganz persönliches Beziehungsnetzwerk. Zumindest jene Menschen, die sich mit ihrer Arbeit identifizieren und engagiert sind, zählen vielleicht noch ihre Kollegen, wenigstens ihre engste Arbeitsgruppe dazu: die Abteilung, den Bereich, bei kleineren Betrieben vielleicht sogar das ganze Unternehmen. Das ist im Prinzip gemeint, wenn wir von „ich", „wir" oder „uns" sprechen. Der Rest sind eben die „anderen". Aus dieser absolut egozentrischen Perspektive sind die anderen zunächst einmal unsere Feinde, auf jeden Fall aber Konkurrenten.

Fortschritt geht in dieser Weltsicht stets von „uns" aus. Und wenn doch jemand anderer etwas besser macht, dann stachelt uns das an, diesen Vorsprung aufzuholen und den Konkurrenten möglichst zu überholen – anstatt, was vielleicht sinnvoller wäre, dessen Wissensvorsprung durch Kooperation und intensive Vernetzung zum gemeinsamen Vorteil zu nutzen. Das Gleiche gilt natürlich noch umso mehr, wenn wir uns selbst vorne wähnen. Dann suchen wir diesen Vorsprung durch Abschotten und Verheimlichen auszubauen, den Abstand zwischen uns und den – zum Glück – hinterherhinkenden Mitbewerbern mithilfe von Herrschaftswissen zu vergrößern. Wir verteidigen unseren Vorteil notfalls mit Zähnen und Klauen, solange es eben geht.

Doch dieses Denken ist längst überholt in einer Welt, in der Vernetzung zumindest im technischen Sinne immer mehr zur Determinante des Fortschritts wird, in der Datenströme unermesslichen Ausmaßes um den Globus kreisen und in der praktisch alles mit allem und jeder mit jedem zusammenhängt. Hinzu kommt die wachsende Komplexität der gegenseitigen Beziehungen und Abhängigkeiten, die der Einzelne kaum noch zu überblicken vermag. Hier sei nur auf die ungelösten Menschheitsprobleme wie globale Erwärmung, Trinkwasser- oder Energieversorgung verwiesen. Wer immer noch glaubt, auf eigene Faust einen individuellen Vorsprung verteidigen und daraus Kapital schlagen zu können, hat die Zeichen der Zeit nicht erkannt.

Uns geht es beileibe nicht darum, das Prinzip des freien Wettbewerbs zu verteufeln oder eine fundamentalistische Kapitalismuskritik zu üben. Wir alle sollten uns aber Gedanken darüber machen, wie wir in Zukunft die Grenzen des „Ichs" oder des „Wir" so auszudehnen vermögen, dass wir gemeinsam den größtmöglichen Gewinn daraus erwirtschaften. Wenn es stimmt, dass vier Augen mehr sehen als zwei, zwei kluge Köpfe bessere Ideen ausbrüten als einer, dann wird es höchste Zeit, dass wir diesen Gedanken auch in unsere Unternehmen tragen und ihn dort zu einem zentralen Wirkungsprinzip erklären. Merke: Vernetzung beginnt immer in den Köpfen!

Die Vorbilder von gestern sind ungeeignet, das nötige Bewusstsein für die Bedeutung von Vernetzung im Unternehmen 2020 zu fördern. Die großen Gründerpioniere des 19. und 20. Jahrhunderts waren mutige Alleinentscheider. Die neue Generation von erfolgreichen Unternehmern sind Brückenbauer: Menschen, die den Wert von Beziehungsgeflechten kennen und diese zum eigenen und zum gemeinsamen Vorteil zu nutzen verstehen. Die neuen Vorbilder heißen Sergey Brin und Larry Page von Google, Mark Zuckerberg von Facebook, Lars Hinrichs von Xing, Pierre Omidyar von eBay oder Jeff Bezos von Amazon. Sie werden wir im Jahr 2020 in unseren Jubiläumsreden feiern, über sie werden Wirtschaftsprofessoren vor staunenden Studenten referieren, nach ihnen wird man Straßen und Plätze benennen.

Natürlich gibt es bereits heute gute Beispiele für Firmen, die sich aufgemacht haben, die neue, vernetzte Welt ins Haus zu holen und aus dem erweiterten „Wir" Vorteile zu ziehen. Die Hamburger Firma Tchibo ruft auf ihrer Website www.tchibo-ideas.de dazu auf, neue Ideen zur Lösung alter Probleme einzureichen. „Tchibo Ideas" bezeichnet sich als „offene Plattform für Menschen, die neue Ideen entwickeln und diese gemeinsam mit anderen Menschen vorantreiben wollen". Man versteht sich auch als Dialogplattform für den regen Austausch zwischen Designern, Erfindern und Entwicklern auf der einen, Kunden und Konsumenten auf der anderen Seite. Alle zusammen bilden die „Tchibo Ideas Community": Eine Gemeinschaft, innerhalb derer jeder Einzelne vom Wissen und von der Erfahrung des anderen profitieren und dadurch die Möglichkeit erhalten soll, seine eigenen Ideen zu optimieren. Dass Tchibo nebenbei wertvolle Anregungen zur Optimierung des eigenen Produktsortiments erhält, ist aus Sicht des Unternehmens ein ganz handfester Vorteil. Aber nicht der einzige: Wer derart offen mit seinen Kunden umgeht, genießt natürlich einen Vertrauensbonus, kann mit Sympathie und Loyalität rechnen. Das alles ist Teil eines Vorgangs, den wir in diesem Buch als „Kunden-Selbstbindung" bezeichnen werden, und der inzwischen dabei ist, die überholte Vorstellung von „Kundenbindung" abzulösen. Ein gebundener Kunde ist nicht frei in seinen Entscheidungen. Der mündige Konsument des Jahres 2020 wird sich solche Handschellen nicht mehr überstreifen lassen. Wer ihn zum Stammkunden machen will, muss in Netzwerken denken können.

Gerade mittelständische Unternehmen werden die Vorteile der Vernetzung in einer globalisierten Welt nutzen müssen, um ihr Überleben langfristig zu sichern. Das erfordert aber eine andere Art der Unternehmensführung, der Arbeitsorganisation, der Produktentwicklung, der Fertigung und des Service. Das heißt nicht mehr und nicht weniger als die Notwendigkeit, das eigene Unternehmen fit zu machen für eine Zukunft, in der Digitalisierung und Vernetzung die treibenden Faktoren der mittelständischen Wirtschaft sein werden.

Dieses Buch wagt einen Blick in diese gar nicht allzu ferne Zukunft. Der Titel – *Unternehmen 2020 – das Internet war erst der Anfang* – soll bewusst provozieren. Hier wird versucht, die sich bereits deutlich abzeichnenden Trends und Entwicklungen vorsichtig fortzuschreiben und damit den Nachweis zu erbringen, dass in der Vernetzung der Hauptmotor des Fortschritts im kommenden Jahrzehnt liegen wird. Das Buch bringt immer wieder Beispiele von real existierenden Unternehmen, um mögliche Einsatzszenarien hier und heute zu schreiben und damit erreichbare Ziele zu setzen – mutige Macher und Manager, die bereits heute Weichen fürs Unternehmen 2020 gesetzt haben. Damit lädt es zu einer Reise ein in eine Zukunft, deren Ausgangspunkt der Leser schon kennt: sein eigenes Unternehmen.

Christoph Witte*, im März 2010

---

* Christoph Witte ist freier Kommunikationsberater und Publizist. Er war jahrelang Chefredakteur und Herausgeber der Zeitschrift *Computerwoche*. Witte lebt und arbeitet in München.

■ KAPITEL 1

Die vernetzte Wirtschaft

Vinton Cerf ist ein netter, etwas altväterlich aussehender Mann mit einem weißen Spitzbart und schütteren Haaren. Wenn er redet, beschreiben seine Hände bedächtige Gesten, die irgendwie beruhigend wirken. Sein Tonfall ist eher leise, seine Worte sind gewählt. Alles andere also als ein Revoluzzer. Und doch hat dieser Mann die vielleicht größte Revolution in der modernen Geschichte angezettelt. Wenn einer den Nobelpreis verdient hat, dann er – aber wenn Sie ihm auf der Straße begegnen würden, wüssten Sie vermutlich nicht einmal, wer er ist.

Vinton Cerf hat zusammen mit seinem Kollegen Bob Kahn Anfang der 70er-Jahre das TCP/IP-Protokoll erfunden. Bis dahin mussten digitale Daten stets über eine feste Leitungsverbindung zwischen zwei Computern hin und her geschickt werden. Dank TCP/IP werden die Daten für den Transport in kleine Pakete verschnürt. Diese können auf unterschiedlichen Wegen und unabhängig voneinander versendet und vom Empfänger wieder zusammengesetzt werden.

Das Internet hatte gleich zwei Väter

Ein bisschen erinnert das an den berühmten Satz von Neil Armstrong bei der ersten Mondlandung: „Ein kleiner Schritt für mich, aber ein großer Schritt für die Menschheit." Denn mit den beiden für Laien kaum verständlichen Abkürzungen (sie stehen für „Transmission Control Protocol" und „Internet Protocol") stießen Cerf und Kahn die Tür auf für eine neue Epoche: das Internet-Zeitalter. Und damit haben sie alles verändert.

Wie umwälzend die Erfindung der beiden US-Amerikaner gewesen ist, wird immer klarer. Sie hat die Art verändert, wie wir kommunizieren, wie wir arbeiten und wie wir uns informieren. Aber nirgendwo hat sich das Veränderungspotenzial so deutlich gezeigt wie in den großen und kleinen Unternehmen der Wirtschaft.

Für die Älteren unter uns genügt es, kurz innezuhalten und sich die Frage zu stellen: „Wie haben wir das eigentlich früher gemacht?" Für die Jüngeren hingegen ist es selbstverständlich, dass Briefe und Geschäftsunterlagen mit Lichtgeschwindigkeit um die halbe Welt sausen, dass Bilder und Videos nach wenigen Mausklicks wie von Geisterhand gemalt auf dem Computerbildschirm auftauchen, dass Menschen an entgegengesetzten Enden der Erde gemeinsam an Dokumenten arbeiten oder komplizierte Genehmigungsverfahren in Minutenschnelle über Netzwerke laufen, dass Manager in Flughäfen oder in Bahnabteilen ihre Arbeit so erledigen, als seien sie im Büro, oder die gar kein Büro mehr haben, weil das Internet feste Arbeitsplätze überflüssig gemacht hat.

Die Veränderungen, die Unternehmen in den letzten zehn bis 15 Jahren umgeformt haben, sind tiefgreifender als alles, was zuvor an Beschleunigung und Vereinfachung auf uns eingeströmt ist, aber wir bemerken es kaum, weil wir so sehr mit dem Augenblick beschäftigt sind. Tatsächlich war es keine Revolution, die das Internet ausgelöst hat, sondern eher eine Evolution, ein langsamer, schrittweiser Wandel, der den privaten und beruflichen Alltag erfasst und verändert hat. Und die Veränderung geht weiter. Was wird zum Beispiel in den nächsten zehn Jahren alles auf uns zukommen? Wie sieht das Unternehmen 2020 aus?

Der Internet-Kühlschrank

Nun, es wird anders aussehen. Das Problem ist nämlich, dass sich die Veränderung nicht aufhalten lässt. Warum das so ist, hat Vinton Cerf dem Schreiber dieser Zeilen vor ein paar Jahren einmal am Rande der CeBIT, der in Hannover stattfindenden größten Technikmesse der Welt, zu erklären versucht, und er hat dazu ein ganz einfaches Beispiel verwendet. „Stellen Sie sich einen Kühlschrank mit Internet-Anschluss vor", sagte er, und er beeilte sich zu sagen, dass es solche Kühlschränke natürlich schon längst gibt. Sie werden von Firmen wie LG oder Samsung in Korea seit Jahren gebaut, und sie verfügen über einen kleinen eingebauten Computer, einen Webserver und einen Scanner, mit dem sie die Barcodes an den Lebensmittelpackungen lesen können, um beispielsweise festzustellen, ob die Milch schon sauer ist. Der Besitzer kann seinen Kühlschrank programmieren und ihm sagen, was er alles gerne vorfinden möchte, wenn er abends heimkommt. Der Kühlschrank kann die gewünschten Dinge per Internet beim Supermarkt um die Ecke bestellen. Und in Ländern, in denen die Servicekultur etwas ausgeprägter ist als hier bei uns, da werden die Waren ins Haus geliefert und sogar, wenn das gewünscht wird, in den Kühlschrank geräumt.

So weit, so gut. Das ist keine Science-Fiction, sondern längst Realität, auch wenn die Wenigsten unter den geneigten Lesern vermutlich schon einen solchen Kühlschrank in der Küche stehen haben. Aber was wäre, fragte Cerf, wenn es eine Personenwaage mit Internet-Anschluss gäbe. Vorstellbar wäre so was ja: Krankhaft übergewichtige Menschen könnten sich morgens draufstellen, und die Waage würde das Gewicht an den behandelnden Arzt übermitteln, der daraufhin die Medikamentierung entsprechend einstellen oder den Patienten in die Praxis bestellen könnte.

Was aber, wenn der Internet-Kühlschrank auf einmal anfangen würde, mit der Internet-Waage zu kommunizieren? Was käme dabei heraus? Schwer zu sagen. Vielleicht fände der Besitzer abends lauter Diätkost im Kühlschrank vor, oder vielleicht ließe sich die Kühlschranktür eine Zeit lang nicht mehr öffnen, weil die beiden das so beschlossen haben. Sicher ist nur: Es wäre nicht mehr alles so wie früher. „Und warum?", fragte Cerf und lächelte triumphierend. „Weil die Vernetzung automatisch immer auch Veränderung bedeutet. Egal was Sie vernetzen oder wie Sie das tun. Es kommt am Ende etwas anderes heraus, etwas Unvorhergesehenes, etwas Überraschendes!"

Wenn man bedenkt, dass wir seit mehr als 20 Jahren dabei sind, die Wirtschaft zu vernetzen, darf es eigentlich niemanden überraschen, wenn dadurch ständig massive Veränderungen in den Unternehmen, in den Behörden, in den Schulen und Wohnzimmern der Welt ausgelöst werden. Und dennoch schütteln wir manchmal kollektiv den Kopf und fragen uns: „Wie konnte das nur passieren?"

Der Netzwerkeffekt – und die Folgen

Die Antwort lautet: Digitalisierung und Vernetzung. Beide hängen eng miteinander zusammen, beide ergänzen und verstärken sich gegenseitig, beide tragen ein hohes Veränderungspotenzial in sich. Es ist wie bei Goethes Zauberlehrling, der die Geister, die er rief, nicht mehr loswurde: Es gibt, wenn die Vernetzung erst einmal eine kritische Masse erreicht hat, kein Zurück mehr.

Seit etwa 20 Jahren ist die technische Vernetzung gelebte Wirklichkeit in Unternehmen und Behörden, in Schulen und Krankenhäusern und vor allem in den Wohnzimmern und sogar in den Schlafzimmern von Millionen von Menschen. Diese Vernetzung hat die Welt bereits so sehr verändert wie kaum eine andere Technik zuvor, und dabei stehen wir eigentlich erst am Anfang. Bis zum Jahr 2020 – und weiter wollen wir als fehlbare Menschen in diesem Buch lieber nicht blicken – ist noch mit viel gravierenderen Veränderungen zu rechnen. Aber es liegt im Wesen dieser durch Vernetzung ausgelösten Veränderungen, dass keiner ganz genau sagen kann, wann und wo sie stattfinden werden. Woraus wir die erste und wichtigste Regel für Entscheider im Unternehmen 2020 ableiten können: Seien Sie auf der Hut vor Veränderung! Und haben Sie sie erkannt, dann reagieren Sie schnell – wenn möglich schneller als die Konkurrenz.

Es liegt nämlich leider auch im Wesen der Vernetzung, dass sich das Tempo der durch sie ausgelösten Veränderungen ständig beschleunigt. Schuld daran ist der sogenannte „Netzwerkeffekt". Er besagt, dass der Nutzen an einem Netzwerk für den Einzelnen wächst, wenn dessen Nutzerzahl größer wird. Der Erste, der diesen Effekt beschrieben hat, war Theodore Vail, der seit 1878 die von Alexander Graham Bell, dem Erfinder des Telefons, gegründete

American Bell Telephone Company leitete. Ihm gelang es 1919, die US-Regierung davon zu überzeugen, dass es sinnlos wäre, mehrere konkurrierende Telefonsysteme im Land zuzulassen, weil dadurch der Nutzen für die Teilnehmer und folglich auch das Interesse der Kapitalanleger gering wären, in ein solches für das Land so wichtige System zu investieren. Vail nannte sein Konzept „one system, one policy, universal service", und er hat damit eines der größten Monopole der Wirtschaftsgeschichte geschaffen, die American Telephone & Telegraph Company, AT&T. Auch nach der Zerschlagung durch die Kartellbehörde im Jahr 1982 ist AT&T immer noch eine der größten Telekomfirmen der Welt.

Wissenschaftlich formuliert wurde der Netzwerkeffekt Anfang der 80er durch den Kalifornier John Metcalfe, dem Chef der Firma Ethernet. Er ging als „Metcalfe's Law" in die Technikgeschichte ein, hat aber weit darüber hinaus Gültigkeit und Bedeutung. In seiner Kurzform lautet das Gesetz: Der Nutzen eines Netzwerks steigt im Quadrat zur angeschlossenen Teilnehmerzahl.

Das Gesetz ist universell, es gilt aber insbesondere für Unternehmen, in denen die seit Jahren fortschreitende, oft ziemlich willkürliche und vor allem nach wie vor lückenhafte Vernetzung zwar einerseits schon spürbaren Nutzen gestiftet hat, andererseits aber zu einer verwirrenden Komplexität von Geschäftsprozessen und Beziehungen, zum Beispiel zwischen Anbieter und Kunden, geführt hat. Wenn heute mancherorts von der „vollständigen Vernetzung der Wirtschaft" gesprochen wird, so bleibt das bis heute leider noch ein ziemlich leeres Versprechen, oder, wie die Angelsachsen sagen würden, „work in progress" – wir arbeiten noch daran …

Das Zeitalter der digitalen Transformation

Veränderung, die auf Digitalität und Vernetzung basiert, wird von Fachleuten inzwischen häufig als digitale Transformation bezeichnet. Je nachdem, welche Definition des Begriffs Sie heute hören, werden Ihnen auch verschiedene Stoßrichtungen und verschiedene Endziele dieser Entwicklung begegnen. Dem einen geht es um Verbesserung der Prozesseffizienz, dem anderen um die Senkung von Prozesskosten, der Dritte sieht darin die Unterstützung wertschöpfender Unternehmensaktivitäten, wieder ein anderer eher die elektronische Abstimmung und Steuerung von Geschäftsaktivitäten oder die Weiterentwicklung vorhandener Einzellösungen für Unternehmen durch konsequente Vernetzung.

Die Wirtschaftsberater von McKinsey haben digitale Transformation als ein komplexes, individuelles System zur Schaffung von Transparenz bezeichnet, das die unternehmensspezifischen Schwächen beseitigen beziehungsweise ihre Stärken unterstützen soll, um sie effektiver nutzbar zu machen.

Digitalität und Vernetzung sind wie gesagt die zwei treibenden Kräfte beim aktuellen Wandel in der Unternehmenswelt. Nur ist nicht immer sofort offensichtlich, wo sie stattfinden und wie groß ihre Tragweite sein wird. Die große Herausforderung an Manager in einer digitalisierten Wirtschaft wird darin bestehen, die Veränderung für das Unternehmen, für sein Geschäftsmodell und für sie persönlich zu erkennen und darauf zu reagieren. Wer das am besten und am schnellsten kann, wird zu den Gewinnern zählen. Die Langsamen werden unter die Räder kommen.

Es gibt heute kein Unternehmen, das nicht in irgendeiner Form schon von der digitalen Transformation erfasst worden ist. Es gibt kaum einen Bäckermeister in Deutschland, der nicht zumindest einen Internet-Anschluss hat. Über 80 Prozent der mittelständischen Unternehmen sind inzwischen online. Bald werden es alle sein.

Großunternehmen insbesondere haben viel Geld in „Insellösungen" gesteckt – in einen teureren Webauftritt, zum Beispiel, in einen Online-Shop, ins Intranet, in Customer Relationship Management, in E-Procurement oder Demand Chain Management.

Die meisten dieser Lösungen sind dezentral entstanden, oft aufgrund von Eigeninitiative einzelner Abteilungen oder Fachbereiche. Nun stehen Unternehmen häufig vor der schweren Aufgabe, diese Inseln miteinander verbinden zu müssen, damit sie sich endlich rentieren. Hier wird digitale Transformation zu voll vernetzten Systemen führen, bei denen bereits bestehende Lösungen mit den neuen verzahnt sind, um das Versprechen, das sich aus der Digitalität der Vernetzung ergibt, tatsächlich einlösen zu können.

Es geht darum, die Voraussetzungen zu schaffen, damit Information und Wissen im Unternehmen auch wirklich benutzt werden können. Unsere Systeme sind zwar teilweise schon digital, aber nicht ausreichend vernetzt. Wir können nicht wirklich auf diese Informationen, die heute einen wichtigen Teil unseres Firmenvermögens darstellen, in dem Augenblick zugreifen, wo wir sie eigentlich benötigen, weil immer irgendwo ein Schnittstellenproblem oder ein Kompatibilitätsproblem besteht. So kommt es immer wieder zu Medienbrüchen und Blockaden, die Zeit, Geld und Ärger kosten. Die digitalen Zahnräder greifen nicht ineinander, irgendwo klemmen immer ein paar Bits und Bytes.

E-Enabling: Startschuss zur totalen Vernetzung

Der erste Schritt auf dem Weg zur notwendigen digitalen Transformation der Unternehmen heißt „E-Enabling", also das Unternehmen fit zu machen für die digitale Zukunft. Das ist heute die größte Aufgabe, vor der die Wirtschaft steht. Es beginnt damit, dass Prozessabläufe überhaupt digitalisiert werden müssen. Das ist keine triviale Aufgabe, denn um Prozessabläufe zu digitalisieren, muss man nicht nur etwas von Computern und von Software verstehen, sondern etwas von Prozessen. Gleichzeitig muss man seine Wertschöpfungsketten anzusehen und versuchen, durch Entbündelung und Neugestaltung, durch Outsourcing und Insourcing schlagkräftiger zu werden. Das sind keine typischen IT-Aufgaben, sondern Aufgaben des Topmanagements. Digitale Transformation ist Chefsache.

Die drei Ziele von digitaler Transformation kann man heute relativ gut beschreiben: Prozessoptimierung, Konzentration auf Kernkompetenzen und fokussiertes Wachstum. Bei Ersterem steht die operative Verbesserung im Mittelpunkt. Hier geht es um webbasierte Anwendungen, die sich modular erweitern lassen, die nach den Bedürfnissen und Erkenntnissen des Unternehmens wachsen können. So lassen sich schnell operative Verbesserungen und weitgehende Transparenz schaffen. Das gilt auch bei kleineren Firmen, die bisher nicht in der Lage waren, die Möglichkeiten von EDI (Electronic Data Interchange – Austausch von strukturierten Daten zwischen Geschäftspartnern) etwa zur Anbindung von Lieferanten, Kunden oder Vertriebspartnern zu nutzen, weil es für sie nicht wirtschaftlich gewesen wäre. Damit sind sie in der Lage, ihre Prozesskosten teilweise dramatisch zu senken, etwa durch ein webgestütztes Beschaffungswesen, aber auch durch flexible, situationsgerechte Anpassung der Prozesse.

Das zweite Element, die Konzentration auf die Kernkompetenzen, ist spätestens seit der Veröffentlichung von „Back To The Core" durch Autoren der US-Unternehmungsberatung Bain & Company ein zentrales Thema in der Wirtschaft. Es wird zunehmend offensichtlich, dass wir uns in der Hochphase des Goldrauschs häufig verzettelt haben. Unternehmen wollten Wachstum um jeden Preis und in jeder Richtung, und irgendwie ging es ja auch lange gut: Man konnte als Manager ja fast keine Fehler machen. Man eröffnete nur irgendwo etwas Neues, und dann boomte es auch schon. Heute stellen wir plötzlich fest, dass wir uns häufig übernommen haben und uns mit Dingen belasten, die gar nicht zu unserer Kernkompetenz gehören. Diese unrentablen Nebenkriegsschauplätze wirken sich aber belastend auf das Unternehmensergebnis aus. Deswegen wird alles wieder dichtgemacht, womit wir aber natürlich auch Chancen vergeben, nämlich zur Neukonfiguration von Wertschöpfungsketten. Digitale Transformation bietet hier die Möglichkeit, durch effizientes und einfaches In- oder Outsourcing die Chancen auf fokussiertes Wachstum zu wahren.

Die Konzentration auf die eigenen Stärken zwingt das Unternehmen, sich in seiner Rolle neu zu definieren. Es gibt im

Wesentlichen zwei Wege, die wir gehen können. Der eine ist der des Spezialisten, also desjenigen, der sich auf wenige oder auf eine Kernkompetenz konzentriert, meist also auf ein einziges Segment in der Wertschöpfungskette. Andererseits gibt es etwas, das wir als virtuelle Integratoren bezeichnen, also solche, die sich auf das Management von ganzen Wertschöpfungsketten von Lieferanten fokussieren. Für die IT-Branche lassen sich zwei Beispiele zitieren: einerseits als Spezialist die Firma Flextronics, die sich konsequent auf Komponenten und Speicher konzentriert hat, andererseits die Firma Dell als Paradebeispiel für einen virtuellen Integrator, der auf geschickte Art und Weise ein Heer von Lieferanten, Distributoren und Partnern so gewinnbringend miteinander vernetzt hat, dass daraus ein hochprofitables virtuelles Unternehmen geworden ist. Konzentration auf Kernkompetenz dient also in jedem Fall dem Ziel einer erhöhten Wettbewerbsfähigkeit.

Als drittes Element gilt die Erschließung von neuen Wachstumsoptionen. Die neuen Rollen von Spezialisten bieten dem Unternehmen jetzt die Möglichkeit, neue Dienstleistungen anzubieten und ihre Kernkompetenzen und ihr Spezialwissen anderen in der eigenen Branche, aber auch in anderen Wirtschaftszweigen zur Verfügung zu stellen. Viele große Erfolgsstorys der letzten Zeit wurden von Unternehmen geschrieben, die diesen Weg gegangen sind. IBM hat es in den letzten Jahren geschafft, sich als Service Company komplett neu zu erfinden.

Andere Möglichkeiten, durch digitale Transformation in neue Wachstumsgebiete vorzustoßen, sind die Angebote von digitalen Leistungen. Nicht umsonst ist es so, dass sich heute in allen großen Branchen teilweise mehrere Industrieplattformen oder von mehreren Herstellern gemeinsam betriebene elektronische Marktplätze etabliert haben, etwa in der Automobilindustrie oder in der Chemiebranche. Diese von Industrieriesen betriebenen Plattformen zwingen ihrerseits den Mittelstand, sich digital zu vernetzen, denn nur so bleiben sie mit den Großen im Geschäft. Wer nicht mitmacht, der ist früher oder später nicht mehr Lieferant.

Schließlich ist auch das Angebot von komplett neuartigen „E-Services" denkbar, aufbauend auf der eigenen Kernkompetenz. Ein

Maschinenbauunternehmen wäre beispielsweise in der Lage, externen Kunden sein eigenes Fachwissen im Bereich des Monitorings und der Fernwartung von Geräten anzubieten, etwa, indem es sie per Internet überwacht. Denkbar sind auch werkstückbezogene Services oder In-Process-Tests, die bei laufendem Betrieb der Maschine vorgenommen werden können, vor allem aber ohne die physische Präsenz eines Servicetechnikers. All dies kann Wachstumspotenzial für ein Unternehmen sein, das eigentlich in einem völlig anderen Bereich tätig ist. Möglich wird dies durch konsequente Nutzung von digitaler Transformation.

Bleibt die Frage: Ist das denn auch wirklich zielführend und kann man den Erfolg auch messen? Dazu zwei Aussagen: Einmal ein Zitat aus der *Computerwoche*, die kürzlich festgestellt hat, dass Firmen die konsequent E-Enabling betrieben haben, die Kosten für Auftragsabwicklung und Beschaffung deutlich, teilweise sogar um bis zu 90 Prozent gesenkt haben. Oder nehmen Sie die Firma Cisco, einer der Pioniere der digitalen Transformation. Cisco hat es nach eigenen Angaben geschafft, die Fehlerquote bei der Auftragsausübung durch E-Enabling um 90 Prozent zu senken. Die Kundenzufriedenheit sei exzellent, der Umsatz sei mittlerweile fast doppelt so hoch wie im vergleichbaren Branchendurchschnitt.

Digitale Transformation bedeutet also kein vages Zukunftsversprechen, sondern bereits hier und heute realisierte Renditevorsprünge. Es geht auch nicht um Peanuts, sondern um die großen Kostenblöcke im Unternehmen. Kein Wunder, dass die IT-Branche trotz allgemeiner Wirtschaftsflaute auch 2008 und 2009 stolze Wachstumsraten hingelegt hat. Merke: Vernetzung kennt keine Rezession.

Weg mit dem digitalen Müllberg

„40 Jahre Internet – und immer noch ertrinken deutsche Unternehmen in einem Meer von Papier!" Steffen Tampe schüttelt den Kopf. Der Fachmann für Dokumentenmanagement ist Direktor bei der Unternehmensberatung BearingPoint in Leipzig, und er erlebt jeden Tag, wie kleine und große Firmen Geld vernichten mit Geschäftsprozessen, die seiner Meinung nach noch in der „digitalen Steinzeit" festsitzen. Was ihnen fehlt? Der Sachse denkt kurz nach und fällt dann ein vernichtendes Urteil: „Sie haben leider immer noch nicht den Wert von Vernetzung verstanden."

Tatsächlich hat sich der Büroalltag in vielen Firmen trotz PC und Internet in vielen entscheidenden Details nicht wirklich verändert. Noch immer wandern Papierdokumente von Schreibtisch zu Schreibtisch, werden E-Mails ausgedruckt und dem Chef in der Postmappe vorgelegt, suchen hoch qualifizierte Mitarbeiter oft stundenlang im Keller nach einem falsch abgelegten Vermerk oder einem wichtigen Vertrag, öffnen selber ihre Briefe und stellen sich am Kopierer hinten an – alles Dinge, die laut Tampe eigentlich längst der Vergangenheit angehören müssten, wenn Unternehmen „ihre Hausaufgaben gemacht und rechtzeitig in ECM investiert hätten."

Die drei Buchstaben ECM stehen für „Enterprise Content Management", zu Deutsch „unternehmensweites Dokumentenmanagement", und sie beschreiben eine Welt, die seit Jahren zwar beschworen, aber nie wirklich ernsthaft in Angriff genommen worden ist, nämlich das (weitgehend) papierlose Büro. Nicht, dass Leute wie Tampe ernsthaft glauben, dass Papier ganz aus dem Arbeitsalltag verschwinden wird. „Aber wenn man konsequent versuchen würde, Papier überall dort durch Digitaltechnik zu ersetzen, wo es Sinn macht, könnte die Wirtschaft jedes Jahr Milliarden sparen", ist er überzeugt.

Brinda Dalal, eine Anthropologin, die für das Entwicklungslabor der Firma Xerox in Kanada arbeitet, wühlt hauptamtlich in den Papierkörben anderer Leute und bezeichnet sich deshalb selbst als „garbologist" – als Müllforscherin. Sie hat bei ihren Grabungen erstaunliche Erkenntnisse zutage gefördert, zum Beispiel die, dass der durchschnittliche Wissensarbeiter pro Monat 1 200 Blatt bedrucktes oder kopiertes Papier produziert – zweieinhalb handelsübliche Packungen also. Und was noch schlimmer ist: Ein Fünftel davon wandert noch am gleichen Tag in die Tonne. Insgesamt 44,5 Prozent aller Papierdokumente werden nur für den täglichen Arbeitsbedarf erstellt, also Auftragszettel, Entwürfe oder Notizen.

Wie es anders gehen kann, zeigt das Beispiel der Firma Gabel-Schmidt in Winsen an der Luhe, ein 300 Jahre alter Schmiedebetrieb. Etwa 30 Mitarbeiter fertigen hier Stahlzinken für Gabelstapler, und zwar sowohl Serienteile wie auch Spezialanfertigungen, für die zum Beispiel oft besondere Wärmebehandlungen nötig sind. Die Dokumentation der Bauteile sowie der Qualitätskontrolle erfordert eine Flut von Dokumenten und Formularen, die früher in Aktenordnern gesammelt wurden, die während der Fertigung durch den Betrieb wanderten. Nach der Auslieferung kamen Installationsprotokolle und Kundenberichte vom Außendienst hinzu – ein stattlicher Papierberg für jede ausgelieferte Gabel. Inzwischen sind die Ordner verschwunden. Stattdessen kann jeder Mitarbeiter bei Bedarf eine elektronische Akte aufrufen und bekommt alle wesentlichen Dokumente zu dem betreffenden Bauteil digital auf dem Bildschirm präsentiert. Selbst handgeschriebene Notizen sind dort abgelegt und können jederzeit abgerufen werden. „Wir wollten nicht mehr, dass wichtige Mitteilungen auf Papier in Schränken einstauben, sondern transparent für jeden zugänglich sind", sagt Geschäftsführerin Michaela Schmidt-Lucht. Das System der Firma Mesonic aus Scheeßel in Niedersachsen wurde ursprünglich für die Warenwirtschaft eingeführt, steht aber inzwischen auch Mitarbeitern in der Finanzbuchhaltung ebenso zur Verfügung wie dem Vertrieb. Geplant ist auch die Anbindung einer bereits existierenden Reklamationsabwicklung.

Der Anteil an digitalen Dokumenten in einem normalen deutschen Unternehmen liegt einer Studie von IBM zufolge zwar inzwischen schon recht hoch; zwischen 70 und 80 Prozent der Papierdokumente werden irgendwann gescannt, dazu kommen von den Mitarbeitern bereits in Digitalform erstellte Word-Dokumente oder Excel-Tabellen sowie E-Mails. Doch bleiben die meisten davon ungenutzt, weil nicht zentral darauf zurückgegriffen werden kann. „Maximal 20 Prozent der Dokumente liegen in codierter Form vor, können also jederzeit gefunden und auch von anderen verwendet werden", sagt Feri Clayton, Leiterin der ECM-Entwicklung bei der IBM Software Group. Der Rest lagert irgendwo auf den Festplatten der Mitarbeiter oder auf dem Mail-Server – „also de facto auf dem digitalen Müllberg, den es fast in jedem Unternehmen gibt", wie sie behauptet.

Das Ziel von ECM, so Clayton, ist es, „Geschäftsprozesse stromlinienförmig zu verschlanken, damit Unternehmen Mehrwert aus den Informationen ziehen können, die bereits im Haus vorhanden sind. Das macht sie profitabler und produktiver."

Die Einführung von ECM sollte bei den einfachen, alltäglichen Dingen beginnen wie beispielsweise dem Posteingang, rät Michael Schiklang, Analyst am Business Application Research Center (BARC), einer Ausgründung der Uni Würzburg. Die gängige Unternehmenspraxis sieht nach seiner Beobachtung so aus: Briefe werden entweder ungeöffnet in die Fachabteilung getragen oder, wenn der richtige Empfänger nicht sofort ersichtlich ist, in der Poststelle geöffnet und inhaltlich zugeordnet. Häufig bleibt die Korrespondenz im Posteingangskorb liegen, etwa wenn der Empfänger im Urlaub, außer Haus oder im Meeting ist – obwohl der Brief unter Umständen wichtige Informationen enthält, die zum Abarbeiten eines Geschäftsvorgangs benötigt werden. Häufig betrifft das Dokument mehrere Mitarbeiter, also werden Kopien gemacht und herumgeschickt. Ist der Vorgang abgeschlossen, wandern die Papieroriginale ins Archiv, wo sie gescannt und entweder weggeworfen oder – wenn es entsprechende Aufbewahrungspflichten gibt – in Aktenordnern abgelegt werden.

„Das Thema automatische Posteingangsbearbeitung gewinnt in den letzten Jahren immer mehr an Bedeutung", behauptet Schiklang. Grund dafür ist neben der Genauigkeit der Schrifterkennungssysteme auch das Bewusstsein von Unternehmen, dass die teilweise Automatisierung von Prozessen erhebliche Qualitäts- und Zeitvorteile mit sich bringt sowie Kosten senkt.

Entscheidend ist, dass die Papierpost gleich zu Beginn durch Scannen digitalisiert wird. Das Original kann gleich im Archiv verschwinden, das elektronische Abbild nimmt seinen Weg durchs Unternehmen, wobei intelligente Software in der Lage ist festzustellen, um was für ein Dokument es sich handelt und zu welchem Vorgang es gehört, etwa durch Erkennen der Kunden- oder Rechnungsnummer. Sobald der zuständige Sachbearbeiter das Dokument öffnet, ruft das System sämtliche anderen für die Bearbeitung notwendigen Dokumente aus dem digitalen Archiv auf und zeigt sie ebenfalls an, was dem Mitarbeiter zeitraubendes Suchen erspart und die Genauigkeit der Bearbeitung erhöht. „Der entscheidende Unterschied ist, dass vorher gescannt wird und nicht nachher", sagt Schiklang.

Besonders deutlich wird der Vorteil der digitalen Sachbearbeitung bei Dingen wie komplizierten Sammelrechnungen, die oft Dutzende oder Hunderte von Einzelposten enthalten. Alleine für die Prüfung einer einzigen Rechnung benötigte bei der Loewe AG in Kronach ein Buchhalter häufig bis zu einer halben Stunde oder mehr. „Heute schafft er das in zwei Minuten", sagt Christoph Schüler, Chef des Rechnungswesens beim renommierten Fernsehhersteller. Bei einem Einkaufsvolumen von mehr als 200 Millionen Euro nur für die Fertigung schlagen solche Zeitersparnisse spürbar auf die Kosten durch. Das vom deutschen Spezialanbieter Beta Systems gelieferte digitale Rechnungsbearbeitungssystem hat nicht nur die Durchlaufzeiten verkürzt: Schüler kann jetzt auf einen Blick erkennen, welche Rechnungen im Haus unterwegs sind, und kann dort, wo es offensichtlich hakt, auch mal nachfassen. Loewe kann dadurch auch die Vorsteuer früher abziehen und die Skontomöglichkeiten voll ausschöpfen. „So verbuchen wir unmittelbare Zeitgewinne, bekommen unser Geld schneller vom Finanzamt zurück und konnten unseren Cashflow verbessern", freut sich Schüler.

Aber auch wenn die interne Vernetzung bei solchen Prozessen wie Postbearbeitung oder Rechnungswesen wie ein Turbolader wirkt, hört der Effekt bei den meisten Unternehmen bis heute schon an der Haustür auf. Der Grund: Trotz Digitalisierung und des Siegeszugs von E-Mail werden beispielsweise Rechnungen immer noch wie zu Kaisers Zeiten mit der guten, alten „Schneckenpost" versandt – ein Umstand, der bei Steffen Tampe blankes Unverständnis auslöst. „Mit digitalem Rechnungsversand kann jedes Unternehmen bis zu 95 Prozent sparen, und zwar sofort!", sagt er, und seine Stimme klingt fast zornig.

Tatsächlich gibt es seit mehr als zehn Jahren das sogenannte „E-Invoicing" oder „E-Billing" auch in Deutschland, also die vollständig auf elektronischem Weg übermittelte Rechnung. Allerdings spielt sie im Geschäftsalltag bis heute so gut wie keine Rolle: Lediglich fünf Prozent aller Rechnungen in Europa werden digital verschickt, wie eine Studie der Deutschen Bank im Frühjahr 2009 ergab. Am häufigsten verwenden Firmen in Estland den elektronischen Rechnungsversand, Deutschland taucht in der Tabelle erst an sechster Stelle auf – hinter Ländern wie Norwegen und Italien!

Dabei spart die digitale Rechnung viel mehr als nur das Porto, wie Tampe betont. Eine Vollkostenrechnung zeigt, dass jede Papierrechnung insgesamt Transaktionskosten von mindestens 3,90 Euro verursacht, die beim E-Invoicing komplett entfallen. Auch die eventuell nötige elektronische Zahlungserinnerung kommt im Schnitt zehn Cent billiger. Den größten Vorteil sieht Tampe jedoch in der Prozessoptimierung: „Die elektronische Rechnung kann sofort in die Bearbeitung einfließen, mit anderen relevanten Dokumenten verknüpft und mithilfe von vernetzten Genehmigungsprozessen schneller und sicherer bearbeitet werden. Das sind alles wichtige Faktoren, die Zeit und Geld sparen – also warum tun es die Unternehmen nicht?"

Ein möglicher Grund ist neben dem natürlichen Beharrungsvermögen von mittelständischen Unternehmern, Managern und Mitarbeitern auch in technischer Unkenntnis zu suchen. „Viele tun sich mit Dingen wie der digitalen Signatur schwer", gibt Jürgen Michel, Geschäftsführer des Systemhauses Traut Bürokommunikation in Puchheim bei München zu. Dabei benötigen die Unternehmen die elektronische Unterschrift bereits an anderer Stelle, etwa bei der Abgabe der digitalen Steuererklärung (ELSTER) oder dem elektronischen Einkommensnachweis (ELENA).

Das größte Hindernis bei der Einführung vernetzter Dokumentensysteme ist aber nach Michels Meinung die fehlende Selbstdisziplin: „Solche Systeme verlangen, dass man beim Scannen oder Erstellen von digitalen Dokumenten einen gewissen Aufwand für die Kennzeichnung betreibt, damit sie wiedergefunden oder in die vernetzten Geschäftsabläufe eingebunden werden können." Da ist es schon mal nötig, bei den Dokumentennamen eine gewisse Systematik einzuhalten. Und statt wie gewohnt ein selbst erstelltes Dokument auf der eigenen Festplatte abzuspeichern, muss der Mitarbeiter es ins Zentralsystem legen, wo es mit entsprechenden Kennungen wie Kunden- oder Fallnummer versehen werden muss. „Jemand, der gewohnt war, sein Wissen entweder im Kopf oder im Schreibtisch abzulegen, wird sich am Anfang schwertun mit dem vernetzten Arbeiten", gibt Michel zu.

Die Vorteile liegen aber auf der Hand, beispielsweise wenn ein Kunde anruft und eine Auskunft will oder sich beschweren möchte. Statt ihn weiterzuverbinden oder in der Warteschlange „verhungern" zu lassen, kann sich der Mitarbeiter per Mausklick alle vorgangsrelevanten Schriftstücke, Verträge oder sonstige Dokumente zeigen lassen und ist sofort auskunftsbereit. „Da fängt die Vernetzung auf einmal an, sich ganz konkret fürs Unternehmen auszuzahlen", ist Steffen Tampe überzeugt, „denn zufriedene Kunden braucht jedes Unternehmen."

Die Aufgabe des Unternehmens 2020 in den kommenden Jahren ist jedenfalls klar. Es wird darum gehen, analoge Lücken in digitalen Abläufen zu erkennen und zu stopfen, durchgängige Prozesse aufzusetzen und die Vorteile der Vernetzung konsequent im Geschäftsalltag zu nutzen, um Kostenvorteile zu realisieren, die Produktivität der Mitarbeiter zu erhöhen und zum Beispiel auch die Auskunftsfähigkeit gegenüber Kunden und Partnern zu verbessern. 2020 wird kein Unternehmen mehr Rechnungen mit der Post versenden. Eigentlich dürften sie es schon heute nicht mehr. ECM wird sich in den kommenden Jahren von einem exotisch klingenden Kürzel hin zu gelebter Unternehmenswirklichkeit entwickeln. Und wir werden uns in einem nachdenklichen Augenblick wieder erstaunt die Frage stellen: „Wie haben wir das eigentlich früher gemacht …?"

FALLBEISPIEL:
Hymer Freizeitfahrzeuge

Sie rollen pünktlich zu Beginn der Urlaubssaison in Richtung Süden, stehen dicht gedrängt auf Campingplätzen, an südlichen Sandstränden oder am Nordkap. Sie versprechen den Traum von der totalen Mobilität, weil sie den Besitzer wie eine Schnecke in die Lage versetzen, sein Haus sozusagen mit sich herumzutragen und dort zu verweilen, wo es ihm gerade gefällt.

Die Reisemobile der Firma Hymer stehen stellvertretend für eine Branche, die seit Jahren mit einer Mischung aus Hightech und solider Handwerkstradition ein grundsolides Marktfundament aufgebaut hat. 1957 gründete der Ingenieur Erwin Hymer mit seinem Kollegen, dem Raketenkonstrukteur Erich Bachem, in Bad Waldsee eine kleine Firma, um Wohnwagen herzustellen. Heute laufen dort jedes Jahr mehr als 1 000 ausgewachsene Reisemobile vom Band, jedes ein komplexes Konglomerat verschiedener Gewerke: Schreinerei, Karosseriebau, Sanitär, Haushaltselektronik, Möbelbau und natürlich Automobiltechnik. Jedes Exemplar erfordert schon aus Haftungsgründen, aber auch für den Kundendienst eine ausführliche Dokumentation, die früher die Form einer dicken Akte annahm. Da solche Freizeitfahrzeuge in der Regel recht langlebig sind, musste die Akte sorgfältig verwahrt werden. Und da bei Hymer inzwischen mehr als 100 000 Reisemobile das Werk verlassen haben, begann das Archiv recht schnell aus allen Nähten zu platzen.

Die digitale Fahrzeugakte war also irgendwann ein Muss. Zusammen mit der Firma Lobo-DMS, einem in Puchheim bei München ansässigen Spezialisten für unternehmensweites Dokumentenmanagement, ging man bei Hymer daran, einen elektronischen Gesamtüberblick über jedes gefertigte Fahrzeug zu erstellen. Alle Dokumente, die im Laufe des Lebenszyklus anfallen, werden in einem digitalen Ordner gesammelt. Er bildet die virtuelle Klammer, die alles zusammenhält. Das geschieht durch einen Index, in dem jedes Dokument, das in der Firma abgelegt werden soll, aufgeführt sein muss. Sozusagen als „Leitkriterium" dient dabei die Seriennummer. Daneben liefert die Indexierung aber auch beschreibende

> Merkmale, anhand derer das Dokument sich jederzeit wiederfinden lässt. Das können neben der Dokumentenart (zum Beispiel „Garantieantrag") und dem Datum auch inhaltliche Informationen aus dem Dokument selber sein. Hinzu kommen Informationen über den Status des Dokuments und seiner Bearbeitung. Somit kann jeder Mitarbeiter zu jeder Zeit Auskunft über den Stand der Bearbeitung geben. Das verkürzt die Wartezeiten für den Kunden und erlaubt, dass mehrere Mitarbeiter aus verschiedenen Abteilungen gleichzeitig auf die Information zugreifen können. „Wer hat die verdammte Fahrzeugakte?" gehört damit endgültig der Vergangenheit an.

Neuauflage der New Economy

Auf dem Höhepunkt der Goldgräberstimmung war viel von einer „New Economy" die Rede, was irgendwie das Vorhandensein einer alten, abgehalfterten Economy voraussetzte. Nun, inzwischen wissen wir, wie falsch diese Einschätzung war. Es gab immer nur eine einzige Economy, es galten immer die gleichen Regeln der Marktwirtschaft für alle. Allerdings macht inzwischen schon das Wort von der „New New Economy" von sich reden: Eine Wirtschaft, in der kleine Unternehmen produktiver sein können als große, vor allem aber schneller und flexibler, sodass sie besser auf das unvermeidliche Auf und Ab der Wirtschafts- und Nachfragezyklen reagieren können. Von Chris Anderson, dem Chefredakteur der amerikanischen Techie-Kultzeitschrift *Wired* geprägt, spiegelt der Begriff eine neue Aufbruchstimmung im Internet wider, ist aber auch ein Signal: Das Netz gehört in erster Linie dem Mittelstand! In einem so mittelständisch geprägten Land wie Deutschland sollte ein solcher Ruf aufhorchen lassen.

Die New New Economy wird zunehmend geprägt sein von einem Bewusstsein für Rentabilität und gesundes Wachstum. Was sofort zur nächsten Frage führt: Wie gestalten wir den nächsten Schritt in unserer Wirtschaft?

Geld verdienen wird in dieser alten neuen New Economy wieder wichtig sein. In ihr werden Dinge wie Kosteneffizienz und Kostensenkung im Mittelpunkt stehen. Sie wird geprägt sein von fokussiertem Wachstum, nicht mehr von Wachstum um jeden Preis oder in jede Richtung. Die New New Economy wird nicht von jungen Dotcoms und Existenzgründern geprägt sein, sondern von den etablierten Playern im Markt, den Dinosauriern der sogenannten Old Economy. Es werden deshalb in erster Linie große Unternehmen sein, die die großen Erfolgsstorys schreiben. Insofern könnte man sagen: „Yes, size does matter." Es ist durchaus ein Wettbewerbsvorteil darin zu erkennen, dass man bereits eine gewisse Größe besitzt, bereits Kunden hat und vielleicht auf diese Weise auch bereits Geld verdient. Das mussten die anderen erst einmal lernen. Doch davon später mehr.

Die neue Macht des Kunden

Digitale Transformation hat sich in den vergangenen Jahren bereits an einer Stelle im Unternehmen empfindlich bemerkbar gemacht: an der Schnittstelle zum Kunden. Man kann sogar sagen, dass unsere bisher angebotsorientierte Wirtschaft dabei ist, sich in eine bedarfsorientierte zu verwandeln. Die fast schon gnadenlose Effizienz des Internets arbeitet für den Verbraucher und gegen den Händler. Der sieht sich zunehmend in die Rolle desjenigen zurückgedrängt, der auf die Wünsche und Anforderungen des Kunden zu reagieren hat. Im Zeitalter der totalen, globalen Vergleichbarkeit, von Online-Auktionen, Power Shopping, elektronischen Preisagenten und virtuellen Einkaufsnetzen ist der Kunde wirklich König.

Das Problem aus Anbietersicht ist, dass dem Kunden durch die fortschreitende digitale Vernetzung immer mehr Machtmittel zuwachsen, mit denen er „seinen" Anbieter unter Druck setzen kann. Ihm stehen neben den klassischen Vertriebs- und Informationskanälen wie Marktplatz, Laden, Katalog oder Telefon inzwischen neue, interaktive Wege zum Angebot offen: E-Mail, SMS, TV-Shopping und vor allem die grenzenlose Vielfalt des World Wide

Web. Der Kunde kann sich Zeit nehmen, kann sich informieren, sich beraten lassen und die Anbieter in Ruhe vergleichen. Das Resultat ist ein Verbraucher, der oft besser informiert ist über das Produkt als der Verkäufer, der ja nicht so viel Zeit hat – er muss verkaufen! Und: Der Kunde hat die Wahl. Er kann eine Eieruhr oder eine Stereoanlage, einen Pullover oder sogar ein Auto im Internet anschauen und im Laden kaufen oder umgekehrt. Er kann sich telefonisch beraten lassen und dann aus einem Katalog bestellen. Keiner kann ihm vorschreiben, welchen Weg er zum Kaufabschluss nehmen soll. Das heißt: Der Anbieter kann es versuchen, beispielsweise indem er einfach seinen Online-Shop zumacht oder erst gar keinen eröffnet. Aber damit nimmt er in Kauf, dass eine bestimmte Zahl von Kunden – wie viele, weiß er aber nicht – ihn gar nicht finden werden und stattdessen bei der Konkurrenz einkaufen. Das Schlimmste aber ist: Jeder Kunde entscheidet anders!

Wie muss gerade das Unternehmen 2020 auf eine solche Herausforderung reagieren? Zunächst einmal, indem es dem Kunden auf *allen* Kanälen entgegenkommt. Es hat im Gegensatz zum Kunden keine Wahl! Das ist schon mal eine fundamentale Veränderung der traditionellen Machtverhältnisse im Markt. Aber es kommt noch schlimmer: Der Kunde kann Widerspruch einlegen, wenn ihm beispielsweise der Preis einer Ware oder einer Dienstleistung zu hoch erscheint. Feilschen nennt man das, wenn es auf einem orientalischen Basar stattfindet.

In der digitalen Wirtschaft nennt man es „variable Preisfindung", und an ihr möchte der Kunde beteiligt sein. Nicht umsonst sind Auktionsplattformen wie eBay mit die erfolgreichsten Gründungsunternehmen des Internet-Zeitalters. Sie geben dem Kunden nämlich das Gefühl, an der Preisfindung beteiligt zu sein, sozusagen nur so viel zahlen zu müssen, wie er will. Dass er im Eifer des Biet-Gefechts vielleicht einmal zu oft auf die Maus klickt und am Ende womöglich mehr bezahlt als bei einem regulären Anbieter, bemerkt er nicht – oder zu spät. Und es wird ihm meistens auch nichts ausmachen, denn das Einkaufen bei eBay bietet etwas, das kaum eine andere Vertriebsform vermitteln kann: Leidenschaft und Nervenkitzel! „Emotionelles Einkaufen" heißt das unter Marketingpsy-

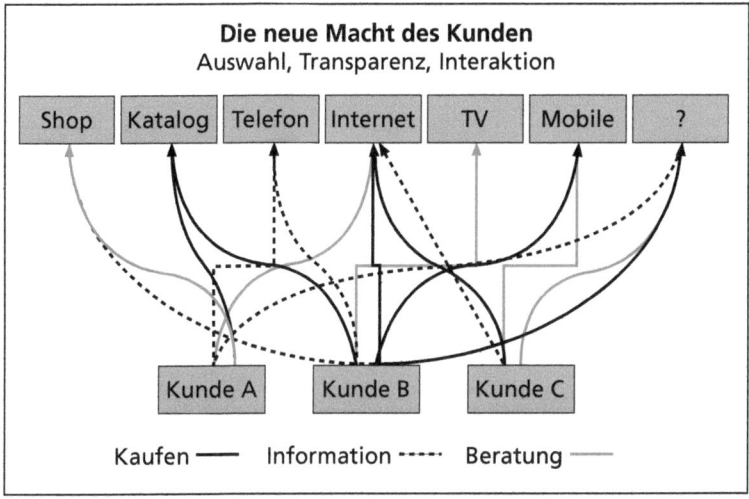

Jeder Kunde entscheidet anders (nach Cole/Gromball, *Das Kundenkartell*)

chologen, und sie erschließt eine neue Qualität im Konsumprozess.

In unserem Buch *Das Kundenkartell*, das 2004 bei Hanser erschien, haben Dr. Paul Gromball und der Autor dieser Zeilen noch die These aufgestellt, dass sich Kunden, ausgestattet mit der neuen Machtfülle, zu virtuellen Einkaufsvereinen zusammenrotten werden. Wenn 20 Kunden auf einmal ein neues Handy kaufen wollen, dann würde der Anbieter sicher über den Preis mit sich reden lassen, so unsere Logik damals. Das einzige Problem: Irgendjemand würde ein solches Kundenkartell organisieren müssen. Wir stellten uns das so vor, dass daraus ein völlig neuer Berufsstand entstehen könnte, der „Infomediär" – jemand, dessen Handelsware Informationen über Angebot und Nachfrage sind und der sich entweder vom Anbieter oder vielleicht auch vom Kunden mit einer kleinen Provision für seine Dienste entlohnen lassen würde.

Nun, es ist anders gekommen: Vom sogenannten „Power Shopping", wie das Prinzip der Online-Einkaufsgemeinschaft auch genannt wurde, hört man heute so gut wie nichts mehr. Sie lebt zwar noch im Bereich des B2B („Business-to-Business") fort, wo Beschaffungsportale den Einkauf insbesondere von einfachen C-Teilen inzwischen radikal verändert haben. Aber die Endverbraucher haben inzwischen eine noch bequemere Art gefunden, zum richtigen Preis zu kommen: Empfehlungsnetzwerke und Preissuchmaschinen. Diese sind meist Gründerunternehmen, die sich darauf spezialisiert haben, die Online-Angebote von Tausenden von Anbietern mithilfe von Softwarerobotern zu durchforsten und die gefundenen Preise in Form von Rankings auf einer Webseite darzustellen – und natürlich findet sich immer das billigste Angebot ganz oben.

Sogenannte Meinungsportale wie Ciao (siehe folgendes Fallbeispiel) sind ein hochinnovativer Weg, die neue Macht des Kunden zu bündeln und gegen die Anbieterseite einzusetzen. Sie lehren vor allem eines: Im Zeitalter der totalen Vernetzung kommt alles irgendwann raus! Kein noch so blumiges Werbedeutsch kann die mangelnde Qualität eines Produkts kaschieren. Die Unzufriedenheit der Kunden kann sich heute ihren Weg bahnen, und der Anbieter kann nichts dagegen tun.

Er sollte es auch gar nicht erst versuchen. Und hier offenbart sich eine weitere Facette, die das Unternehmen 2020 kennzeichnen wird: Es wird offen und ehrlich mit seinen Kunden umgehen und versuchen müssen, sie zu Stammkunden zu machen. Die neue Macht des Kunden zwingt die Anbieterseite dazu, sich genau zu überlegen, wie sie die bestehenden Kunden zufriedener machen kann, um (hoffentlich) mit ihnen mehr Geschäft zu machen. Das ist durchaus positiv zu bewerten, denn wie jeder Unternehmer weiß, ist es in den vollgestopften Verdrängungsmärkten von heute teurer, einen neuen Kunden zu gewinnen als einen alten Kunden zu bedienen. Ein neuer Kunde kostet erst mal Geld – in Form von Werbekosten und sonstigen Akquisitionsausgaben. Im Unternehmen 2020 wird sich der Fokus im Vertrieb deshalb zwangsläufig verschieben müssen. Nicht Marktanteile, sondern Anteile am Kunden werden der Gradmesser sein für erfolgreiches Verkaufen.

> **FALLBEISPIEL:**
> **Ciao**

Max Cartellieri wurde der Erfolg nicht nur in die Wiege gelegt. Nun gut, es hilft natürlich, wenn der Vater im Vorstand der Deutschen Bank sitzt und einem ein teures Studium an der London School of Economics finanzieren kann. Aber der junge Cartellieri hat sein Glück schon selbst in die Hand genommen. 1995 gründete er mit Freunden sein erstes Online-Unternehmen, das später ein Teil des erfolgreichen Internet-Portals AutoScout24 wurde.

Normalerweise genügt es den meisten Internet-Unternehmern, wenn sie einmal Kasse machen. Cartellieri nahm sein Geld und gründete gleich das nächste Unternehmen, ein Empfehlungsportal, das er „Ciao" nannte. Die Idee war einfach und verblüffend: Verbraucher sollten ihre Erfahrungen mit Produkten, die sie gekauft hatten, mit anderen teilen und würden dafür sogar bezahlt werden! Nicht viel, aber immerhin. Vor allem: Je offener und vor allem ehrlicher jemand bei Ciao seine Meinung sagt, desto höher steigt er in der kollektiven Achtung der anderen Besucher auf, er wird mit der Zeit also zum anerkannten Experten. Das setzt voraus, dass man nicht das nachbetet, was in den bunten Werbeprospekten der Herstellerfirmen steht. Das kann für den Anbieter schmerzlich sein, aber er kann sich nicht dagegen wehren. Einige haben es am Anfang versucht und sind gegen Ciao vor Gericht gezogen – vergebens.

„User Content" nennt Cartellieri das, was seine Firma anbietet – ungefiltertes Feedback vom Markt. Das ist nützlich für andere Kunden, aber auch für die Anbieterseite, die auf diese Weise sozusagen kostenlos Marktforschung bekommen. Das ist auch der Grund, weshalb immer mehr Firmen in den letzten Jahren Schlange gestanden sind, um bei Ciao Werbebanner und Anzeigen zu schalten oder sich sogar als „Ciao-Partnerunternehmen" registrieren zu lassen. Was wiederum viel Geld in die Kassen von Ciao gespült hat und das kleine Unternehmen zum Marktführer unter den „Meinungsportalen" im Internet gemacht hat.

Empfehlungen von anderen Verbrauchern spielen mittlerweile eine bedeutende Rolle im E-Commerce, wie inzwischen auch mehrere Studien belegen. Die Marktforscher von ComCult Research Berlin, die 1 032 Internet-Nutzer nach ihren Gewohnheiten bei der Online-Suche zu Produktinformationen befragt haben, fanden heraus, dass 70,8 Prozent regelmäßig Rezensionen anderer Nutzer vor einer Kaufentscheidung konsultieren, 55 Prozent nutzen Meinungsportale im Internet. Im Vergleich mit Produktpräsentationen bei Online-Shops genießen die Käuferrezensionen vor allem eine höhere Glaubwürdigkeit (57,6 Prozent) und werden von 53,7 Prozent der Befragten als unabhängiger eingestuft als die Produktbeschreibungen der Online-Shops.

Max Cartellieri lag also wieder mal goldrichtig. Das fanden denn auch die Kapitalanleger von Greenfield Online, einem Venture-Capital-Fonds, die 1995 immerhin 154 Millionen US-Dollar für das Münchner Kleinunternehmen (damals 150 Mitarbeiter) hinblätterten. Es war ein gutes Geschäft für den jungen Seriengründer Cartellieri, aber ein noch besseres für Greenfield, denn 2008 bezahlte der Softwareriese Microsoft eine halbe Milliarde Dollar für Ciao, weil man damit die neue Suchmaschine bing.com aufmotzen will. Bing soll die Übermacht von Google bei den Search Engines brechen, und dafür war der Zugriff auf mittlerweile mehrere Millionen schonungslos ehrliche Kundenbeurteilungen, die Ciao im Laufe der Jahre gesammelt hat, den Leuten von Microsoft offenbar kein kleines, sondern ein richtiges Vermögen wert.

Der Kunde im Mittelpunkt

Ein anderer Weg, sich als Anbieter gegen die neue Macht des Kunden zu wappnen, wäre, selbst die Vorteile der Kooperation und der Bedarfsbündelung zu nutzen, um sich von Kostenblöcken zu befreien, effizientere Prozesse zu schaffen, und vor allem, um Information über den Kunden in Wissen um dessen Bedürfnisse und Begehren zu verwandeln mit dem Ziel, statt Marktanteile lieber Anteile am Kunden zu sichern.

Alleine werden das nicht einmal große, geschweige denn kleine und mittlere Unternehmen schaffen, denn dazu sind die Kundenwünsche zu vielschichtig und komplex. Eine neue Dimension der Partnerschaft ist gefragt, kundenzentrierte Beziehungsnetze, durchlässige Informationsstrukturen und blitzschnelle Reaktion – was Erwin Staudt, der frühere Deutschlandchef von IBM, einmal als das „Echtzeit-Unternehmen" bezeichnet hat.

Moderne Informations- und Kommunikationstechnik werden in einer solchen Wirtschaftswirklichkeit eine wichtige Rolle spielen – sie sind aber kein Ersatz für Kundenstrategie und Transparenz. Den Kunden teilen, multiplen Mehrwert schaffen, Kundenbindung neu definieren als die freiwillige Bindung des Kunden an Anbieter, die ihn kennen und zufriedenstellen, sodass sich Loyalität zum Lieferanten für den Kunden erkennbar lohnt: Das sind Erfolgskriterien in einer vernetzten Wirtschaft.

Daraus ergeben sich reizvolle Fragen. Feiert zum Beispiel womöglich der Genossenschaftsgedanke, der bislang im „richtigen" Leben meist an den Hürden von Regionalität und Traditionalismus scheiterte, im Internet-Zeitalter in Form von weltumspannenden, branchenübergreifenden, aber ständig sich wandelnden Partnerschaftsstrukturen eine neue Blüte?

Von den Antworten auf solche Fragen wird der Erfolg einer ganzen Generation von Managern und Unternehmern abhängen, die sich jetzt um den Einstieg ins Zeitalter der Vernetzung bemühen. Dabei wird es Gewinner und Verlierer geben – wenigstens eine Regel der Wirtschaft, die sich trotz aller technischen Innovation nicht verändert hat.

KAPITEL 2
Das Unternehmen von morgen

Warum das Netz dem Mittelstand gehört

Internationale Großkonzerne sind die Dinosaurier des Online-Zeitalters. Das Internet gehört dem Mittelstand! So oder ähnlich lässt sich die Botschaft von Tom Malone zusammenfassen, einem angesehenen Professor an der Sloan-Managementakademie des MIT, der das Ende des „Top-down-Unternehmens" vorausgesagt hat. Seiner Meinung nach gehört die Zukunft kleinen, wendigen Unternehmen, deren Branchen zunehmend dezentral und vernetzt aufgestellt sein werden. Statt monolithischer „Multis" werde es eine Vielzahl von „Industrie-Ökosystemen" geben, in denen kleine und mittlere Unternehmen die Vorteile des Internets dazu nutzen, um sich zu virtuellen Großkonzernen zusammenzuschließen und den Markt gemeinsam zu beackern.

Neu ist das aber nicht. Malone stellte seine Thesen bereits 1987 in einem Artikel für die *Harvard Business Review* auf und erweiterte sie 2004 in seinem Buch *The Future of Work*. Darin behauptet er, dass dank Dingen wie Vernetzung, Outsourcing, Online-Beschaffungsportalen und intelligenten Softwareagenten kleine und mittlere Unternehmen in Zukunft in der Lage sein werden, ebenso kosteneffizient zu arbeiten wie ein integrierter Großkonzern. Da aber ein kleineres Unternehmen schneller und flexibler auf Veränderungen im Markt reagieren kann, würden sie langfristig den großen den Rang ablaufen und diese unaufhaltsam an den Rand des Ruins treiben – eine Art unerbittlicher Wirtschafts-Darwinismus.

Malones Thesen klangen seinerzeit umso ketzerischer, als er damit einen der ganz großen Wirtschaftstheoretiker frontal anging, den Briten Ronald Harry Coase, der 1991 unter anderem dafür den Wirtschaftsnobelpreis erhielt, weil er bereits 1937 eine scheinbar schlüssige und deshalb allgemein anerkannte Erklärung dafür gefunden hatte, warum große Unternehmen immer größer werden und am Ende ihre jeweiligen Branchen dominieren müssten.

Wo sich Coase irrte

Laut Coase sind die Produktionskosten für große und kleine Unternehmen mehr oder weniger identisch. Wo ein Großkonzern einen Vorsprung herausarbeiten kann, das ist bei den sogenannten „Transaktionskosten". Das sind die anfallenden Kosten für die Beschaffung einer Wirtschaftsleistung, also einer Ware oder einer Dienstleistung. Darunter fallen nach seiner Theorie zum Beispiel die Kosten für die Suche nach dem gewünschten Produkt sowie für allgemeine Marktinformationen. Es sei billiger, diese Leistungen von einer internen Abteilung erbringen zu lassen, als sie von einem externen Dienstleister zu beziehen. Ein Unternehmen, das ausreichend groß sei, um alle diese Kostenfaktoren zu „internalisieren" habe automatisch einen Kosten- und damit einen Wettbewerbsvorsprung vor kleineren Konkurrenten. Anders ausgedrückt: Je größer, desto erfolgreicher!

Größenwahn war in den vergangenen Jahren ein zentrales Leitmotiv westlich geprägter Volkswirtschaften. Ein „Mega-Merger" jagte den anderen, Banken, Pharmaunternehmen, Stahlhersteller und Autobauer suchten ihr Heil in immer gigantischeren Zusammenschlüssen. Und wenn einmal ein Kartellamtswächter es wagte, warnend die Hand zu erheben, waren stets eilfertige Politiker zur Stelle, um auf Ausnahmeregelungen und Sondergenehmigungen zu drängen. Große, global agierende Konzerne galten und gelten als Aushängeschild einer Nation, ihr Wohlbefinden gilt als Gradmesser für das Befinden ganzer Wirtschaftsstandorte.

In den stürmischen Monaten der Wirtschaftskrise 2008/2009 zeigten sich aber schon erste Risse in diesem einseitig auf Unternehmensgröße ausgerichteten Weltbild. Um Opel zu retten, riskierte die Regierung Dauerschulden (von dem Unmut der europäischen Partnerländer ganz zu schweigen), getreu dem unheilvollen Motto:

„Opel ist zu groß, um pleitegehen zu dürfen." Nicht nur der politische Gegner fragte sich, ob die Milliarden nicht besser angelegt gewesen wären in Gründer- und Innovationsförderung oder in der Unterstützung mittelständischer Unternehmen, denen die klammen Banken kurzfristig den Kredithahn zugedreht hatten.

Und nicht nur Kapitalismuskritiker fragen sich inzwischen, ob der Großkonzern womöglich ein Auslaufmodell sei. Wie viele Opels, wie viele Hypo Real Estates kann sich ein Land wie Deutschland auf Dauer leisten? Ist es nicht an der Zeit, sich mit der veränderten Realität zu beschäftigen, nämlich dass kleine Unternehmen inzwischen produktiver sind als große, vor allem aber, dass sie flexibler reagieren können auf das unvermeidliche Auf und Ab der Wirtschafts- und Nachfragezyklen? Anders ausgedrückt: Brauchen wir eine New New Economy?

Die Zukunft gehört den kleinen Unternehmen

Den Begriff der „New New Economy" brachte erstmals Chris Anderson in die Debatte ein. Der Chefredakteur der Hightech-Kultzeitschrift *Wired* und Autor des 2007 bei Hanser erschienenen Buchs *„The Long Tail – Der lange Schwanz. Nischenprodukte statt Massenmarkt – Das Geschäft der Zukunft* schrieb kürzlich in einem Leitartikel: „Die Zukunft der Wirtschaft wird mehr Start-ups, weniger Giganten und unendliche Chancen bringen." Und er hat recht.

Die Ereignisse des Jahres 2008, bei dem die Weltwirtschaft knapp an der Katastrophe einer zweiten „Great Depression" vorbeischrammte, haben gezeigt, wie gefährlich es ist, sich auf eine Handvoll Riesenkonzerne zu verlassen und die vielen kleinen und mittleren Unternehmen dafür zu vernachlässigen. Große Firmen lassen sich heute nicht mehr aus dem Cashflow heraus führen. Um zu überleben, müssen sie Schulden aufnehmen, viele Schulden. Sie müssen, wie jedes Unternehmen, Wetten abschließen auf die Zukunft, nur sind ihre Wetten größer, die Konsequenzen einer Fehlspekulation fataler. Und in einem immer komplexer werdenden

Markt verlieren große Unternehmen schnell die Kontrolle über ihre eigenen Distributionskanäle – und die Übersicht über die vielen kleinen Konkurrenten, die ihnen an allen Ecken und Enden Marktanteile wegknabbern. Also müssen sie noch größere Wetten eingehen, und je riskanter diese werden, desto geringer fallen unterm Strich die Gewinne aus – ein Teufelskreislauf.

Außerdem sind große Unternehmen ein leichtes Ziel für die Regulatoren, die gerade nach einer Wirtschaftskrise wie der vergangenen gerne mit schärferen Richtlinien und Überwachungsmaßnahmen punkten. Prof. Dr. Rob Fijneman, IT-Beratungschef bei der Wirtschaftsprüfungsgesellschaft KPMG, glaubt eine Korrelation festgestellt zu haben zwischen Wirtschaftsflauten und der Einführung neuer Vorschriften zur Risikominimierung und Überwachung. „SOX [das Sarbanes-Oxley-Gesetz zur Absicherung großer, börsennotierter US-Unternehmen] war zum Beispiel das unmittelbare Ergebnis der großen Finanzskandale der späten 90er-Jahre, als riesige Firmen wie Enron, Arthur Andersen oder WorldCom plötzlich über Nacht in Schieflage gerieten und verschwanden. So ist es immer: Nach jeder Rezession werden neue Gesetze verabschiedet, die eine Weile die schlimmsten Exzesse der Großkonzerne eindämmen, bis diese wieder eine Möglichkeit sehen, über die Stränge zu schlagen, und dann geht das Ganze wieder von vorne los."

Die Zukunft gehört den kleinen Unternehmen, das scheint inzwischen klar. Elektronische Beschaffungsplattformen, Auftragsbörsen, intelligente Softwareagenten für E-Commerce- und E-Business-Anwendungen, Mietsoftware: All das sind Nägel im Sarg der großen Konzerne. Die zeigen auch schon Wirkung. Die großen Autohersteller in den USA verlagern immer mehr Aufgaben aus der Produktentwicklung ebenso wie die Fertigung ganzer Bauelemente wie Achsen oder Innenausstattung an kleinere Zulieferer; die „Big Three" (die inzwischen nach dem Niedergang von Chrysler und dem Versuch des Gesundschrumpfens von General Motors eigentlich nur noch die „Big Two-and-a-half" sind) sind dabei, sich als Netzwerkunternehmen neu zu erfinden. Dieser Prozess wird in den kommenden Jahren auch in Deutschland immer ausgeprägter.

Und noch ein Faktor spricht für die Kleinen: Cloud Computing, was im Grunde nichts anderes ist als das Outsourcing kompletter IT-Infrastrukturen, wird den letzten großen Wettbewerbsvorteil großer Unternehmen vor ihren kleinen Konkurrenten egalisieren. Junge Start-ups müssen nicht mehr in eigene Computer, Software und Netzwerke investieren, sondern können sich ganz auf das konzentrieren, was sie am besten können. Statt IT-Anlagen über Jahre abzuschreiben, können sie die benötigte Rechnerleistung, Speicherplatz und komplette Office- und Branchenlösungen bei Bedarf abrufen. Schlägt ihr neues Produkt im Markt ein, können sie die benötigte IT-Leistung einfach abrufen und bezahlen nur für das, was sie tatsächlich konsumieren. Und statt IT-Investitionen über mehrere Jahre hinweg abzuschreiben, können sie die Ausgaben als Betriebskosten geltend machen. Ihr Fixkostenblock sinkt, weil sie in variable Kosten umgewandelt werden. Das schont Eigenkapitalreserven und macht kleine und mittlere Unternehmen schon schneller und flexibler.

Der globale Mittelstand

Die weltweite Vernetzung hat zwei Faktoren weitgehend außer Kraft gesetzt, die bislang stets den Wirkungskreis eines typischen kleinen oder mittleren Unternehmens eingeschränkt und im Wesentlichen auf den eigenen Heimatmarkt begrenzt haben: Standort und Entfernung. Im Internet ist es egal, wo ich meinen Firmensitz habe, denn ich bin von überall auf der Welt gleich gut erreichbar und kann selbst bis in die hintersten Winkel des Globus hinein Geschäftsbeziehungen knüpfen und Kunden zufriedenstellen. Und in einer Wirtschaft, die weitgehend auf den Transfer von Information beruht, ist es egal, wie weit zwei Geschäftspartner voneinander entfernt sind, denn bis auf winzige, kaum messbare Latenzzeiten bei der Übertragung macht es keinen Unterschied, ob die Beteiligten an einer Transaktion in benachbarten Büros oder an entgegengesetzten Enden der Welt sitzen. Eine mögliche Ausnahme: Sogenannte „Flash Trades", auch „High-Speed Trading" genannt (auf Deutsch „Hochfrequenzhandel"), die mithilfe automatischer Handelssysteme im Hundertstel einer Sekunde abgewickelt werden, wobei der Informationsvorsprung enorme Gewinne auslösen kann. Diese sollen aber demnächst wohl endgültig von der Börsenaufsicht untersagt werden, weil sie eine Form des (verbotenen) Insiderhandels darstellen.

Es ist eine Binsenweisheit, dass der Globus unter dem Einfluss moderner Telekommunikation und Datenübertragung schrumpft. Doch waren es bislang eher die großen, international aufgestellten Konzerne, die davon profitiert haben. In den letzten zehn Jahren haben aber auch immer mehr kleine und mittlere Unternehmen angefangen, die sich durch die Globalisierung ergebenden Chancen geschickt zu nutzen, um sich auch im Weltmaßstab am Wirtschaftskreislauf zu beteiligen. Gunter Denk, Autor des Buchs *Asien für den Mittelstand* (Olzog-Verlag) und selbst seit 1983 als deutscher Unternehmer in Südostasien tätig, hat bereits 2004 mit SANET (Strategic Alliance Network) ein offenes Netzwerk von unternehmerisch in Asien tätigen Mittelständlern gegründet, die sich bei Bedarf zu Projektteams verbinden und vor allem europäischen Unternehmen helfen, im Fernostgeschäft aktiv zu werden. Er ist überzeugt, dass deutsche Mittelständler in den kommenden zehn Jahren zunehmend selbstverständlicher mit Handels- und Geschäftspartnern in China, Indien, Thailand oder Indonesien, aber auch in den „weitgehend unentdeckten Märkten" wie Malaysia, Vietnam oder Burma profitable Geschäftsbeziehungen pflegen werden.

Einige der Haupthindernisse für den Mittelstand in entfernt liegenden Märkten sind Kulturunterschiede, die eigene Unerfahrenheit und vor allem Misstrauen und Angst, von Partnern in einem für ihn fremden Land betrogen oder über den Tisch gezogen zu werden. Das Internet kann in vielen Fällen ganz praktische Abhilfe bieten. So zitiert Denk gerne das Beispiel eines mittelständischen Herstellers von Sanitäreinrichtungen, der einen von ihm patentierten Duschkopf in Vietnam produzieren ließ, sich aber Sorgen machte, ob das dortige Unternehmen einfach Teile der Produktion abzweigen und auf eigene Rechnung über den Graumarkt verscherbeln könnte. Nach einigem Nachdenken kam er auf die denkbar einfachste Lösung: Die entsprechende Maschine des Produzenten verfügte über einen mechanischen Zähler, der jeden Duschkopf registrierte. Das deutsche Unternehmen installierte eine simple Webcam über dem Zähler und konnte fortan über das Internet jederzeit nachschauen, wie viele Exemplare inzwischen hergestellt worden waren, ohne deshalb gleich um die halbe Welt reisen zu müssen. Aufwand? „Keine 100 Euro", so Denk. Nutzen? „Mit Geld nicht zu bezahlen, denn der deutsche Unternehmer konnte ab diesem Tag wieder ruhig schlafen ..."

Solche und ähnliche Entwicklungen werden den Trend zur Globalisierung auch im Mittelstand in den kommenden zehn Jahren immer stärker antreiben. In seinem Buch *Die Welt ist flach* beschreibt der Kolumnist Thomas L. Friedman von der *New York Times* die drei Stufen, die angeblich auf dem Weg in die Globalisierung durchschritten worden sind und deren Auswirkungen bis heute nur in Ansätzen spürbar sind, die aber das Potenzial haben, die Weltwirtschaft radikal zu verändern. Das kommende Jahrzehnt bezeichnet er deshalb als die Ära von „Globalization 3.0".

Historisch lässt sich die erste Ära der Globalisierung etwa ab dem Jahr 1492 datieren, als Kolumbus Amerika entdeckte und in der Folge viele Händler und Abenteurer begannen, den Seeweg nach Indien systematisch zu erforschen. Für Friedman beginnt dagegen die Phase, die er Globalisierung 1.0 nennt, im frühen 19. Jahrhundert mit der Erfindung der Eisenbahn und verlief, unterbrochen durch einen Weltkrieg, etwa bis 1936. Das war nämlich das Jahr, als Konrad Zuse den ersten funktionierenden binären Rechner baute, den legendären „Z1", der die nächste Phase einläutete, die Friedman „Globalisierung 2.0" nennt. Sie basierte vor allem auf fallende Kommunikationskosten und die immer weiter sich ausbreitende Computerleistung. Beide wiederum ergaben das Internet und die Möglichkeit, jederzeit und überall global zu kommunizieren und zu interagieren. Moore's Law mag der Pulsschlag sein, an dem technologischer Fortschritt im Zeitalter von Globalisierung 2.0 gemessen wurde. Aber der Preis für ein Telefongespräch ist der eigentliche Gradmesser. John Chambers, der CEO von Cisco, war ein bisschen voreilig, als er vor ein paar Jahren sagte: „Voice will be too cheap to meter" („Telefongespräche werden so billig sein, dass es sich nicht mehr lohnt, sie abzurechnen"), aber im Prinzip hat er recht behalten: Die Kosten für ein Telefongespräch sind dramatisch gefallen, was die Telefongesellschaften wiederum gezwungen hat, ihre Geschäftsmodelle radikal zu überdenken und sich auf das Angebot neuer Dienstleistungen und von Mehrwert für ihre Kunden zu konzentrieren.

Globalisierung 3.0

Irgendwann um das Jahr 2000 trat die Globalisierung laut Friedman in ihre dritte Phase ein. Immer mehr Menschen auf der Welt bekamen Zugang zu potenziell revolutionären Technologien, was zu einer Entwicklung führt, die Friedman „level playing field" nennt – nämlich gleiche Chancen für alle, ob groß oder klein. Dafür sind seiner Meinung nach vor allem drei Faktoren verantwortlich:

- Unbegrenzte Computerleistung, und zwar überall! Das erlaubt uns, jederzeit potenziell wertvolle Inhalte zu erzeugen.
- Unbegrenzte Bandbreite dank Glasfaser und Funktechnik. Dadurch können wir jederzeit wertvolle Inhalte versenden oder abrufen.
- Unbegrenzte Kollaboration dank neuartiger Kooperationswerkzeuge und sogenannter „Workflow-Software". Das erlaubt uns, mit anderen Menschen auf eine Art und Weise zusammenzuarbeiten, die bislang unvorstellbar war – und die sich manche immer noch nicht vorstellen können.

Zusammen genommen versetzen diese drei Faktoren kleine und mittlere Firmen, aber auch kleine Gruppen oder sogar einzelne Menschen in die Lage, am globalen Wettbewerb teilzunehmen und dort zu bestehen. Es zwingt die Unternehmen aber auch, über ihre Rolle in der vernetzten Welt nachzudenken und sich zu fragen:

Wie passen wir in eine globale Wirtschaft und wie können wir davon profitieren?

Die Dotcom-Blase der späten 90er-Jahre hat der Welt Millionen von Kilometern Hochgeschwindigkeits-Glasfasernetze und andere Technologien beschert, die es erlauben, riesige Datenmengen in Sekundenbruchteilen um den Globus zu schicken und sie irgendwo an einem anderen Ort zu speichern, und zwar fast schon zum Nulltarif. Breitbandübertragung hat Unternehmen sozusagen ortsunabhängig gemacht. Die Amerikaner sprechen gerne in diesem Zusammenhang von dem „end of location". Gleichzeitig hat die weltweite Verbreitung von Laptops, Organizern und Smartphones die persönliche Kommunikation mobil gemacht und damit einen weiteren limitierenden Faktor weggeräumt, nämlich Entfernung. Die Drahtlostechnik ist dabei, die Nabelschnur zu durchtrennen, die uns bislang an unsere Kommunikationsgeräte wie Festnetztelefon oder stationäre Desktop-PCs gefesselt hat.

In seinem Bestseller *Being Wireless* erklärt Nicholas Negroponte, Chef des MIT Media Lab, am Beispiel von Wasserlilien und Fröschen, wie Drahtlostechnik die Zukunft der Telekommunikation verändern wird. Anfangs gibt es in einem Teich ein paar Wasserlilien, die ihre runden Blätter auf der Wasseroberfläche ausbreiten. Noch sind sie weit voneinander entfernt, aber schon im nächsten Jahr gibt es mehr davon und nach ein paar Jahren ist der Teich völlig zugewachsen. Frösche können dann von einem Blatt zum nächsten hüpfen, ohne zwischendurch durchs Wasser schwimmen zu müssen, kommen also sehr viel schneller von einem Teichufer zum anderen.

Heutzutage haben viele zu Hause ein Wireless LAN, das mit einem Breitband-Internet-Anschluss gekoppelt ist. Die Funktechnik macht aber nicht an der Hauswand halt, sondern ließe sich theoretisch auch von Passanten auf der Straße mitbenutzen. Fon, ein 2005 gegründetes Unternehmen englischen Rechts mit Geschäftssitz in Madrid, hat es sich zur Aufgabe gemacht, ein möglichst weltweites und flächendeckendes Netz von sogenannten „Hotspots" aufzubauen, um seinen Mitgliedern und anderen Internet-Nutzern überall und jederzeit Zugang zum globalen Netz zu geben. Fon installiert und betreibt die Hotspots aber nicht selbst, sondern stellt seinen Mitgliedern zu einem günstigen Preis einen WLAN-Zugang, den „La Fonera"-Router, zur Verfügung, den diese wiederum für andere Fon-Mitglieder öffnen können, und zwar kostenlos. Darüber hinaus verkauft Fon Gutscheine zur Nutzung dieser Mitglieder-Hotspots an jene, die selbst keinen Fon-Zugang haben.

Die Zukunft könnte also ein weltweites Telekommunikationssystem sein, erbaut von den Menschen, die es benutzen, und nicht von riesigen Telekomgiganten. Und das wäre ja wirklich revolutionär ...

Es ist heute dank Internet und Softwareanwendungen wie E-Mail, Google oder Microsoft Office sowie spezieller Workflow-Software relativ einfach möglich, globale Kollaborationsplattformen zu errichten. Dank dieser Workflow-Netze können Wissensarbeiter auf der ganzen Welt ihre Kompetenz mit anderen eilen. Jeder macht das, was er am besten – oder am billigsten – kann, und treibt damit Innovation und Produktivität. Aber diese gleichen Anbieter von Arbeitsleistung werden in einem darwinistischen Arbeitsumfeld unter einem nie gekannten Druck stehen, ihre Kompetenz laufend zu verbessern, um nicht zurückzufallen. Und ihre Arbeitgeber werden sich ebenso anpassen müssen, wenn sie nicht wie die Dinosaurier ein Opfer der unaufhaltsamen Evolution werden wollen.

Natürlich ist es manchmal besser, kein „Early Adopter" zu sein, sondern erst einmal abzuwarten, welche Technik sich am Ende durchsetzen wird. Paul Saffo vom Institute for the Future in Palo Alto, einem Vorort von San Francisco, verwendet gerne das Beispiel der Mausefalle: Die erste Maus, die die Nase dort hineinsteckt, löst die Falle aus und stirbt. Die zweite Maus, die zufällig vorbeikommt, schnappt sich den Käse. Als Nutzer von Hochtechnik kann es in manchen Fällen besser sein, sich wie die zweite Maus zu verhalten und abzuwarten, bis die Erstanwender ihre Erfahrungen gemacht haben und die Kinderkrankheiten einer Technik beseitigt worden sind.

In den 90ern begannen Kabelfirmen und Telcos, ungehemmt

große Mengen von Glasfasern zu verlegen, weil sie nach der Devise dachten: Es kann niemals genug Bandbreite geben. Konnte es doch, und auf einmal tauchte das Wort „dark fiber" auf, das teure Lichtleiterstrecken beschrieb, die sozusagen unbeleuchtet, also ungenutzt blieben. Viele Anbieter gingen pleite – aber die Kabel blieben liegen und lösten ein paar Jahre später einen Boom aus bei indischen und asiatischen Computerfirmen und Dienstleistern, die für wenig Geld auf eine hochmoderne Kommunikationsinfrastruktur zugreifen konnten, die sie benutzt haben, um selbst Mehrwert für ihre Kunden zu erzeugen.

Fortschritt ist wie Froschhüpfen

Friedmans „Globalisierung 3.0" hat mehrere Faktoren hervorgebracht, die zusammen zu einer radikalen Veränderung ganzer Volkswirtschaften und Branchen geführt haben und in den kommenden zehn bis 15 Jahren weitere Veränderungen auslösen werden. Technischer Fortschritt wird oft wie ein stetiger, unaufhaltsamer Aufstieg dargestellt und begriffen, eine Art linearer Konstante. In Wahrheit erfolgt Fortschritt sprunghaft, vor allem dann, wenn eine Nation oder eine Region eine ganze Technologiestufe überspringt und gleich zur nächsthöheren Ebene übergeht, so wie Kinder, die Froschhüpfen spielen. Das vielleicht beste Beispiel sind Mobiltelefone in der Dritten Welt, wo die Versorgung mit Festnetzanschlüssen in der Regel schlecht oder nicht vorhanden ist. Heute gibt es in China, Indien und weiten Teilen des afrikanischen Kontinents wesentlich mehr Handys als Festnetztelefone, denn Mobilfunknetze sind von ihrem Wesen her leichter, schneller und billiger aufzubauen als ein Festnetz.

Ein anderes Beispiel sind Glühbirnen, die um das Jahr 1870 entwickelt wurden und heute noch bei uns gebräuchlich sind (auch wenn die EU ihren Gebrauch inzwischen teilweise verboten hat). Leuchtdioden sind um ein Vielfaches effizienter und lassen sich mithilfe von Solarpaneelen betreiben. Ganze Gegenden auf der Welt werden womöglich ganz auf den Aufbau von Stromnetzwerken verzichten und stattdessen auf Strom sparende Lichtquellen und Haushaltsgeräte setzen, die sich mithilfe von Solartechnik sozusagen dezentral versorgen lassen.

Ein weiterer Faktor ist die sogenannte Open-Source-Bewegung. Sie erlaubt es Softwarefirmen, radikal anders zu arbeiten als früher, denn sie benötigen keine zentrale Steuerung und oft nicht einmal eine kommerzielle Motivation. Marc Andreessen, der den ersten Mosaic-Browser erfand, aus dem später der Netscape-Browser wurde, hat einmal gesagt: „Open Source ist genau wie die Forschung. Manche Leute forschen zum Vergnügen, stolpern dabei vielleicht über eine wichtige Erkenntnis, und ihr Lohn ist die Anerkennung durch ihre Kollegen. Manchmal lässt sich daraus ein Geschäftsmodell bauen, aber manchmal wollen diese Leute auch nur einen Beitrag zum großen Ganzen leisten."

Der Apache-Server ist dafür ein gutes Beispiel. Ursprünglich von ein paar Computerentwicklern in ihrer Freizeit programmiert und kostenlos ins Internet gestellt, ist er inzwischen der mit Abstand am häufigsten eingesetzte Webserver der Welt. Hunderttausende von Unternehmen vertrauen diesem Produkt, das von keiner Firma hergestellt und von keiner Kundendienstorganisation unterstützt wird.

Die Firma IBM, die selber einen weit weniger erfolgreichen Webserver gegen Geld anbot, hat irgendwann erkannt, dass gegen eine solche kostenlose Konkurrenz nur mit Ideen und Mehrwert anzukämpfen ist. Sie haben, was jeder darf, den Apache-Server übernommen und mit zusätzlichen Features, einem Handbuch und einer Supportinfrastruktur ergänzt. Das Ergebnis heißt „WebSphere" und ist heute das Herzstück der Businesssoftware von IBM. Aber jede einzelne Kopie von WebSphere, die IBM verkauft, enthält irgendwo einen kleinen Copyright-Vermerk der Apache-Entwicklergruppe.

Diese neue Vorgehensweise bezeichnen IT-Fachleute gern als „architecture of participation" – die Mitmach-Architektur. Es macht eben viel mehr Spaß, selbst mitzuspielen, als nur zuzuschauen, wie andere spielen. Die Anzahl der Spieler wird in der Welt von Open Source ständig steigen, wenn die Menschen beginnen, ihre passiven Konsumgewohnheiten aufzugeben und aktiv mitzumachen. Darum geht es ja bei dem aktuellen Hype zum Thema Web 2.0 und bei „Crowdsourcing", wo es darum geht, die kollektive Intelligenz und Innovationsfähigkeit ganzer Massen von Menschen fürs eigene Unternehmen zu nutzen.

Der dritte Faktor ist sogenanntes „Sourcing", auch als „Outsourcing" oder „Offshoring" bekannt. Der Begriff wird aber häufig falsch verstanden und deshalb von vielen Kritikern verteufelt. Gerade angebliche „Drittweltstaaten" wie Indien oder China würden dadurch zu verlängerten Werkbänken erhoben und nehmen deshalb deutschen Arbeitern angeblich ihre Jobs weg. Indien gilt ja als das klassische Outsourcing-Land.

Die Inder sind dank moderner Technologie in eine neue, beneidenswerte Situation geraten. Sie müssen nicht mehr zu uns nach Europa kommen, um für europäische Unternehmen arbeiten zu können. Die Europäer können ihnen die Arbeit einfach über die vielen Glasfaserleitungen schicken und bekommen die Resultate ebenso schnell wieder zurück, und zwar zu einem Bruchteil der Kosten.

Wer darin eine Bedrohung zu erkennen glaubt, sollte die Sache auch mal von der positiven Seite sehen: Europäischen Unternehmen steht plötzlich ein schier unerschöpfliches Reservoir junger, ehrgeiziger, gut ausgebildeter Techniker zur Verfügung, die hierzulande zunehmend Mangelware werden. Nach Schätzungen des IT-Branchenverbands Bitkom fehlten 2009 alleine im überalterten Deutschland mehr als 20 000 Informatiker und andere Computerfachkräfte.

Sourcing für alle!

Niemand kann die Uhr bei Sourcing und Offshoring zurückdrehen, aber was sagen wir unseren eigenen Kindern? Vielleicht so viel: Es wird immer genügend Nachfrage geben nach Menschen mit dem richtigen Wissen, der richtigen Ausbildung und den richtigen Ideen. Nur werden unsere Kinder mit Kindern aus Bangalore und Schanghai konkurrieren müssen. Das erfordert nicht nur gewisse technische Fähigkeiten, sondern auch menschliche, zum Beispiel Flexibilität, Eigenmotivation und psychologische Mobilität. Wenn sie sich diese Grundwerkzeuge nicht aneignen, werden sie die Verlierer sein in der dritten Ära der Globalisierung. Ihre Jobs werden outgesourct – entweder nach Indien oder vielleicht auch ins Museum.

Allerdings ist Sourcing für die Auftragsländer keineswegs eine wirtschaftliche Einbahnstraße. Die Unternehmensberatung McKinsey hat untersucht, welchen Wert amerikanische Investitionen in Indien erzeugen. Dabei kam heraus, dass Indien für jeden investierten Dollar rund 33 Prozent an Wertschöpfung im eigenen Land behält. Der Rest fließt nach Amerika zurück – und verzinst sich dabei offenbar auch noch, denn laut McKinsey verdient die amerikanische Volkswirtschaft an jedem „offgeshorten" Dollar sage und schreibe 1,13 Dollar. Warum ist das so? Weil Offshoring für einzelne Auftraggeber Mehrwert schafft und darüber hinaus Ressourcen für höherwertige Tätigkeiten beispielsweise im Dienstleistungssektor frei macht. So geben die betroffenen Firmen ihre Kostenersparnisse zum großen Teil an Verbraucher und Anleger weiter in Form von niedrigeren Preisen und erhöhten Gewinnausschüttungen. Außerdem kaufen indische Firmen die Produkte von Herstellern aus den „entwickelten" Ländern. Eine echte Winwin-Situation, jedenfalls volkswirtschaftlich gesehen.

Ein weiterer Faktor, der die Globalisierung anheizt, lässt sich mit dem Begriff „Supply-Chaining" beschreiben, also die Verschlankung wichtiger Teile der Wertschöpfungskette durch den gezielten Einsatz moderner Kommunikations- und Informationstechnik. Hier geht es um eine zunehmend engere Verflechtung zwischen Zulieferern und Kunden, und zwar im globalen Maßstab. Dabei entstehen Wettbewerbsvorteile und Profite für alle Beteiligten. In einer globalen Volkswirtschaft ist jedes Unternehmen gezwungen, mit dem möglichst besten und billigsten Lieferanten zusammenzuarbeiten. Globale Wertschöpfungsketten sind für Händler und Hersteller überall auf der Welt inzwischen unverzichtbar. Bedauerlicherweise ist es aber gar nicht so einfach, eine globale Supply Chain aufzubauen.

Der Metro-Konzern verfügt heute über eine der am höchsten entwickelten Wertschöpfungsketten der Welt, und er wendet viel Zeit und Geld dafür auf, sie laufend zu verbessern. Jedes Jahr durchlaufen rund eine Milliarde Kartons mit Handelsware die riesigen Verteilerzentren von Metro, von wo aus sie auf Hunderte von Metro-Filialen verteilt werden müssen. Jedes Mal, wenn ein Kunde etwas bei Metro kauft, löst das übers Internet direkt bei einem Hersteller irgendwo auf der Welt ein Signal aus, der daraufhin ein neues Produkt bauen und zu Metro auf die Reise schicken kann. Einen solchen Prozess zu beherrschen ist so, wie wenn jemand ein Symphonieorchester mit mehreren Tausend Musikern dirigieren soll. Die Kunst besteht nach Ansicht vor allem von Logistikfachleuten darin, Lagerbestände durch Information zu ersetzen. Je schneller die Information darüber, was die Kunden kaufen, vom Laden zu Designern und Lieferanten gelangt, desto schneller landen die richtigen Produkte in den Warenregalen.

Automation und Kommunikation sind hier der Schlüssel zum Erfolg. Deshalb hat Metro den Einsatz von sogenannter RFID-Technik als einer der Ersten vorangetrieben, nämlich winzige funkgesteuerte Chips, die zur digitalen Warenauszeichnung dienen und es ermöglichen, den Weg einer Schachtel Frischkäse vom Hersteller bis zum Endverbraucher lückenlos zu verfolgen. Manche Menschen fürchten sich vor dieser Technik und glauben, es führe zum „gläsernen Verbraucher". Andererseits freuen wir uns alle, wenn wir ein Schnäppchen machen können, und wir erwarten, jederzeit genau diejenigen Produkte im Regal vorzufinden, die wir kaufen wollen.

Sicher sollte man die Ängste der Menschen ernst nehmen – aber aufhalten wird das den Siegeszug von RFID gewiss nicht. Globales Supply Chaining zwingt dazu, solche Techniken einzusetzen. Ob wir wollen oder nicht: RFID kommt, und zwar schneller, als wir denken.

Sourcing hat aber auch eine andere, nach innen gewandte Seite. Sie nennt sich „Insourcing". Wenn wir an die Firma UPS denken, sehen wir vor unserem geistigen Auge junge Männer in braunen Hosen und seltsam eckig aussehenden braunen Kleinlastwagen, die Pakete austragen. Dabei macht UPS heute sehr viel mehr. Unter anderem ist UPS als „Supply Chain Manager" für viele Firmen auf der ganzen Welt ein unverzichtbarer Partner geworden. Wer in den USA einen Laptop von Toshiba besitzt, und der geht kaputt, dann gibt er ihn bei der nächsten UPS-Filiale ab. Das defekte Gerät wird am gleichen Tag weitergeleitet nach Louisville, Kentucky, zur Zentrale von UPS, wo er in einer Werkstatt direkt neben der Landebahn repariert wird – und zwar von UPS-Angestellten, die allerdings von Toshiba ausgebildet und zertifiziert worden sind. Der Besitzer bekommt seinen Laptop innerhalb von 72 Stunden wieder zurück. UPS macht damit das Geschäft ihrer Kunden zum eigenen. Damit können sie auch mittelständischen Unternehmen helfen, selbst globale Wertschöpfungsketten aufzubauen. UPS vermittelt auf Anfrage Lieferanten in China oder einen Kunden in den USA. UPS gibt Unternehmen sogar Kredite, damit sie im Ausland ins Geschäft kommen können. Und UPS übernimmt notfalls das gesamte Rechnungswesen und treibt die Außenstände ein. Warum? Weil sie sich auf diese Weise neues Geschäft generieren für ihr Kerngeschäft, die Logistik.

Konvergenz in den Köpfen

Hinter all diesen Entwicklungen steckt eine treibende Kraft: die Konvergenz von Technologien, Netzwerken und Endgeräten. Computer, Telefone und Unterhaltungsgeräte sind heute kaum noch voneinander zu unterscheiden, und genauso sieht es inzwischen mit den dahinterliegenden Netzwerken aus. Die Zeiten, als Sprache, Daten und Fernsehen über separate Netze liefen, sind gezählt – in naher Zukunft werden alle Netzwerke nur noch eine Sprache sprechen, nämlich IP („Internet Protocol"), das „Esperanto des Internets".

Im Unternehmen 2020 wird jeder überall und jederzeit auf die gleichen Dinge zugreifen können: die gleichen Geräte, die gleichen Inhalte, die gleichen Informationen. Vielleicht wird das zu einer Verschmelzung der Kulturen führen, nach dem Motto: „Hollywood ist überall." Aber vielleicht wird es auch zu mehr Vielfalt führen, wenn Menschen und Kulturen sich austauschen und ihren eigenen Beitrag leisten können. Merke: Für jedes Hollywood könnte es eines Tages auch ein Bollywood geben.

Ein Aspekt der Konvergenz, der allerdings beunruhigend ist, betrifft die Konvergenz der Informationsströme in den Köpfen von Managern großer und kleiner Unternehmen rund um den Globus. Dank Internet haben Manager mehr Informationen zur Verfügung als je zuvor. Sie haben aber alle die gleichen Informationen – und sie scheinen alle gleichzeitig zu reagieren. Das verstört vor allem diejenigen, deren Aufgabe es ist, an den Stellhebeln der Macht darüber zu wachen, dass die Weltwirtschaft reibungslos funktioniert.

Globalisierung 3.0 bedeutet de facto das Ende nationaler fiskalischer und monetärer Politik. Alan Greenspan, der ehemalige Notenbankchef der USA, machte sich darüber sogar öffentlich Sorgen, als er sagte: „Unternehmen scheinen gleichartiger als früher zu reagieren. Die Anpassung findet nicht nur früher, sondern synchroner statt. Umstellungen werden in zunehmend kürzere Zeitrahmen gepresst." Die letzte Weltwirtschaftskrise hat die Unmöglichkeit nationaler Alleingänge besonders deutlich unterstrichen: Ohne eine konzertierte Reaktion der wichtigsten Wirtschaftsnationen zur Stabilisierung der Finanzbranche und zur Ankurbelung von Nachfrage wären wir tatsächlich in den Orkus einer weltweiten Depression nach dem Vorbild der 30er-Jahre gestürzt. So sind wir wenigstens weich gefallen – auch wenn einige noch lange an ihren Blessuren leiden werden.

Neue Wirklichkeiten verlangen nach neuen Regeln. Die gute Nachricht ist, dass diese Regeln für alle gelten, egal wo auf der Welt sie sich befinden. Die schlechte Nachricht ist, dass jeder zwar Wirtschaftswachstum will, aber niemand Veränderung wünscht. Nun, wir werden uns wohl daran gewöhnen müssen. Tom Friedman schlägt in *Die Welt ist flach* fünf Regeln für die Welt von Globalisierung 3.0 vor:

Konzentration auf die eigene Kernkompetenz: In dem Maße, wie immer mehr Arbeitsprozesse digital, virtuell und mobil gemacht werden, werden sie austauschbar. Die Angelsachsen sprechen hier von einer „commodity". Eine Reaktion darauf wäre, sich abzuschotten, eine Mauer zu bauen und sich dahinter zu verstecken und so weiterzuwurschteln wie bisher. Die bessere Methode besteht darin, eine Schaufel zu nehmen und bei sich selbst nachzugraben, bis man seine eigentliche Kernkompetenz findet. Diese kann man dann als Antriebsfeder nutzen, um auf die Herausforderungen zu reagieren, die Globalisierung 3.0 an uns stellt.

Kleine sollen es machen wie die Großen: Kleinere Firmen müssen lernen, sich in einer vernetzten Welt wie große Unternehmen zu verhalten. Sie sollten zum Beispiel die gleichen Kollaborationswerkzeuge verwenden, um sich schneller, weiter und tiefer mit Partnern und Kunden zu vernetzen. Kleine Softwarefirmen in Indien bieten ihren Kunden wie selbstverständlich die gleichen Services an wie ihre großen Konkurrenten. Zur Not outsourcen sie einfach den Job ihrseits nach Kasachstan, nach Weißrussland oder in die Ukraine. Indem sie die Vorteile nutzen, die ihnen Dinge wie Supply Chaining, Insourcing und Outsourcing bieten, können Firmen, die vor Ort vielleicht recht ansehnlich, aber international winzig sind, jederzeit mit den ganz Großen mithalten. Schon vor Jahren hat Pizza Hut gemerkt, dass sie nur dann international eine Chance haben, wenn sie sich dem Geschmack der jeweiligen Kunden anpassen. In Japan ist Tintenfisch die mit Abstand beliebteste Pizza-Zutat, also bietet Pizza Hut in Japan eben Tintenfisch-Pizza an. In Guatemala sind es schwarze Bohnen, in Indien ist es Ingwer. Die Kaffeehauskette Starbucks schätzt, dass ihre Kunden 19 000 Kaffeevariationen anhand ihrer weltweit ausliegenden Menüs zaubern können. Was sie getan haben, ist, im Endeffekt ihre Kunden zu Drink-Designern zu machen, indem sie sie nach Herzenslust kombinieren lassen. Kein Mensch bei Starbucks dachte je daran, Sojamilch ins Programm aufzunehmen, bis die Kunden anfingen, es zu verlangen. Heute enthalten acht Prozent aller bei Starbucks ausgeschenkten Getränke Sojamilch.

Zuerst den Kunden fragen: Die intelligentesten Firmen sind offenbar diejenigen, die verstehen, dass sie mit ihren Kunden auf völlig neue Art kollaborieren müssen, und dass die Technologien, die Globalisierung 3.0 treiben, ihnen dazu die Mittel in die Hand geben. Laut Steve Jobs, CEO von Apple, braucht man als Firma heute „deep collaboration" um das kreative Potenzial in einer globalisierten Welt zu entfesseln. Anders ausgedrückt: Taylorismus ist out, nämlich die Vorstellung, dass Teams in Serie arbeiten sollen und sich jeder nur um seinen kleinen Ausschnitt aus dem Produktionsvorgang kümmern soll. Bei Apple verwenden sie stattdessen Begriffe wie „Überkreuzbefruchtung" und „Concurrent Engineering", um eine Entwicklungsmethode zu beschreiben, die sowohl simultan wie organisch ist. Neue Projekte werden von allen Abteilungen gleichzeitig bearbeitet – Design, Hardware, Software. Das erfordert natürlich endlose interdisziplinäre Diskussionsrunden. Statt sich stolz zu brüsten, wie wenig Zeit sie mit unproduktiven Meetings verplempern, wie das deutsche Manager manchmal gerne tun, verbringen Apple-Mitarbeiter fast den ganzen Tag in Meetings – und sie sind deshalb auch unheimlich produktiv.

Innovation durch Kollaboration: Es wird heute immer schwieriger, die nächste Stufe der Wertschöpfung zu erreichen – ob in

Technologie, in Marketing, in der Biomedizin oder in der Fertigung. Zunehmend sind einzelne Firmen oder Abteilungen deshalb überfordert. In der Welt von Globalisierung 3.0 wird Kollaboration deshalb immer wichtiger – Kollaboration innerhalb sowie außerhalb der eigenen Firma. Ja, es gibt Firmen, die outsourcen, um Kosten zu sparen, aber zum Glück sind diese Firmen in der Minderheit. Intelligente Unternehmen outsourcen, um schneller innovieren zu können, um Marktanteile zu gewinnen oder um mehr und andere Spezialisten anheuern zu können.

Outsourcing ist der Weg, nicht das Ziel: Vielleicht wäre es hilfreich, meint Friedman, wenn wir den Ausdruck „Outsourcing" gar nicht mehr verwenden würden. Eigentlich geht es um etwas ganz anderes, nämlich darum, die jeweils besten Leute und Partner für einen ganz bestimmten Job zu finden, egal ob sie in München sitzen oder in Mumbai, in Berlin oder Beijing.

Globalisierung verändert die globale Wertschöpfungskette so, wie China die Fertigung und Indien die Servicelandschaft verändert hat. Sie schafft Chancengleichheit zwischen entwickelten und unentwickelten Nationen und wird voraussichtlich zu einem explosionsartigen Anstieg des Wohlstands in einigen Ländern der sogenannten Dritten Welt führen. Sie wird aber auch Wachstum in den entwickelten Ländern erzeugen, die unterm Strich vermutlich sogar am meisten davon profitieren werden. Allerdings wird sie tief greifende und traumatische Veränderungen auslösen bei Arbeitern in den entwickelten Ländern, die gezwungen sein werden, sich entweder nach höher qualifizierten Stellen umzusehen oder dem Druck des Marktes zu weichen.

Wen das alles beunruhigt, der ist nicht alleine. Globalisierung 3.0 besitzt das Potenzial, vieles zu verändern, viele zu entwurzeln und viele neue Chancen zu schaffen. Es wird Gewinner geben und Verlierer – wie immer in der Geschichte, wenn eine neue Ära anbricht. Und was am meisten verwirrt, ist die Geschwindigkeit, mit der das alles geschieht. Vielleicht wissen Sie noch, was die rote Königin zu Alice sagt in dem Buch *Alice im Spiegelland*: „Hier-

zulande musst du so schnell rennen, wie du kannst, wenn du am gleichen Fleck bleiben willst. Und um woanders hinzukommen, muss man noch mindestens doppelt so schnell laufen."
Es könnte langsam Zeit sein, die Laufschuhe auszupacken …

Der Kunde als Unternehmer

„Das Mitmach-Internet ist schön und gut, aber man muss die Leute auch dazu bringen, mitzumachen", glaubt Torsten Schwarz, Herausgeber des Standardwerks *Leitfaden Online-Marketing*. Der Kommunikationsexperte predigt schon lange eine „neue Qualität im Dialog zwischen Anbieter und Kunde", doch verhallen seine Rufe oft ungehört, weil sich alte Gewohnheiten schwer abschütteln lassen. Tatsächlich ist Kundenkommunikation für die meisten Unternehmen heute noch eine Einbahnstraße. Der Anbieter stellt sich und sein Produkt dar, der Kunde hat das gefälligst hinzunehmen – und natürlich auch zu kaufen. Aber so funktioniert das nicht mehr im Internet-Zeitalter.

Online-Communitys sind eine wunderbare Möglichkeit, bedeutend mehr über den Kunden und seine Wünsche zu erfahren. Große Markenartikelhersteller nutzen die neue Offenheit längst für sich. So hat beispielsweise der Sportschuhhersteller Nike seinen Internet-Auftritt ganz auf Web 2.0 umgestellt. Fußballliebhaber können sich an Diskussionsforen beteiligen, eigene Bilder und Videos hochladen, an moderierten Wettbewerben teilnehmen oder „Tagebücher" (wie Blogs vor Kurzem noch auf Altdeutsch hießen) von Fußballprofis lesen.

Dass allerdings kleine und mittlere Unternehmen in Deutschland den Community-Gedanken aufgreifen, hat bislang eher Seltenheitswert. Dabei ist eigentlich längst klar: Je besser man seine Kunden kennt, desto erfolgreicher wird die Community sein. Es geht darum, die Wünsche und Interessen der potenziellen Mitglieder möglichst genau zu treffen. Dabei kann eine etablierte Marke hilfreich sein, etwa zur thematischen Orientierung und zur Positionierung der Community, aber notwendig ist sie nicht. Allerdings muss die Community zum Charakter des Anbieters, also zu seiner „Markenwelt" passen, denn Glaubwürdigkeit ist die zweite wesentliche Voraussetzung für jede erfolgreiche Community-Strategie.

Der Offenbacher Medienpionier Ossi Urchs glaubt, dass gerade kleine und mittlere Unternehmen „die Offenheit fürchten". Den Unternehmern sei es peinlich, so Urchs, „die Hosen runterlassen zu müssen – aber ohne das geht es leider nicht ..."

FALLBEISPIEL:
Frösche gehen auf Reisen

Frösche sind besonders gerne online. Das jedenfalls meint Timo Krüger, Marketingchef des Münsteraner Touristikunternehmens Frosch Sportreisen. So bezeichnen sich nämlich seine Stammkunden selber. „Es gibt sie überall", meint er. Und der Grund dafür ist ganz alleine das Internet.

124 000 Besucher fanden sich im vergangenen Jahr laut „Google Analytics" auf der Website des Spezialanbieters ein, „eine gigantische Zahl", wie Krüger zugibt, vor allem im Vergleich zu den knapp 25 000 Kunden, die tatsächlich eine Reise bei ihm gebucht haben. Und mit 1,25 Millionen Seitenaufrufen zählt der Online-Frosch mit zu den Topadressen im deutschen Internet.

Nicht schlecht für ein Unternehmen mit 25 Festangestellten in der Firmenzentrale und einem Jahresumsatz von knapp 17 Millionen Euro. Das Geheimnis sei ganz einfach, meint Krüger: „Unsere Kunden bilden eine ganz starke Gemeinschaft. Sie machen ganz toll mit!"

Mitmachen muss man wörtlich nehmen, bestätigt auch Timo Krüger – und macht vor, wie das aussehen kann. Frosch-Kunden haben gleich mehrere Möglichkeiten, sich online miteinander und mit dem Anbieter auszutauschen:

Im „Chat-Board" können Kunden Fragen an das Unternehmen, aber auch an andere Kunden stellen. Das reicht dann von „Wer fährt mit nach Kaprun?" bis „Wer hat schon mal im Hotel Sonnenblick gewohnt und wie sieht's dort wirklich aus?" Da sucht einer eine Mitfahrgelegenheit in die Schweiz, ein anderer nach „Mountainbikern im Raum Frankfurt zwecks gemeinsamer Wochenendtouren". Krüger und seine Kollegen schauen „täglich mehrmals" rein und beantworten Anfragen zu den eigenen Angeboten, mischen sich aber ansonsten nicht ein: „Die besten Antworten sind immer die, die von anderen Kunden kommen!"

Im „Frosch-Blog" schreiben ebenfalls die Kunden, nämlich Reiseberichte, die sie mit selbst gemachten Fotos garnieren. Pro veröffentlichten Text gibt es einen Reisegutschein über 75 Euro. Andere Besucher können ihre Kommentare hinterlassen. Bis zu 500 Besucher am Tag loggen sich ein und können mithilfe einer bequemen Suchfunktion gezielt nach Reiseländern, Zielorten oder Sportarten suchen. „Das ist besser und vor allem glaubwürdiger als jeder Katalog", glaubt Köhler.

Bei „my.frosch" können registrierte Besucher ein persönliches Profil anlegen mit Alter, Vorlieben, Lieblingssportarten und Reisewünschen und dazu ein Foto hochladen. „Gleichgesinnte finden hier schnell zueinander und können gemeinsame Reisen planen", sagt Köhler. Außerdem kann der Kunde seine Reisedaten aufrufen, umbuchen oder Zahlungseingänge verfolgen. 5 798 Frosch-Kunden hatten sich Ende Januar beim Online-Service angemeldet. „Das ist sicher der harte Kern unserer Kundschaft", sagt Köhler, „aber es sind auch viele darunter, die überhaupt noch nie bei uns waren."

KAPITEL 3
Wie – und wo – wir 2020 arbeiten

Science-Fiction-Szenarien über den Arbeitsplatz von morgen gibt es immer wieder, und sie werden mit Recht von den meisten Mittelständlern belächelt. Das Dumme ist nur: Einige von ihnen sind ganz real.

Statt wie heute seine Zeit sitzend am Schreibtisch zu verbringen, wird der Wissensarbeiter von morgen dort arbeiten, wo er gerade ist. Seine E-Mails wird er sich im Auto vom Kommunikationszentrum – wer erinnert sich noch an das gute, alte Autoradio? – vorlesen lassen oder auf dem Mini-Bildschirm seiner Display-Brille direkt vors Auge projizieren lassen. Antworten diktiert er seiner elektronischen Sekretärin – Tastatur und Computermaus kennt er schon seit Jahren nicht mehr. Den Tagesablauf und Termine bespricht er mit Kollegen, die selber zu Hause sind oder irgendwo unterwegs, vielleicht am anderen Ende der Welt, per Telepräsenz-Schaltung, deren Bilder so kristallklar sind, als säßen die anderen mit ihm im Besprechungszimmer. Der Arbeitsfortschritt wird im Job-Wiki dokumentiert, wo jede einzelne Aufgabe beschrieben und nach der Erledigung elektronisch abgehakt wird; da alle den Überblick über den kompletten Arbeitsprozess haben, sehen sie, ob etwas liegen zu bleiben droht, weil einer Urlaub hat oder krank geworden ist, dann springt ein anderer ein.

Das Büro von morgen

Der Ort, der am stärksten von diesem technikgetriebenen Wandel erfasst werden wird, da sind sich die Experten einig, ist das gute, alte Büro. 58 Prozent aller Ideen, so die Studie „Ideas at Work" der britischen Firma Vodafone, entstehen heute schon außerhalb des

Büros. Nur 30 Prozent der Befragten haben an ihrem Schreibtisch ihre Geistesblitze. „Für den Wissensarbeiter von morgen sind Zeit und persönliche Energie die knappsten Produktionsfaktoren", sagt Franklin Becker, Direktor des International Workplace Studies Program der New Yorker Cornell University. „Der Arbeitsplatz der Zukunft wird entsprechend gestaltet."

Wie das Büro der Zukunft konkret aussehen kann und wie dort gearbeitet wird, welche Informations- und Kommunikationsprozesse stattfinden, daran tüfteln seit Jahren die Forscher am Stuttgarter Fraunhofer-Institut für Arbeitswirtschaft und Organisation (IAO). Institutsleiter Dr. Wilhelm Bauer ist überzeugt: „Die Arbeitswelt wird individueller". Das Büro als alleiniger Ort der Arbeit und Energiezentrum des Unternehmens verliere an Bedeutung, virtuelle Büros werden feste Arbeitswaben ersetzen. Bereits heute, so Bauer, verbringt ein typischer „nomadisierender Mitarbeiter" in den USA nur noch ein Drittel seiner Zeit im Büro; ein weiteres Drittel arbeitet er daheim im „Home Office", den Rest unterwegs: im Flieger, in der Bahn, im Hotel oder im Coffeeshop an der Ecke, wo er immer häufiger neben der stärkenden Tasse auch ergonomisch geformte Arbeitsmöbel sowie eine drahtlose Hochgeschwindigkeitsverbindung ins Internet vorfindet. „Seine Unterlagen hat der nomadisierende Wissensarbeiter ohnehin immer bei sich", behauptet Bauer – durch den Zugriff auf seine elektronischen Akten, entweder auf der Festplatte seines Laptops oder im Firmenrechner, mit dem er auch unterwegs online dauerhaft verbunden ist.

Nicht nur das Büro, auch die Firmenzentrale von morgen wird ganz anders aussehen, behaupten die Immobilienexperten von Jones Lang LaSalle, einer weltweit führenden Maklerfirma. Statt öder, einheitlicher „Schreibtischfarmen" fordern sie auf den nomadischen Arbeitsstil der Mitarbeiter zugeschnittene Firmengebäude. Architekten sollten künftig viel mehr sogenannte „hybrid spaces" planen – flexibel gestaltbare Räume, die gleichzeitig von vielen Mitarbeitern und Gästen genutzt werden können. Vorbild für viele ist das futuristisch anmutende „Stata Center" am MIT in Boston, das 2004 vom Stararchitekten Frank Gehry entworfen wurde und in dem IT- und Geisteswissenschaftler gleichzeitig in einem Raum arbeiten, lesen, lehren, Besprechungen abhalten, Präsentationen halten, schlafen, ausruhen und essen. Entsprechend seinem Verwendungszweck ist das Stata Center 24 Stunden am Tag geöffnet, und kein einziger Raum wurde zu einem bestimmten Zweck konstruiert – jeder Ort im Gebäude ist multifunktional nutzbar.

In einem solchen Büro ist „die Rolle der wichtigste Baustein für das Mobiliar", sagt Prof. Gunter Henn, Architekt an der TU Dresden und unter anderem Designer der „Gläsernen Manufaktur" von Volkswagen. Tische, Stühle und Trennwände auf Rollen lassen sich nach Belieben verschieben und so an wechselnde Arbeitssituationen anpassen. Trennwände schaffen Privatheit, alle anderen Wände im Firmengebäude von morgen werden seiner Meinung nach aus Glas sein. Dafür stehen überall große Blätterpflanzen herum: „Grüne" Büros beugen nachweislich gegen Kopfschmerzen, Müdigkeit und Erkältungen vor.

Bitte Platz nehmen im PC

Für die nahe Zukunft erwarten Fachleute große Veränderungen in der Art, wie Menschen mit Maschinen umgehen und mit diesen kommunizieren. Der Rechner der Zukunft, so Axel Gloger vom Trendletter, einem Informationsdienst über künftige Entwicklungen in Technologie und Wirtschaft, werde nicht mehr durch Maus und Tastatur, sondern durch Körperbewegungen gesteuert. Der Computer wird in der Lage sein, an der Gestik des Benutzers oder sogar an seiner Gesichtsmimik abzulesen, was der Benutzer will und welche Aufgabe als Nächstes abzuarbeiten ist. Bereits auf der letztjährigen CeBIT haben Forscher der schwedischen Firma Tobil Technology demonstriert, wie Computerbenutzer Buchseiten per Handbewegung umblättern und Texte mit den Augen schreiben können: Dank integrierter Kameras genügt es, einen Buchstaben anzuschauen, schon wird ein Computerbefehl ausgelöst, etwa „starte Programm" oder „sende E-Mail". Wissenschaftler am Fraunhofer-Institut für Digitale Medientechnologie (IDMT) in Ilmenau am Bodensee haben eine Software entwickelt, die fünf verschiedene Handzeichen erkennen kann. Sie können damit bereits heute einen MP3-Player ausschließlich über die Gestik des Besitzers steuern.

„In Zukunft werden Menschen ganz anders mit der Datenwelt und mit anderen Menschen kommunizieren", ist auch Roland Blach vom Fraunhofer Kompetenzzentrum Virtual Environments in Stuttgart überzeugt. „Diese Kommunikation wird viel mehr als heute auf menschlicher Intuition und natürlichen Verhaltensweisen basieren. Wir werden in Zukunft in einer Informationswelt zu Hause sein."

Das ist durchaus wörtlich gemeint: Blach und seine Kollegen sind sich sicher, dass dank hauchdünner, ausrollbarer Großbildschirme der Mensch demnächst sozusagen in seinem Computer statt davor sitzen wird. „Die Wand eines Büros wird nicht mehr aus Gipskarton und Farbe bestehen, sondern aus digitalen Tapeten – riesige, hauchdünne Folien, die wie der Bildschirm eines Computers funktionieren und auf denen wir beliebige Informationen in fast beliebiger Größe darstellen können," glaubt Blach. Das ist auch gut so, ist er überzeugt: „Der Mensch ist ein sehr visuelles Wesen. Wir nehmen 80 bis 85 Prozent unserer Informationen mit dem Auge auf. Wir werden uns in Zukunft überwiegend in sogenannten Informationsräumen aufhalten."

Bei Fraunhofer läuft laut Blach derzeit ein Projekt namens „Light Fusion", bei dem es um neuartige Arbeitsräume geht. „Früher wurde ein Zimmer durch zwei Dinge zu einem Arbeitsraum: Es gab Möbel, an denen ich etwas schreiben konnte und die deshalb ‚Schreibtische' hießen, und es gab irgendwelche Schränke oder Regale, in denen das Wissen in Papierform abgelegt werden konnte. Beides ist in Zukunft nicht mehr nötig." Der Stuttgarter Forscher sieht auch „sprechende Räume" voraus, in denen der Mensch auf allen Seiten von Informationen umgeben ist. Die Wände solcher Informationsräume werden aus Licht emittierenden Flächen bestehen, die wahlweise zur Beleuchtung, zur Darstellung von Informationen oder zur Kommunikation mit anderen

Menschen verwendbar sind. Blach: „Dank Telepräsenz-Systemen werde ich das Gefühl haben, der andere sitze mir tatsächlich unmittelbar gegenüber. Mit heutigen primitiven Videokonferenzanlagen haben solche hochauflösenden Systeme nichts mehr zu tun.

> **FALLBEISPIEL:**
> **Brose arbeitet in der Zukunft**
>
> Im fränkischen Coburg ist die Welt noch in Ordnung. „Wie kaum eine andere Stadt vereint Coburg Kunst, Kultur, Geschichte und Natur", schwärmt das Tourismusreferat der Stadtverwaltung auf seiner Website. Gleich vier mittelalterliche Schlösser wetteifern um die Gunst des Besuchers. 1530 weilte Martin Luther längere Zeit in der Stadt. Geprägt wurde die einstige Residenz vor allem von den Herzögen des ehemaligen Herzogtums Sachsen-Coburg und Gotha. Ihre Heiratspolitik stellte Verbindungen zu fast allen europäischen Herrscherhäusern her – allen voran die Heirat zwischen Queen Victoria und ihrem über alles geliebten „Bertie": Prinz Albert von Sachsen-Coburg und Gotha.
> Am 14. Juni 1919 gründeten der Berliner Max Brose und sein Geschäftspartner Ernst Jühling in Coburg das Metallwerk Max Brose & Co. Aus der kleinen Teileschmiede ist inzwischen der fünftgrößte Automobilzulieferer der Welt geworden. Bis heute ist die Brose Unternehmensgruppe in Familienhand. In dem von Dr. Florian Langenscheidt verfassten Sonderband „Deutsche Standards – Aus bester Familie" wird Brose sogar als ein „beispielhaftes deutsches Familienunternehmen" bezeichnet. 2008 erwirtschafteten 14 300 Brose-Mitarbeiter einen Umsatz von 2,8 Mrd. Euro.
> Doch Brose ist alles andere als ein verstaubtes Traditionsunternehmen, in dem die Zeit stehen geblieben ist. Um die Jahrtausendwende begann man bei Brose der Frage nachzugehen, was denn die Kombination aus flexiblem Bürokonzept mit variablen Arbeitszeiten, ergebnisorientierter Vergütung sowie innovativen Sozialleistungen ergeben könnte.
> Herausgekommen ist die 2001 eingeführte „Neue Brose Arbeitswelt". Dahinter verbirgt sich ein Arbeitszeit- und Organisationsmodell, das die Kosten in der Verwaltung senken und die Mitarbeiter zu überdurchschnittlicher Einsatzbereitschaft motivieren soll.

Bei Brose hatte man erkannt, dass die ständig steigenden Leistungsanforderungen in der Automobilbranche nur durch offensive Maßnahmen in den Griff zu bekommen waren. Ziel der Neuorganisation an den Standorten Coburg und Hallstadt war es, größtmögliche Transparenz, Funktionalität und Ökonomie zu schaffen. Das Ergebnis setzt sich aus mehreren Elementen zusammen, die sich gegenseitig ergänzen und verstärken:

- ein flexibles Bürokonzept mit Desk-Sharing und modernster Kommunikationstechnik,
- variable Arbeitszeiten,
- ergebnisorientierte Vergütung und
- innovative Sozialleistungen auf den Gebieten Fitness, Gesundheit und Verpflegung.

So teilen sich heute zwölf Mitarbeiter zehn Schreibtische, weil sich stets ein Teil der Mitarbeiter auf Dienstreise, in der Weiterbildung oder im Urlaub befindet. Die Unabhängigkeit des Mitarbeiters von einer bestimmten Arbeitszeit erlaubt es, täglich die Zusammensetzung des Kundenteams den wechselnden Bedürfnissen eines Projektes anzupassen. Hierdurch können auch Kunden und Lieferanten in die Projektarbeit integriert werden. Allein durch das flexible Bürokonzept mit Desk-Sharing-Prinzip spart das Unternehmen 20 Prozent der Kosten für Fläche, IT und gebäudetechnische Einrichtungen.
Die Einführung von sogenannten „non-territorialen Arbeitsplätzen" setzt einen Lernprozess bei allen Betroffenen voraus. Nach dem Grundsatz des Clean Desks wird weitgehend papierlos gearbeitet. Dennoch steht jedem Mitarbeiter für seine persönlichen Unterlagen, Arbeitsunterlagen und Arbeitsgegenstände ein Rollcontainer zur Verfügung. Dank des flexiblen Möbelsystems lässt sich aus jedem identischen Arbeitsplatz in kürzester Zeit ein individueller Arbeitsplatz herstellen. Ferner befinden sich innerhalb der Büros kombinierte Besprechungs-/Pausenzonen mit Kaffeebar, mobilen Tischen und TV-Geräten als Treffpunkte.
Die Flexibilität des Bürokonzepts hat Brose auch auf die Regelung der Arbeitszeit übertragen. So entscheiden die Angestellten in Abstimmung mit dem Vorgesetzten und den Teammitgliedern selbst über Arbeitsbeginn und -ende, ebenso über Anzahl und Dauer der Pausen. Entsprechend wird auf eine Erfassung der Arbeitszeit zum Zweck der Entlohnung verzichtet, denn die Ar-

beitsaufgabe und die internationale zeitzonenabhängige Projektarbeit bestimmen diese.
Als Ausgleich für die höhere Flexibilität und den größeren Arbeitseinsatz hat das Unternehmen Verpflegungs-, Gesundheits- und Fitnesseinrichtungen geschaffen, die die Mitarbeiter und ihre Angehörigen sieben Tage in der Woche nutzen können. Die Öffnungszeiten der Kantinen und Bistros sind den variablen Arbeitszeiten und auch dem Dreischichtbetrieb angepasst. Das Unternehmen beteiligt sich an den Kosten der Mitarbeiterverpflegung stärker als bisher. Der Fitness- und Gesundheitsbereich umfasst Gerätetraining, Kursangebote, Sauna, Dampfbad und Massagen, wo sie von Arbeitsmedizinern und Physiotherapeuten betreut werden.
Die Bilanz seit Einführung der Arbeitswelt fällt durchweg positiv aus: Brose senkte die Bürokosten um 20 Prozent und konnte durch effizientere Arbeitsabläufe Planstellen einsparen. Dass auch die Motivation der Mitarbeiter gestiegen ist, dokumentieren deren überdurchschnittliche Einsatzbereitschaft, eine geringe Fluktuationsquote und ein Krankenstand, der deutlich unter dem Branchendurchschnitt liegt.

Auge in Auge kommunizieren

Der junge Mann am anderen Ende der Leitung hat sich heute Morgen schlecht rasiert. Die Stoppeln unter seinem Kinn sind deutlich zu sehen. Die Krawatte ist auch nicht besonders gut gebunden. Er muss es wohl eilig gehabt haben, zu seinem Meeting zu kommen.
Er sitzt übrigens in New York, aber in Hallbergmoos, einem Bürovorort neben dem Münchner Flughafen, ist jedes Detail in seinem Gesicht deutlich zu erkennen, genau als säße er auf der anderen Seite des Konferenztischs. „Schon erstaunlich, was die Technik heute alles kann", sagt Kay Ohse. Als Verkaufsleiter Zentraleuropa bei der US-Firma Polycom ist es sein Job, „Realität nachzuempfinden", wie er süffisant erzählt. „Telepräsenz" nennt sich das, und die Anlage, vor der Ohse sitzt, kostet so viel wie eine Doppelhaushälfte. Es gibt vielleicht 100 davon in Deutschland,

und sie stehen vorwiegend in den Chefetagen großer DAX-Konzerne. Arbeitsgerät oder Prestigeobjekt? Ohse schüttelt den Kopf und schweigt.

Das ist ungewöhnlich, denn wenn es um Videokonferenzen geht, sprudelt es normalerweise nur so aus ihm heraus. „Bewegtbilder werden die Kommunikationskultur komplett verändern", etwa, oder: „Videokonferenz wird sich überall durchsetzen." Er sagt ausdrücklich „Videokonferenz", nicht „Telepräsenz". „Für den Mittelstand ist Telepräsenz im Moment nicht das Thema", gibt er zu, von Ausnahmen abgesehen wie Beratungsfirmen oder in der Medizin. Die großen Anlagen sind die Flaggschiffe, der Stolz der Branche, aber Geld verdient wird mit den kleineren Lösungen. Und die gehen gerade weg wie warme Semmeln: „Wir erleben ein massives Wachstum vor allem am Arbeitsplatz."

Ähnlich klingt es auch in Unterschleißheim bei München im Hauptquartier des amerikanischen Softwaregiganten Microsoft. „Video steht kurz davor, die Kommunikation so grundlegend zu verändern wie die Erfindung des Telefons", ist auch Frank Mihm überzeugt. Kommunizieren ist sein Job als Unternehmenssprecher, und er sitzt deshalb tagsüber an einem runden Tisch, der eigentlich eckig ist, aber das Ding, das in der Mitte wie die Kommandobrücke von Raumschiff Enterprise in die Höhe ragt, heißt nun mal „RoundTable", und wenn Mihm recht hat, dann ist das die Zukunft der Geschäftskommunikation.

Das futuristisch wirkende Gerät ist seit einem Jahr im Produktprogramm von Microsoft und wird dort überall eingesetzt. Es besteht aus sechs nach außen im Kreis in eine Platte versenkten Mikrofonen und fünf kleinen Videokameras, die von dem dünnen Spinnenarm in der Mitte nach außen starren. Wenn einer am Tisch etwas sagt, erkennt das Gerät, wer gerade spricht und gibt der entsprechenden Kamera Anweisung, auf sein Gesicht zu zoomen. So ist immer der im Bild, der gerade das Wort führt. Sein Konterfei wird auf einem Computerbildschirm dargestellt. Es könnte auch ein Laptop sein, irgendwo in der Welt, wo der Besitzer gerade Verbindung hat zum Internet. Je nach Bandbreite ist die Qualität mal mehr, mal weniger gut. Einzelne Bartstoppeln sind in der Regel nicht zu erkennen, dafür kostet die Kiste auch nur 3 000 Euro. Und Details sind bei einem normalen Arbeitsgespräch auch nicht so wichtig. „Videoconferencing ist ein Arbeitsmittel, kein Unterhaltungsmedium", sagt Mihm. Ein sehr wirkungsvolles sogar, wie er sagt: „Seit wir alle RoundTable haben, wird viel weniger gereist."

Das ist sicher ein Grund, weshalb die Bewegtbildbranche gerade boomt. In Krisenzeiten schauen die Chefs in kleinen wie in großen Unternehmen genauer auf die Kosten. Und Reisen ist nun mal teuer: 47 Milliarden Euro haben deutsche Firmen 2008 für insgesamt mehr als 163 Millionen Geschäftsreisen ausgegeben. Das behauptet der Verband Deutsches Reisemanagement (VDR). Im Durchschnitt 135 Euro kostete jeder Reisetag die Firma. „Die Substitution von Geschäftsreisen durch Video-, Web- und Telefonkonferenzen legt signifikant zu", heißt es in einer Analyse des Verbands. Sein Fazit: „Die Telekommunikation ist eine maßgebliche Alternative zur Geschäftsreise."

Das ist Musik in den Ohren von Guido Sommer, Vertriebschef der deutschen Niederlassung des Netzwerkriesen Cisco. Für ihn ist „jede Minute Reisen vergeudete Zeit", auch wenn er zugibt, trotz Videokonferenztechnik immer noch ziemlich viel unterwegs zu sein. „Videokonferenzen ersetzen nicht immer das persönliche Gespräch, aber es macht viele Reisen überflüssig", glaubt er. Vor drei Jahren ist seine Firma groß ins Geschäft eingestiegen. Vergangenes Jahr hat sein Big Boss, John Chambers, bei der großen Jahreskonferenz von Cisco erstmals mit Handschlag einen Gast auf der Bühne begrüßt, der in Wirklichkeit gar nicht da war. Moderne Hologrammtechnik und Breitbandvideoübertragung machten es möglich. Von unten in Zuschauerraum „sah es wirklich aus, als ob der Gast auf der Bühne stünde", erinnert sich Sommer begeistert.

Cisco ist selbst einer der weltgrößten Anwender von Videokonferenztechnik. Der Konzern betreibt 269 eigene Studios in 36 Ländern. 144 000 virtuelle Meetings hätten Cisco-Mitarbeiter vergangenes Jahr abgesessen, sagt Sommer. 27 000 Geschäftsreisen wurden gar nicht erst angetreten, 118 Millionen Dollar habe das Cisco gespart, dazu 27 Millionen Kubikmeter weniger CO_2, die Mitarbeiter des Unternehmens auf Geschäftsreisen mit Auto oder

Flugzeug verursachen. Das entspricht, wie der Cisco-Mann vorrechnet, der Abgasmenge von mehr als 10 000 Autos im Jahr. Sein Fazit: „Videokonferenzen sind nicht nur effizient, sie sind umweltfreundlich."

Angesichts solcher evidenten Vorteile mag es verwundern, dass nicht alle längst Auge in Auge vor den Bildschirmen sitzen. Und in der Tat wird schon sehr lange über den bevorstehenden Siegeszug der Videotechnik in der Telekommunikation geredet. Bereits 1938 wurde der erste öffentliche Videotelefondienst zwischen Berlin, Nürnberg und München eingeführt. 1981 ging das Projekt „Bigfon" in Betrieb, das Studios in sieben deutschen Städten per Glasfaserkabel verband und unter anderem auch einen Gebärdensprachdienst für Gehörlose bot. Auf der Funkausstellung 1997 stellte die Telekom mit viel Tamtam das erste wirklich erschwingliche Bildtelefon vor. Das Modell „T-View 100" kostete zwar weniger als 1 000 Mark, geriet aber zum Flop, weil die Bildqualität schlecht und die Betriebskosten hoch waren. Das von Siemens gebaute Gerät wurde verramscht und 2001 schließlich ganz eingestellt.

Die Grenzen von Skype

Mit der Verbreitung von PC, Internet und Webcams nahm die Videowelle zu Beginn des neuen Jahrtausends langsam wieder Fahrt auf. Vor allem Billiganbieter wie Skype (2005 von eBay übernommen) schienen die Vorreiter zu sein auf dem Weg zur echten Videorevolution. Doch ruckelnde Mini-Bilder und häufige Aussetzer bremsten den Erfolg von Skype zumindest unter Geschäftsanwendern. Mit einer besonderen Software für Firmenkunden, dem „Skype Control Panel für Unternehmen", versucht der Anbieter zwar gezielt, professionellen Benutzern entgegenzukommen. Unternehmen und Freiberufler stellen weltweit gut ein Drittel der inzwischen 330 Millionen Skype-Benutzer, behauptet Wilhelm Lundborg, Produktmanager in der schwedischen Europazentrale von Skype. Mit einer Flatrate für 2,95 Euro pro Mitarbeiter und

Monat bekommen Geschäftskunden Zugang zu allen Festnetzen innerhalb Deutschlands, Videokonferenzen zu anderen Skype-Teilnehmern inbegriffen. Dass sich Kunden aber häufig über die Bildqualität beschweren, gibt der Schwede nur zögernd zu. Er ist aber überzeugt: „Wir werden immer besser!"

Ein Hauptnachteil von Skype wird sich dagegen wohl so schnell nicht beheben lassen: Es ist ein geschlossenes System. Professionelle Videokonferenzsysteme sind dagegen untereinander kompatibel: Der Besitzer eines Tandberg-Systems kann sich also mit jemandem, dessen Anlage von Lifesize oder Cisco stammt, verbinden lassen. Da viele Großkonzerne inzwischen ihre Lieferanten unter Druck setzen, sich mit ihnen per Videokonferenz zu verbinden, spielen internationale Standards in der Videokonferenztechnik eine zunehmend wichtige Rolle. „Die derzeitige globale wirtschaftliche Situation gibt den Startschuss für eine neue Art der Zusammenarbeit", sagt Thomas Nicolaus, Geschäftsführer von Tandberg Zentraleuropa: „Die hohe Interoperabilität der einzelnen Systeme bringt dieser Entwicklung zusätzlichen Schub."

Bei der Anschaffung raten Fachleute dazu, auch auf die Audioqualität einer Videoanlage zu achten. „Wenn das Bild mal hängt, ist das nicht so schlimm", glaubt Kay Ohse von Polycom, „aber wenn Sie Ihr Gegenüber nicht mehr verstehen können, macht die ganze Konferenz keinen Sinn." Dafür könne der Mittelständler seiner Meinung nach durchaus beim Bildschirm ein bisschen sparen. „Es muss nicht immer High Definition sein", sagt Ohse, „auch wenn der Verkäufer Ihnen das natürlich gerne aufschwatzen möchte." Wichtiger sei ein großer Bildschirm – mindestens 65 Zoll Bildschirmdiagonale für Konferenzräume, 27 Zoll für den Schreibtisch. Da mache sich der Unterschied zu einem kleineren Flachbildschirm sofort bemerkbar.

Um eine Videokonferenz zwischen zwei Teilnehmern aufzusetzen, ist nicht viel mehr nötig als ein PC mit Webcam und Mikrofon sowie ein Stück Software. Echtes Videoconferencing zwischen mehreren Teilnehmern an verschiedenen Orten (sogenanntes „Multipoint") ist dagegen etwas aufwendiger und erfordert den Einsatz einer sogenannten Videobrücke oder eines richtigen Medienservers. Dieser vermittelt die Verbindungen und stimmt Bild und Audiosignal so ab, dass der Ton lippensynchron beim Gesprächspartner ankommt. Komplettpreise von zwischen 5 000 und 20 000 Euro pro Konferenzraum waren in der Vergangenheit üblich, inzwischen ist allerdings auch auf diesem Gebiet ein rapider Preisverfall zu beobachten. Kay Ohse rät, sich an ein Spezialunternehmen zu wenden, zum Beispiel ein Medienhaus: „Nicht jeder IT-Dienstleister verfügt über das notwendige Fachwissen in der Bewegtbildkommunikation."

„Technisch sind IT und Video manchmal eben doch noch zwei verschiedene Welten", gibt auch Microsofts Frank Mihm zu – aber nicht mehr lange, jedenfalls wenn es nach dem Willen seines Arbeitgebers geht. In der Konzernzentrale macht schon das Wort von der nächsten PC-Revolution die Runde. Mihm: „Bill Gates hatte einmal die Vision, einen Computer auf jeden Schreibtisch zu bringen. Dafür hat man ihn am Anfang ausgelacht. Jetzt gibt es eine neue Vision. Sie lautet: Videokonferenz von jedem PC aus."

Die Zauberformel lautet: OCS. Im Oktober 2008 wurde der neue „Office Communicator Server" auf einer Konferenz in Amsterdam vorgestellt. Im Gegensatz zu der Vorläuferversion ist OCS „R2" in der Lage, Internet-Telefonie und Videokonferenzen im Rahmen einer sogenannten „Unified Communications"-Strategie zu ermöglichen. Anwender können damit per Mausklick wählen, ob sie mit anderen per E-Mail, Chat-Funktion, Sprache oder Bewegtbild kommunizieren wollen. Über einen „Shared Desktop" können mehrere Teilnehmer einer Konferenz nebenbei Dokumente austauschen oder gemeinsam daran arbeiten, Präsentationen über das Web halten oder gemeinsame Projekte organisieren. „Video wird in Zukunft ein ebenso selbstverständliches Kommunikationsmittel sein wie Telefon oder Mail", davon ist Mihm überzeugt – ob im Büro oder unterwegs. Dank entsprechender Software für Laptops und Mobiltelefone sei es heute schon möglich, sich von unterwegs aus in eine Videokonferenz einzuwählen.

Der mobile Geschäftsmann, so sieht es aus, wird sich künftig morgens besonders gründlich rasieren müssen, bevor er aus dem Haus geht …

Kapitel 3: Wie – und wo – wir 2020 arbeiten | 69

FALLBEISPIEL:
Bei Goldbeck war Reisen gestern

Auf der Baustelle muss alles ruck, zuck gehen. Deshalb hat man bei der Bielefelder Goldbeck GmbH keine Zeit zu verschenken. Der Spezialist für vorgefertigte Bauelemente für Industriebauten wie Bürogebäude oder Parkhäuser muss schnell, aber auch flexibel sein, wenn er den Zuschlag in der hart umkämpften Baubranche bekommen will.

„Reisezeit ist vergeudete Zeit", sagt Markus Scheer, der bei Goldbeck für das Videokonferenzsystem des Herstellers Polycom verantwortlich ist. Bis zu fünf Stunden am Tag stimmen sich die Verantwortlichen der kaufmännischen, technischen und Verwaltungsabteilungen in den Niederlassungen und Geschäftsstellen von Birmingham bis Krakau und von Hamburg bis St. Gallen heute per Video ab. „Dabei wird auf hohem technischem Niveau kommuniziert", sagt Scheer, „denn die Systembauweise benötigt detailgenaue Planung." Am Bauprozess sind naturgemäß viele Gewerke beteiligt, die eingesetzten Verkäufer und Planer müssen häufig reisen und es gilt, mehrere Standorte unter einen Hut zu bringen. „Eben diesen Kommunikationsbedarf wollten wir in einem professionellen Videokonferenzsystem bündeln und gleichzeitig unsere Reisekosten senken", so Markus Scheer.

Mittlerweile finden bei Goldbeck auch Abstimmungsgespräche zwischen den technischen Einheiten, Architekten oder Niederlassungen statt. In diesen Besprechungen tauschen sich die Fachleute dezidiert über Baufortschritte aus und gleichen Pläne ab. „Auf diese Art führen wir sogar Einkaufsgespräche mit unseren Zulieferern", berichtet Scheer. Die Videokonferenzlösung ist bei einem Handwerksunternehmen, mit dem Goldbeck schon seit geraumer Zeit eng zusammenarbeitet, so gut angekommen, dass sich das Unternehmen entschlossen hat, selbst die Polycom-Lösung anzuschaffen und hat diese bereits im Einsatz.

Videokonferenzen können eine Geschäftsreise nicht immer ersetzen – sie aber mitunter überflüssig machen, so auch bei Goldbeck. Durch die Einführung des Polycom-Videokonferenzsystems hat das Unternehmen seine Reisekosten gesenkt, realisiert mehr und vor allem bessere Meetings, die

> mit einer herkömmlichen Telefonkonferenzen bei Weitem nicht mehr vergleichbar sind.

Arbeit 2.0: Mitarbeiter als Module

Am Fraunhofer-IAO in Stuttgart wurde der Begriff „Work 2.0" geprägt, um zu beschreiben, wie sich die Arbeit in Zukunft ganz anders organisieren lassen wird als heute. Was steckt dahinter?

Laut Institutsleiter Dr. Wilhelm Bauer werden es Wertschöpfungsprozesse sein, die heute immer mehr vernetzt, global, aber auch im Kleinen organisiert sind. In der Zukunft werden wir immer mehr in granularen Organisationseinheiten arbeiten, entweder unter dem Dach eines Unternehmens oder als selbständige Teams. Das Internet wird dabei eine ganz wichtige Rolle spielen. Arbeit wird sich modular organisieren. Einzelpersonen, Arbeitsgruppen und Organisationseinheiten werden sich projekt- oder aufgabenbezogen zu Teams zusammenfinden und eine Art virtuelle Organisation auf Zeit bilden. Unternehmen werden für bestimmte Aufgaben bestimmte Teammodule ganz schnell zusammenbauen – und auch nur das bezahlen, was an Funktion und Leistung abgefragt wurde.

Werden wir damit zu einem Volk von Freiberuflern? Für eine immer größer werdende Anzahl von Menschen wird die Selbständigkeit tatsächlich das Modell der Wahl sein. Das hat mit dem steigenden allgemeinen Bildungsniveau zu tun und damit, dass wir immer mehr Wissensarbeiter haben und immer weniger Leute, die mit der Hand am Arm physische Arbeit verrichten. In Zukunft wird primär für Denkleistung bezahlt. Damit wird es für immer mehr Menschen sehr attraktiv, selbständig im Berufsleben zu agieren. Es wird aber auch andere geben, die lieber die Sicherheit einer Festanstellung suchen. Und es wird innerhalb der Teams auch immer so etwas geben wie einen kleinen Chef, einen Geschäftsführer einer kleineren Einheit, einen, der für die anderen einen Teil der Denkleistung übernimmt, nämlich das Organisieren von Arbeit oder die Beschaffung von Aufträgen. Eine gewisse Arbeitsteilung wird also erhalten bleiben, wobei der Anteil der Selbständigen zunehmen wird.

Es hat natürlich schon in den ersten Jahren des Internets Bemühungen gegeben, das Arbeiten von zu Hause oder unterwegs möglich zu machen. Viele dieser Versuche sind gescheitert. Woran lag es? Es lag wohl daran, dass die Technologie noch nicht da war. Die Softwareindustrie hat verstanden, dass zentrale Systeme nicht mehr funktionieren bei der Komplexität der modernen Programme. Deshalb geht man dort in die Komponentenfertigung. Genau das machen wir heute in unseren Organisationsstrukturen und in der Arbeitswelt nach, weil es uns die Möglichkeit gibt zu experimentieren. Das ist allerdings etwas, das Unternehmen erst lernen müssen.

Menschen sind aber keine Software, die fremdbestimmt und hirnlos ihre immer gleiche Arbeit verrichtet. Die neuen Organisationsformen kommen den Menschen aber sogar entgegen, denn sie ermöglichen ihnen, ihre ganz individuelle Arbeitsumgebung zu schaffen – weil die Technik es erlaubt, notfalls im Wald zu sitzen und trotzdem an der Wertschöpfung des Unternehmens mitzuarbeiten. Es ist also ein Anerkennen der individuellen Bedürfnisse der Menschen. Wer in einer Gruppe arbeitet, der kann, wenn er will, vielleicht in ein Zentrum gehen, wo er sich mit anderen das Fax oder das Sekretariat teilt. Andere arbeiten lieber zu Hause. Dinge, die wir aus der Softwareindustrie lernen, können wir den Menschen zugutekommen lassen.

Die neue Mobilität

Im „Nomad Café" in Oakland sitzen vorwiegend Studenten mit BlackBerrys oder iPods, Laptops oder MacBooks herum und nutzen das Wireless LAN, um sich für die Vorlesungen vorzubereiten, um E-Mails herunterzuladen, sich mit Freunden zu verabreden oder einfach nur die Zeit totzuschlagen. Wenn sie mit Kreditkarte bezahlen, steht am Monatsende laufend das Wort „Nomad" auf der Abrechnung.

Als Christopher Waters das Nomad Café 2003 eröffnete, waren Wi-Fi-„Hotspots" etwas ganz Neues. Sein Lokal sollte ein „Wasserloch für Techno-Beduinen" sein. Eine interessante Wortwahl: Beduinen sind Stammesangehörige, Mitglieder einer eng verflochtenen Sozialgemeinschaft. Waters hat das offenbar gewusst, denn er hat seinen nomadisierenden Gästen nicht nur Internet-Anschluss geboten, sondern eine Art Oase, einen Ort, an dem sich die Wege kreuzen, ein Orientierungspunkt in der Wüste ebenso wie in der Bay Area.

Das Wort „Urban Nomadism" wird schon lange in Zusammenhang mit der Veränderung moderner Kommunikationsgewohnheiten verwendet. In den 60ern und 70ern verwendete der Medienwissenschaftler Herbert Marshall McLuhan den Ausdruck, um eine Zukunft zu beschreiben, in der Menschen rastlos von einem Ort zum anderen wandern, ihre ganzen Habseligkeiten stets bei sich führend, ein Leben auf den Straßen und Highways, eine Welt, in der niemand mehr ein Zuhause besitzt.

In den 80ern verwendete der französische Ökonom Jacques Attali, ein Berater François Mitterrands, den Ausdruck, um eine Zukunft zu beschreiben, in der eine reiche und entwurzelte Elite ewig im Jetset-Tempo um den Globus hetzt auf der Suche nach Spaß oder Chancen, und in der die arme und ebenso entwurzelte Arbeiterschaft stets auf Jobsuche umherirrt.

In den 90ern schrieben Tsugio Makimoto und David Manners das erste Buch, das den Begriff „Digital Nomad" im Titel trug. Ihnen ging es darum, die Auswirkungen der sich abzeichnenden Vielzahl von unterschiedlichen „gadgets" und Geräten aufzuzeigen, mit denen die Menschen in Zukunft kommunizieren würden. Der Computer, so ihre Voraussage, werde auf die Größe eines Taschenrechners schrumpfen, die Menschen würden „always online" sein und überall, wo sie gerade gehen und stehen, surfen, mailen, chatten und natürlich auch telefonieren.

Nun, es ist schwer, Voraussagen zu machen, vor allem wenn es um die Zukunft geht, hat einmal der amerikanische Baseballspieler Yogi Berra gesagt. Der „mobile lifestyle", wie er sich inzwischen weltweit ausbreitet, hat kaum Ähnlichkeit mit den Prognosen in den alten Büchern. Man kann den Autoren aber keinen Vorwurf machen, denn die Basistechnologien, die das digitale Nomadentum überhaupt erst möglich gemacht haben, existierten ja kaum.

Gut, die US Air Force hatte schon in den 50er-Jahren große, klobige, analoge Modems. Ich selbst habe mich als Journalist in den 80ern mit Akustikkopplern herumgeschlagen und mich gefreut, als die ersten „superschnellen" 28,8-kbps-Modems auf den Markt kamen.

Und ja, es gab auch in Deutschland seit 1992 Mobilfunk, aber mit dem Handy wurde nur telefoniert. Man konnte zwar sein Mobiltelefon und später auch seinen PDA irgendwie mit dem Internet verbinden, aber in der Regel gehörten dazu ein abgeschlossenes Ingenieurstudium und jede Menge Fingerfertigkeit.

Gelegentlich konnten diese Spezialfähigkeiten sogar gefährlich sein, so wie für einen Kollegen von mir, der als Auslandskorrespondent in Moskau arbeitete, und erleben musste, wie ihn das Zimmermädchen im Hotel beim KGB verpfiff, weil er in seiner Not das Telefon auf dem Nachttisch auseinandergebaut hatte, um sein Modem mittels Klemmen direkt an die Telefonleitung anzuschließen.

Und es gab auch schon in den 80ern tragbare Computer, so wie mein allererster PC, der Kaypro II. Er war aus solidem Traktorblech gefertigt, hatte eine eingebaute Kathodenstrahlröhre und wog über zwölf Kilo. Der Ausdruck „Schlepptop" hatte hier mehr als nur eine ironische Bedeutung.

Und trotzdem sah man damals schon Bilder wie dieses, nämlich Manager, die irgendwo entrückt an einem fernen Ort sitzen und dort arbeiten, wo wir Normalsterbliche, wenn wir Glück haben, mal Urlaub machen dürfen. Mein Lieblingsbild war übrigens in den Broschüren zu sehen, mit denen die Bahn für den neuen ICE warb, der immerhin schon seit 1985 durch Deutschland fährt. Man sah da immer Geschäftsleute, die relaxed im Abteil sitzen und auf ihren Laptops arbeiten. Dass die erste Generation von ICEs überhaupt keine Steckdosen hatte, die Arbeitssitzung also relativ schnell zu Ende sein würde, davon stand in den Prospekten natürlich nichts.

Nein, noch bis vor wenigen Jahren gab es keine echte „Connectivity", sondern nur eine Vielzahl von Geräten, die man alle ständig mit sich herumführen und irgendwie miteinander verbinden musste, damit man arbeiten konnte. Was gab es nicht alles für Hilfsmittel, sogar richtige Werkzeugköfferchen für Vielreisende, mit Steckern und Zangen und Schraubenziehern und Pflaster, falls man sich mal beim Kommunikationsbasteln in den Finger schnitt.

Mit richtigem Nomadentum hatte das alles herzlich wenig zu tun. Mein Freund Paul Saffo vom Institute for the Future in Palo Alto hat solche Mobilarbeiter immer mit Astronauten verglichen, die schließlich auch alles mit sich führen müssen, was sie zum Überleben brauchen, inklusive genügend Sauerstoff zum Atmen. Das liegt daran, dass sie sich in einer zutiefst lebensfeindlichen Umgebung bewegen. So wie die ersten digitalen Nomaden auch.

Saffo hat einmal Anfang der 90er-Jahre bei einem Vortrag, den er auf einem Event für die von mir ins Leben gerufene Zeitschrift *connect* gehalten hat, ein Bild aufgelegt, das in Amerika ziemlich alltäglich ist. Darauf stand: „End of Call Boxes". Das war eine Warnung für Autofahrer, dass sie jetzt auf einen Streckenabschnitt kommen, wo es keine Notrufsäulen mehr gibt, und sie deshalb besser auftanken sollten, denn es würde keine Möglichkeit mehr geben, um Hilfe zu rufen.

Heute geht es uns im Grunde auch so: Wir gehen inzwischen davon aus, dass wir überall kommunizieren können, und wundern uns, wenn es nicht geht. Man sollte vielleicht Warnschilder aufstellen.

Oder wir gehen ganz bewusst irgendwohin, wo wir wissen, dass es keine Konnektivität gibt. Meine Frau und ich fahren jedes

Jahr an die Südwestküste Kretas, nach Loutro. Dort gibt es im Ort selbst keinen Handyempfang. Man muss rauslaufen auf die Landspitze, wenn man telefonieren will. Wir finden das übrigens herrlich. Vielleicht werden wir ja demnächst die ersten Anzeigen von Touristikorten sehen, in denen steht: „Erholung garantiert: Bei uns funktioniert Ihr Handy nicht ..."

Willkommen bei den digitalen Beduinen

Im Herbst 2008 erschien im Wirtschaftsmagazin *The Economist* ein Sonderteil, das sich mit den Folgen der „mobilen Revolution" beschäftigte, und in dem erstmals der Begriff des „digitalen Beduinen" geprägt wurde. Der digitale Nomade des späten 20. und frühen 21. Jahrhunderts wurde darin mit einem Einsiedlerkrebs verglichen, der sein Haus in Form einer leeren Muschelschale herumträgt – bei uns sind es bis heute prallvolle Pilotenkoffer auf Rädern oder schwere Umhängetaschen voller Adapter, Kabel, CDs, Batterien, Stecker und vor allem jede Menge Papierdokumente, die wir ausgedruckt haben, weil wir Angst haben, irgendein großer Fisch kommt und frisst unsere digitalen Dinge auf. Nein, solche Menschen sind keine Astronauten mehr, sie sind viel mobiler – aber sie haben immer noch schwer zu tragen.

Echte „digital beduins" sieht man hingegen erst seit ein paar Jahren. Wie ihre Namensvettern in der Wüste werden sie weniger durch das definiert, was sie bei sich tragen, als vielmehr durch das, was sie zu Hause lassen. Sie sind wirkliche digitale Beduinen in dem Sinn, dass sie wissen, wo sie die nächste Oase finden. Sie tragen kein Papier herum, weil sie wissen, dass sie jederzeit per Internet auf ihre Dokumente zugreifen können, per Laptop oder, zunehmend, über ein „smart device". Viele lassen inzwischen sogar schon den Laptop daheim. Mitarbeiter von Google, der Quintessenz einer Hightech Company, tragen fast alle nur noch einen BlackBerry mit sich. Wenn sie je Bedarf nach einer richtigen Tastatur haben, dann setzen sie sich im Googleplex an die nächste Arbeitsstation – oder unterwegs an den nächsten Computer in der

Lounge, im Internet-Café oder beim Kunden. Alles, was sie brauchen, um zu arbeiten – und um zu leben –, ist ein Browser.

Bis es allerdings so weit ist, werden die Architekten von Airports, Hotels, Bahnhöfen und anderen öffentlichen Orten noch einiges dazulernen müssen. Wer kennt sie nicht, die Manager im Dreiteiler, die im Flughafen neben der einzigen Steckdose auf dem Boden kauern. Und wer hat sich nicht schon über Hotelzimmer geärgert, wo die einzige Steckdose neben dem Bett statt neben dem Schreibtisch ist.

Einige haben es schon kapiert. Die Accor-Hotelgruppe wird die Zimmer in den Häusern ihrer neuen „Pullman"-Kette standardmäßig mit Wi-Fi-Zugang, Schnurlostelefonen, Webcams und einer „Stromtankstelle" für Laptops, Smartphones und Digitalkameras ausstatten. Und neulich, als ich hier in Frankfurt im Hotel Kennedy, einem Haus der hochnoblen Rocco Forte Group, übernachten durfte und Probleme mit dem Internet-Anschluss bekam, schickte man mir gleich den Haustechniker aufs Zimmer, der ein mit allen Wassern gewaschener Computerfachmann war. Es gibt, wie er mir sagte, in jedem Haus von Rocco Forte einen 24-Stunden-Notdienst für Computerprobleme.

Nebenbei bemerkt. Finden Sie es nicht auch unverschämt, dass man uns zwingt, im Hotel für Internet-Anschluss zu bezahlen? Wir bezahlen ja auch nicht fürs Fließwasser, und die Heizung ist in der Regel auch umsonst. Internet ist heutzutage mindestens genauso lebensnotwendig – und sollte eigentlich genauso selbstverständlich sein,

Überhaupt gibt es da offenbar ein großes Missverständnis. Beduinentum hat nicht so sehr mit Migration oder Reisen zu tun, sondern mit Beweglichkeit.

Das Missverständnis hat einen ganz einfachen Grund: Anfangs haben nur Manager Mobiltelefone oder Laptops gekauft, und da die ständig auf Achse sind, nahmen alle irgendwie an, dass digitales Beduinentum irgendwas mit Reisen zu tun habe.

Na ja, viele von ihnen sind auch heute noch „frequent travellers", und das ist auch der Grund, weshalb einige Fluggesellschaften gerade dabei sind, ihre Maschinen in fliegende Oasen für digitale Beduinen umzuwandeln. Gnade uns Gott, wenn sie auch noch das Telefonieren mit dem Handy freigeben! Die Lufthansa war wenigstens so vernünftig, solche Pläne gleich wieder in der Ablage verschwinden zu lassen. Ich habe mit dem Pressechef der Lufthansa darüber gesprochen, und er hat gesagt: „Früher hatten wir Angst vor technischen Störungen durch Mobilfunk im Flugzeug. Heute haben wir eher Angst vor zwischenmenschlichen Störungen ..."

Von Anbeginn an ist der Mensch umhergezogen, ohne deshalb gleich ein Nomadendasein zu führen. Das Beduinentum, das wir heute erleben, hat auch nicht so sehr mit dem Zurücklegen von Distanz zu tun. Ein digitaler Beduine kann auch ein Teenager in Berlin oder eine Großmutter in Wanne-Eickel sein. Man kann ein Nomade sein, ohne jemals seine Stadt zu verlassen. Manuel Castells, ein Soziologe an der University of Southern California, hat es sehr schön beschrieben, als er sagte: „Dauernde Konnektivität, nicht Bewegung, ist das Wichtigste."

Ein digitaler Beduine hat allerdings ein anderes Verhältnis zu Zeit und Raum als sein stationärer Zeitgenosse. Das ist auch der Grund, weshalb Soziologen und Anthropologen sich inzwischen für das Phänomen der neuen Mobilität zu interessieren beginnen.

Neue Mobildienste wie Twitter sind ein faszinierender Beweis für die These, dass Beduinentum, statt Menschen zu trennen, sie vielmehr immer enger zusammenbringt. Indem man sich gegenseitig laufend darüber informiert, wo man gerade ist und was man gerade tut, wächst man zu einer Art digitalem Beduinenstamm zusammen, der allerdings unter Umständen den ganzen Globus umspannen kann.

In dem Zusammenhang das Zitat eines Referenten auf der Web 2.0 Expo in Berlin, der über die Zukunft der Mobilität sagte: „It's about location, stupid!" Das Zusammenwachsen von Mobiltelefon, Computer und Navigationssystem hat das Potenzial, eine ganz neue Revolution in den Kommunikationsgewohnheiten der Menschen auszulösen. Wir können gespannt sei!

FALLBEISPIEL:
Nie mehr ins (Heim-)Büro!

In einer umgewidmeten Hinterhofwohnung im Berliner Stadtteil Neukölln steht ein langer brauner Holztisch mit einer roten Steckdosenleiste in der Mitte. Drum herum sitzen meist junge Menschen vor aufgeklappten Laptops und tippen fleißig vor sich hin. Manchmal telefoniert einer mit dem Handy, andere stehen an der Kaffeemaschine und tratschen. In der Ecke steht ein Tischfußballautomat, an dem zwei langhaarige Männer hingebungsvoll und lautstark an den Griffen drehen und den kleinen Ball zwischen die Holzfiguren hin und her springen lassen. So sieht es manchmal in kleinen Gründerunternehmen aus oder in Bürogemeinschaften. Das hier ist aber etwas ganz anderes: „Coworking Area" nennt sich der Ort, an dem Freiberufler ohne eigenes Büro einen Platz auf Zeit am großen Tisch mieten können, um ihre Geschäfte abzuwickeln oder kreativ zu sein. Auf einem Zettel, der mit Tesafilm an den Briefkasten vor der Tür geklebt ist, steht „Studio 70". Willkommen in der neuen Welt der Arbeit.

In New York erfunden, haben sich Coworking Areas inzwischen auch in deutschen Großstädten wie Berlin, München, Hamburg oder Köln ausgebreitet. Hier können Selbständige für 125 Euro einen Monat lang einen Arbeitsplatz mieten oder auch nur für einen Tag. Das kostet dann zehn Euro. Die Kündigungsfrist beträgt einen Monat. Wer längere Zeit verreist ist oder gerade keinen Auftrag hat, kann sich die Kosten fürs Büro ganz sparen.

Als Alternative zur Einsamkeit des Arbeitszimmers zu Hause stehen Coworking Areas hoch im Kurs. Sie werden auch immer wichtiger, davon ist Sebastian Spooth, einer der Gründer von Studio 70, überzeugt. Um kreativen Input zu bekommen, sei eine solche Umgebung wichtig. Man lernt sich kennen, sitzt nach der Arbeit noch auf eine Tasse Kaffee zusammen in den abgewetzten Plüschsesseln und tauscht sich aus. Immer wieder tauchen neue Leute auf: Freiberufler aus dem Ausland auf der Durchreise, Projektarbeiter aus anderen Städten, immer häufiger auch Mitarbeiter großer Firmen, die einfach keine Lust mehr auf ein „Home Office" haben und sich deshalb lieber tageweise im Gemeinschaftsbüro einmieten.

Spooth war auch einer der treibenden Kräfte bei der Gründung von Hallenprojekt.de, das sich als „Coworking-Netzwerk für Digitalarbeiter und Orte" versteht und versuchen will, ein für jedermann nutzbares Netz von virtuellen und realen Orten für kreatives Arbeiten in komfortabler und inspirierender Atmosphäre zu schaffen. Man findet dort Coworking-Angebote von San Francisco bis Stuttgart, von Aachen bis Arhus. Per Twitter kann jeder selber Angebote absetzen („@kathrinpassig Schreibtisch in Kreuzberg zu vermieten, 150 Euro.") oder Mitarbeiter für neue Projekte anwerben.

Ein junger Illustrator sitzt am langen Tisch im Studio 70 und arbeitet an einer Zeichnung für ein neues Buch. Wie viele Freie habe er es anfangs von zu Hause aus versucht, aber es sei schrecklich gewesen: „Man verarmt sozial total!" Er packt seinen Laptop gerade ein. Er ist zum Mittagessen mit zwei neuen Kollegen verabredet, die er gerade kennengelernt hat. Ob Coworking die Zukunft ist? Der junge Mann nickt: „Für Leute wie mich bestimmt."

Mobilität verändert den Menschen

Dass Mobilität heute schon das Sozialverhalten der Menschen ändern kann, zeigen zahllose Beispiele wie das Aufkommen von „Flashing", wo sich kleinere oder sogar ganz große Gruppen spontan per Handy zu „Flash Mobs" verabreden, um irgendetwas Verrücktes zu machen – die größte Kissenschlacht der Welt, zum Beispiel, wie unlängst in Toronto. Und da jede Technologie natürlich auch ein Missbrauchspotenzial in sich birgt, gibt es so unerfreuliche Dinge wie „happy slapping", was aber gar nicht so lustig ist, denn es geht darum, dass Teenager irgendein Opfer drangsalieren, das Ganze per Handy filmen und dann online stellen. Und klar eröffnen Camera Phones neue, ungeahnte Möglichkeiten des Voyeurismus – oder „E-Peeping, wie das jetzt Neudeutsch heißt.

Es gibt sogar Anzeichen dafür, dass die neue Mobilität Auswirkungen auf den Menschen selbst haben wird, auf die Spezies Homo sapiens. Die Soziologin Linda Stone, die früher bei Microsoft die „Social Computing Group" leitete, hat 1998 ein Phänomen beschrieben, das sie „Continuous Partial Attention Syndrome" oder „CPA" nannte.

In einem Artikel beschrieb die *New York Times* CPA folgendermaßen: „Wir sind so sehr damit beschäftigt, alles im Blick zu behalten, dass wir nicht mehr in der Lage sind, uns ganz auf etwas Bestimmtes zu konzentrieren. Das kann sogar Glücksgefühle erzeugen, insofern, als das ständige Anpingen in uns den Eindruck erweckt, benötigt und erwünscht zu sein. Der Grund, weshalb wir glauben, viele Unterbrechungen unmöglich ignorieren zu können, ist, dass es um Beziehungen geht – irgendjemand, oder irgendetwas, ruft nach uns. Deshalb reagieren wir unterschiedlich auf das Chaos im modernen Geschäftsleben, fühlen uns abwechselnd völlig ausgelaugt und dann wieder total begeistert, wenn wir erfolgreich die Flut eingehender Kommunikationsanforderungen bewältigt haben."

Ob wir wollen oder nicht, das digitale Beduinentum wird zu umwälzenden Veränderungen führen – technischen, soziologischen, politischen und menschlichen.

Der Computer hat das Leben in den entwickelten Ländern massiv verändert. Nun schickt sich die nächste Generation von Mobiltelefonen an, den Rest der Welt zu verändern. Laut ITC besitzen weltweit mehr als 3,3 Milliarden Menschen ein Handy. Da immer mehr von ihnen internetfähig sind, ist davon auszugehen, dass die Menschen in der Dritten Welt über das Mobiltelefon – und nicht über den Computer oder Laptop – den Einstieg ins Internet-Zeitalter finden werden.

Für die Leute in den wirklichen Internet-Hochburgen der Welt wie Südkorea oder Japan wird das alles kaum überraschend klingen. In Japan wurden fünf der zehn bestverkauften Romane des letzten Jahres auf einem Smartphone geschrieben.

Und für die jüngere Generation, die mit SMS und Instant Messaging aufgewachsen ist, wird das sogar selbstverständlich klingen.

Und das wird die Führungsverantwortlichen im Unternehmen 2020 vor ernste Herausforderungen stellen, denn die Mitarbeiter von morgen wachsen in einer anderen Medienwirklichkeit auf als ihre Eltern. Für sie sind Dinge wie Internet, E-Mail, Chatrooms, Blogs, Communitys, Online-Videos, Themenportale und Kollaborationsprojekte wie Wikipedia ein Teil der gewohnten Umgebung, in der sie groß geworden sind.

In seinem Bestseller *Generation Internet: Die Digital Natives* beschreibt der Harvard-Professor John Palfrey eine Generation, die mit dem Internet aufgewachsen ist, und die Arbeitsweisen und Strukturen, die sie dort vorfinden, inzwischen auf ihre neue Arbeitswirklichkeit zu übertragen beginnen: „Diese Menschen sind technisch sehr geschickt. Sie können eine Vielzahl von Informationen aus dem Netz besorgen. Sie sind versiert im Lesen und Überfliegen von digitalisierten Texten. Dafür hören sie ungern zu."

Unsere heutigen Unternehmen sind schlecht gerüstet, um solche digitalen Beduinen in ihre Arbeitsprozesse einzubinden. Die Frage lautet deshalb weniger, ob das Unternehmen 2020 neue Menschen, neue Mitarbeiter braucht, sondern vielmehr: Braucht es neue Chefs?

Die Mitarbeiter des Unternehmens 2020 mögen jetzt noch auf der Schulbank oder in den Unis sitzen. Aber sie sind startbereit: Die Generation Internet wird ganz anders mit dem Thema Arbeit und Arbeitsorganisation umgehen als die Alten – spielerischer, flexibler, vielleicht auch ein bisschen chaotischer, aber auf jeden Fall produktiver.

Ältere Menschen werden sich dagegen vermutlich schwerer tun, sich in digitale Beduinen zu verwandeln. Aber wenn uns die Hightech-Geschichte irgendetwas gelehrt hat, dann das: Was Techies und Early Adopters heute tun, das werden die anderen spätestens morgen oder übermorgen nachmachen. Die Pioniere zeigen den Weg, der Rest der Menschheit folgt ihnen.

■ KAPITEL 4

Unternehmen im Wandel

Die digitale Transformation der Wirtschaft

Nichts ist so beständig wie der Wandel. Für den Mittelstand im Zeitalter von Digitalität und Vernetzung gilt das in ganz besonderem Maße. Die Möglichkeit von Veränderung muss von Anfang an in die strategische Unternehmensplanung einfließen. Ohne einen „Plan B" zu arbeiten heißt, sein Unternehmen im Blindflug zu führen.

Wirtschaftsforscher haben inzwischen einen Begriff für dieses vernetzungsbedingte Veränderungspotenzial gefunden. Sie nennen es „digitale Transformation". Sie bezeichnet den Wandel durch Digitalität und Vernetzung, der sich für Unternehmen und Wirtschaft als Ausfluss aus der sogenannten Internet-Revolution ergeben hat und mit der sich mittelständische Unternehmer und Manager heute ganz konkret beschäftigen müssen. Zusammenfassend lässt sich sagen:

- Der Sinn der digitalen Transformation ist die Verbesserung der Prozesseffizienz der Geschäftsaktivitäten.
- Die digitale Transformation ist die Weiterentwicklung von Insellösungen zur unternehmensweiten Vernetzung zur Unterstützung aller wertschöpfenden Unternehmensaktivitäten, um die Prozesskostenreduzierungen zu realisieren.

Die elektronische Abstimmung und Steuerung der gesamten Geschäftsaktivitäten in der Endausbaustufe ermöglicht eine kosteneffektive, aber vor allem eine kundenorientierte Unternehmensführung.

Die digitale Transformation ist kein universeller Hut, der über jedes Unternehmen gestülpt werden kann, sondern ein individuelles komplexes System, das die Transparenz schafft, um die unternehmensspezifischen Schwächen zu mildern oder zu beseitigen, aber die Stärken unterstützt und herausstellt und noch effektiver nutzen lässt.

Die wichtigste Frage in diesem Zusammenhang lautet: Wohin führt uns dieser Wandel in nächster Zeit, und wie gehen wir am besten damit um? Die Bereitschaft der Beteiligten, der Manager, Unternehmer, Politiker und Wissenschaftler, den Wandel auch zu wagen und darauf zu reagieren, spielt dabei eine Schlüsselrolle für die Zukunft des Wirtschaftsstandorts Deutschland.

Digitalisierung und Vernetzung haben bereits heute zu nachhaltiger Veränderung nicht nur in unserem Alltag, sondern auch in unserer Wirtschaft geführt. Nur: Diese Veränderung hat fast schleichend stattgefunden, sodass wir vieles von dem heute für völlig selbstverständlich erachten, was noch vor zehn Jahren wie eine Revolution geklungen hätte.

Eigentlich hat es gar keine Revolution gegeben, sondern eine Evolution, eine schrittweise Veränderung, aber von tief greifender Konsequenz. Je nachdem, welche Definition des Begriffs der digitalen Tranformation verwendet wird, werden verschiedene Stoßrichtungen, verschiedene Ziele dieser Entwicklung beschrieben. Es geht dem einen um Verbesserung der Prozesseffizienz, dem anderen um die Senkung von Prozesskosten, der Dritte sieht darin eine Unterstützung der wertschöpfenden Unternehmensaktivitäten, andere eher die elektronische Abstimmung und Steuerung von Geschäftsvorgängen oder die Weiterentwicklung vorhandener Insellösungen für Unternehmen durch konsequente Vernetzung.

Es gibt heute kein Unternehmen, das nicht in irgendeiner Form schon von dieser digitalen Transformation tangiert worden ist. Es gibt kaum einen Bäckermeister in Deutschland, der nicht zumindest einen Internet-Anschluss hat. Über 80 Prozent der mittelständischen Unternehmen sind inzwischen online. Bald werden es 100 Prozent sein.

Großunternehmen insbesondere haben viel Geld in „Insellösungen" gesteckt – in einen teuren Webauftritt, in E-Commerce, in ein Intranet, in Customer Relationship Management, in E-Procurement oder Demand Chain Management. Die meisten dieser Lösungen sind dezentral entstanden, oft aufgrund von Eigeninitiative einzelner Abteilungen oder Fachbereiche. Nun stehen Unternehmen häufig vor der schweren Aufgabe, diese Inseln miteinander verbinden zu müssen, damit sie sich endlich rentieren. Hier wird digitale Transformation zu voll vernetzten Systemen führen, bei denen bereits bestehende Lösungen mit den neuen verzahnt sind, um das Versprechen, das sich aus der Digitalität der Vernetzung ergibt, tatsächlich einlösen zu können.

Es geht darum, die Voraussetzungen zu schaffen, damit Information und Wissen im Unternehmen auch wirklich benutzt werden können. Unsere Systeme sind zwar teilweise schon digital, aber nicht ausreichend vernetzt. Wir können nicht wirklich auf diese Informationen, die heute einen wichtigen Teil unseres Firmenvermögens darstellen, in dem Augenblick zugreifen, wo wir sie eigentlich benötigen, weil immer irgendwo ein Schnittstellenproblem oder ein Kompatibilitätsproblem besteht. So kommt es immer wieder zu Medienbrüchen und Blockaden, die Zeit, Geld und Ärger kosten. Die digitalen Zahnräder greifen nicht ineinander, irgendwo klemmen immer ein paar Bits und Bytes.

Customer Asset Management: Der Kunde als Teil des Firmenvermögens

Dass der Kunde das wichtigste Gut des Unternehmens ist, zählt zu den Gemeinplätzen der Unternehmensführung. Leider sieht die Praxis meist ganz anders aus. „Der Kunde steht im Mittelpunkt – und damit immer im Weg" ist nur scheinbar witzig gemeint: In Wirklichkeit spiegelt sich darin das gebrochene Verhältnis zwischen Anbieter und Abnehmer, zwischen Unternehmen und Markt.

Unternehmen müssen lernen, den Kunden tatsächlich in den Mittelpunkt zu stellen, ihn sozusagen als ein Teil des Firmenvermögens zu betrachten. Daran sollten sich Unternehmer und

Manager gerade in kleinen und mittleren Unternehmen jeden Tag messen lassen. Doch die ziehen es meistens vor, andere Messlatten zu verwenden: Marktanteile, Umsatz, Wachstum oder Shareholder-Value sind die erklärten Ziele, an denen sich moderne Manager gerne orientieren. Kundenzufriedenheit spielt bei dieser Betrachtung eine eher untergeordnete Rolle.

Spätestens mit dem Platzen der Internet-Blase hat sich jedoch ein grundlegender Wandel im Markt vollzogen. Neben der wiederentdeckten „alten" Tugend, sich aufs Geldverdienen zu verstehen, haben sich zwei neue Erfolgsfaktoren herauskristallisiert, auf die sich erfolgreiche Unternehmen heute konzentrieren:

Beziehungsmanagement: Mit der Vernetzung der Wirtschaft ist ein im Vergleich zu früher sehr viel komplexeres und empfindlicheres Geflecht aus gegenseitigen Abhängigkeiten entstanden, die zu beherrschen eine der großen Herausforderungen für Unternehmer und Manager geworden ist. Der massive Einsatz von Technologie ist heute Voraussetzung, um die vielschichtigen Unternehmensbeziehungen zu Kunden, Partnern, Lieferanten, Dienstleistern und Behörden effizient und kostengünstig zu gestalten.

Identitätsmanagement: In einer vernetzten Wirtschaft steht und fällt der Unternehmenserfolg mit der Fähigkeit, die Teilnehmer einer Transaktion eindeutig identifizieren zu können. Im Geschäftsleben spielt Vertrauen bekanntlich eine Schlüsselrolle, aber wirklich vertrauen kann ich nur demjenigen, den ich kenne. Erfolgreiches Management, ob von Kundenbeziehungen, von Wertschöpfungsketten oder Geschäftsprozessen, setzt Kenntnis über diejenigen voraus, die sich an dem Prozess beteiligen (sollen). Nur so kann lokales Wissen und Vertrauen in globale Vorteile umgesetzt werden.

Das Ziel der absoluten Kundenzentrierung ist mit den heutigen Werkzeugen der Betriebsführung kaum erreichbar. Die klassische Marktforschung und das interne Berichtswesen sind zu langsam. Außerdem sind sie historisch ausgerichtet: Der Manager sieht den

Kunden quasi im Rückspiegel. In Bezug auf die zukünftige Entwicklung der Kundenbeziehung befindet sich das Management, bildlich gesprochen, im Blindflug: Man weiß zwar, mit wem man bereits Geschäfte gemacht hat, kann aber nicht mit Sicherheit sagen, mit wem man im Augenblick Geschäfte macht, geschweige denn, mit wem man morgen Geschäfte machen wird.

Für die Bewertung des Unternehmens lassen sich Kundenbeziehungen deshalb kaum heranziehen. Dieser Zustand ist unbefriedigend, denn klar ist, dass die Fähigkeit, Umsatzpotenziale frühzeitig zu erkennen und rechtzeitig zu erschließen, für die Beurteilung der Unternehmensleistung und damit letztlich für seinen Marktwert (Börsenkurs) sowie seine Bonität (Kapitalbeschaffung) von entscheidender Bedeutung ist.

In den USA hat sich diese Erkenntnis bereits in der betriebswirtschaftlichen Theorie niedergeschlagen, wo Kundenbeziehungen zunehmend als unternehmerische Kenngröße verwendet werden. Dieses „Customer Asset Management" geht von der Vorstellung der Messbarkeit des nachhaltigen Wertes von Kundenbeziehungen aus. Dieser Wert kann dann als Bilanzwert Teil der allgemeinen Berichtspflicht von öffentlich gehandelten Unternehmen behandelt werden: Von den Verantwortlichen im Unternehmen wird also gefordert, den Wert der bestehenden Kundenbeziehungen genau zu analysieren und im Detail zu erläutern, beziehungsweise darzustellen, wie sie diese Beziehungen pflegen und nutzen – genau wie sie das für jedes andere Teil des Betriebsvermögens wie etwa Produktionsanlagen, Gebäude oder Fuhrpark tun müssen.

Customer Asset Management (CAM) darf nicht mit Customer Relationship Management (CRM) verwechselt werden. Der Einsatz von CRM-Systemen wird in erster Linie vom Marketing getrieben. CAM hingegen ist eher im Finanzwesen angesiedelt und hat die Aufgabe, unternehmerische Ziele und Rahmenbedingungen vorzugeben und deren Einhaltung zu überwachen. CAM ist kein Marketingtool, sondern spannt den Bogen zwischen Vertrieb, Marketing und Finanzwesen und bildet so die Grundlage für konkrete Planungsvorgaben und strategische Entscheidungsszenarien.

In Anbetracht der enorm hohen Fehlerrate bei der Einführung von CRM – bis zu 50 Prozent aller CRM-Projekte scheitern – ist der CAM-Ansatz sinnvoller und erfolgversprechender. Er versetzt Unternehmen in die Lage, auf effiziente Weise jene Informationen zu beschaffen und zu verwalten, die sie benötigen, um den Wert ihrer Kundenbeziehungen zu erkennen und entsprechende strategische Maßnahmen zu ergreifen, um diesen Wert zu erhalten oder zu steigern.

Die Erhaltung bestehender Kundenbeziehungen ist mindestens ebenso wichtig wie die Neugewinnung von Kunden. Vor diesem Hintergrund gewinnt beispielsweise das Beschwerdemanagement eine ganz neue Bedeutung für das Gesamtunternehmen und darf nicht länger als mehr oder weniger klar definierte Aufgabe des Supports oder des Callcenters ein Schattendasein fristen.

Das Cross-Marketing und das Cross-Branding werden durch den Einsatz von CAM-Strategien immer wichtiger. Mit ausreichendem Wissen um den Kunden gewappnet, ist das Unternehmen in der Lage, den Schwerpunkt seiner Vertriebsbemühungen auf das Ausschöpfen von bislang unerschlossenen Umsatzpotenzialen beim bestehenden Kundenstamm zu legen, was deutliche Kosten- und Margenvorteile mit sich bringt, nach dem Motto: „Nicht Marktanteil, sondern Anteil am Kunden ist wichtig."

Die Pflege von Kundenportfolios und das Verwalten von Kundenprofilen gehören zu den wichtigsten Aufgaben der Unternehmens-IT und mit einer entsprechend hohen Investitionspriorität zu versehen.

Der Marketingmix muss auf die neue Strategie ausgerichtet und abgestimmt werden. Jeder Kontakt- und Vertriebskanal (zum Beispiel Filialen, Kataloge, Homeshopping-TV, Callcenter, Website) ist unter dem Gesichtspunkt der Kosten-Nutzen-Analyse zu betrachten und konsequent in den Prozess der Wissensgenerierung zu integrieren.

The Extended Enterprise

Unsere bisher angebotsorientierte Wirtschaft ist dabei, sich in eine bedarfsorientierte zu verwandeln. Die fast schon gnadenlose Effizienz des Internets arbeitet für den Kunden und gegen den Anbieter. Im Zeitalter der totalen, globalen Vergleichbarkeit, von Online-Auktionen, Power Shopping, elektronischen Preisagenten und virtuellen Einkaufsnetzen ist der Kunde wirklich König.

Moderne Informations- und Kommunikationstechnik werden in einer solchen Wirtschaftswirklichkeit eine wichtige Rolle spielen – sie sind aber kein Ersatz für Kundenstrategie und Transparenz. Gleichzeitig zwingt diese Entwicklung den mittelständischen Unternehmer dazu, seine Rolle im Marktumfeld kritisch zu überdenken. Im Zeitalter der totalen Vernetzung verschwinden Grenzen – auch die zwischen einzelnen Unternehmen. Wenn jeder mit jedem vernetzt ist, dann muss sich auch das Blickfeld des Unternehmers entsprechend erweitern. Das Stichwort lautet hier: „Extended Enterprise" – das erweiterte Unternehmen.

Das Extended Enterprise von morgen wird nicht an der Firmengrenze haltmachen, sondern Kunden- und Lieferantenuniversum als Teil des eigenen Unternehmens begreifen und sie nahtlos in die eigene IT-Infrastruktur integrieren. Dann – und nur dann – wird das Prinzip der Vernetzung sein Versprechen erfüllen und den nächsten Evolutionsschub in der Wirtschaftsgeschichte auslösen.

Schon dem Naturforscher Charles Darwin (1809 – 1882) war die Bedeutung der Kooperation in der menschlichen Stammesgeschichte klar gewesen. In seinem Buch *Die Abstammung des Menschen* schrieb er: „Die geringe körperliche Kraft des Menschen, seine geringe Schnelligkeit, der Mangel an natürlichen Waffen etc. werden mehr als ausgeglichen ... durch seine sozialen Eigenschaften, welche ihn dazu führten, seinen Mitmenschen zu helfen und Hilfe von ihnen zu empfangen."

Für Unternehmen im Zeitalter der totalen Vernetzung ist es wichtig, sich zunehmend einbinden zu lassen in Strukturen, die gegenseitige Hilfe und Unterstützung versprechen. Das bedeutet keineswegs Aufgabe der Firmenidentität und ist erst recht kein

Aufruf zur Sozialisierung der mittelständischen Wirtschaft. Im Englischen hat sich in den letzten Jahren ein Begriff herausgebildet, der sehr gut beschreibt, was hier vor sich geht: „Coopetition". Es handelt sich um eine Verbindung der beiden Wörter „cooperation" (Zusammenarbeit) und „competition" (Wettbewerb). Konkret geht es dabei darum, dass Firmen, die im Alltag in Wettbewerb zueinander stehen, überall dort miteinander kooperieren, wo es um das Erzielen gemeinsamer Vorteile geht. Im letzten Schritt – nämlich dem direkten Kontakt zum Kunden – bleiben sie Konkurrenten, und möge der Bessere gewinnen!

Solange das Unternehmen sozusagen aus der „Ich-Perspektive" auf den Markt blickt, ist es schwer, sich ein solches gemeinschaftliches Vorgehen vorzustellen. Kehrt man den Blickwinkel jedoch um und betrachtet den Markt aus der Sicht des Kunden, wird die Sache sehr schnell klar.

Der Kunde kauft etwas, weil er sich in einer ganz bestimmten Lebenssituation befindet. Er braucht eine Hose, ein Laib Brot, einen neuen Computer, ein Auto, ein Haus. Der Entscheidungsprozess ist zunehmen komplex und langwierig, je nachdem, wie hoch entwickelt das anzuschaffende Produkt ist. Ein mittelständischer Anbieter ist jedoch nur selten in der Lage, alleine alle Bereiche abzudecken. Er muss also schlimmstenfalls zusehen, wie der Kunde zu einem großen Anbieter abwandert, der ihm „alles aus einer Hand" verspricht. Alternativ kann er sich mit anderen kleinen und mittleren Unternehmen zusammentun, die genau das anbieten, was ihm in seinem Angebotsportfolio fehlt. Mehrere Anbieter umstellen damit sozusagen den Kunden mit allen Dingen, die er benötigt, um zu einer umfassenden und informierten Kaufentscheidung zu gelangen. Damit steht der Kunde tatsächlich im Mittelpunkt – nur ganz anders, als es die Zyniker gemeint haben, die ihn deswegen als Störer beschrieben haben, siehe oben.

Ein solches Geflecht aus gegenseitig sich ergänzenden Angeboten lässt sich als ein „kundenzentriertes Beziehungsnetzwerk" beschreiben. Ein hervorragendes Beispiel dafür ist der amerikanische Anbieter Autobytel, ein kleines Online-Unternehmen mit 115 Mitarbeitern (Stand: Februar 2009) in Irvine im US-Bundesstaat Kalifornien, das 1995 gegründet wurde und das seit 1999 an der Börse ist. Autobytel verkauft Autos – genauer gesagt, es vermittelt Autos. Denn im Gegensatz zu einem normalen Autohändler hat das Unternehmen keinen Parkplatz, auf dem Autos zum Verkauf angeboten werden. Trotzdem wechselten letztes Jahr rund drei Millionen Fahrzeuge über Autobytel den Besitzer. Damit ist das Unternehmen einer der größten Autoverkäufer Amerikas.

Das Erfolgsgeheimnis von Autobytel ist denkbar einfach: Es handelt sich um ein kundenzentriertes Beziehungsnetzwerk für Menschen, die in der Lebenssituation „Autokauf" sind. Die Gründer des Unternehmens versuchten dazu, sich in die Lage des Kunden zu versetzen und eine ganz einfache Frage zu beantworten: „Was benötigt ein Mensch, der ein Auto kaufen will?"

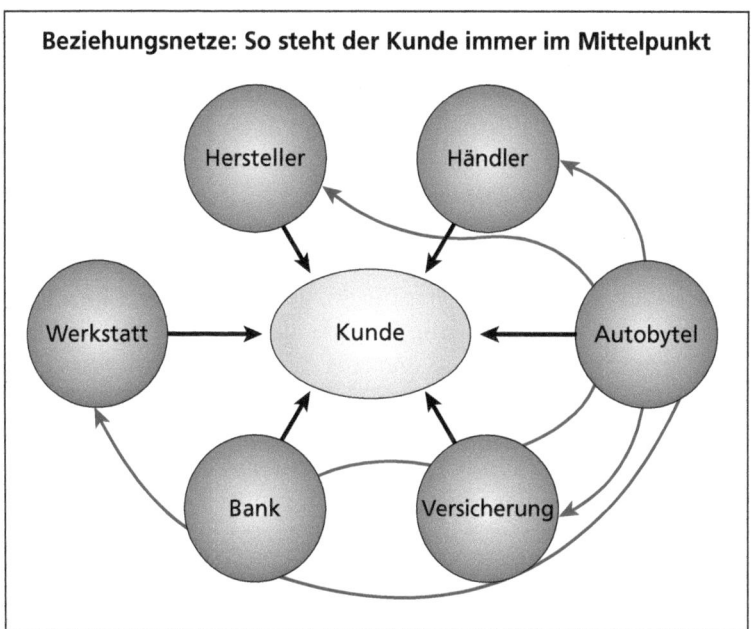

Kundenzentriertes Beziehungsnetz (Beispiel: Autobytel)

Darauf gab es keine einfache Antwort, sondern eine Reihe von Antworten, die sich gegenseitig überlappen und verstärken. Der Mensch benötigt natürlich zunächst einmal eine Auswahl an Autos. Wer hat Autos? Autohändler, natürlich! Also machte sich Autobytel daran, möglichst viele Autohäuser in sein Netzwerk zu holen. Diese stellen ihr Angebot selbst auf solchen Online-Plattformen wie Autobytel.com, AutoSite.com, Autoweb.com, Car.com, CarSmart.com, CarTV.com und MyRide.com ein, die alle von Autobytel betrieben werden.

Aber der Kunde will mehr. Er will Informationen über das Auto, das er zu kaufen beabsichtigt. Also holte Autobytel die Hersteller in sein Netzwerk – und zwar alle Hersteller. 64 verschiedene Autobauer pflegen inzwischen regelmäßig Angaben über technische Daten, Ausstattung und Verbrauch ihrer Modelle in das System ein. Der Kunde erhält per Mausklick alle Informationen, die er benötigt.

Aber auch das genügte noch nicht. Autokäufer wollen wissen, wo sie ihr Auto zum Kundendienst oder in die Reparatur bringen können. Also sprach Autobytel Werkstätten an und überredete sie dazu, sich auf ihren Online-Plattformen zu präsentieren. Und weil der Kunde das Auto selten bar bezahlen, sondern lieber finanzieren will, holte Autobytel auch Banken ins System, und zwar gleich mehrere, damit der Kunde das für ihn gerade günstigste Finanzierungsangebot aussuchen kann. Und da man sein Auto bekanntlich versichern muss, findet der Kunde bei Autobytel auch das Angebot der großen Versicherer und kann direkt bei dem passenden Anbieter eine Police abschließen.

Auf diese Weise versammeln sich mehrere Hundert selbständige Einzelunternehmer unter dem Dach von Autobytel, wo sie um die Gunst der Kunden buhlen. Sie kooperieren also, aber sie machen sich gleichzeitig auch gegenseitig Konkurrenz. Den Kunden freut's, denn er findet schnell und einfach alles, was er benötigt, um zum Ziel zu kommen: dem Kauf eines nagelneuen Automobils.

Das Modell des kundenzentrierten Beziehungsnetzwerks setzt neue Maßstäbe gerade für mittelständische Unternehmen, die jedes für sich vielleicht zu klein sind oder deren Angebot nicht alle

Facetten abdeckt, die der Kunde sucht. Hierin ist ein zukunftsweisendes Geschäftsmodell zu erkennen, das gerade im Zeitalter der totalen Vernetzung der Schlüssel zum unternehmerischen Erfolg sein kann. Es setzt einen gewissen technischen Aufwand voraus, aber viel wichtiger ist die Bereitschaft aller Beteiligten, jenseits der eigenen engen Firmengrenzen zu denken – sozusagen das Netzwerk als Teil des Unternehmens.

FALLBEISPIEL:
Blick frei auf das „Kunden-Universum"

Die junge Münchner Firma TMG Technologie Management Gruppe gilt als ein Vorreiter der kundenzentrierten Verwendung von CAM-Strategien mit dem Ziel, das Konzept des „Extended Enterprise" in die Praxis umzusetzen. Das Management von TMG verfügt über umfangreiche Erfahrung auf dem Gebiet des strategischen Sourcings und der elektronischen Beschaffung („E-Procurement"), also der Analyse und Erschließung des Lieferantenmarktes mithilfe internetbasierter IT-Systeme. Mit dem „Globalen Umsatzsteigerungssystem" verfügt TMG nach Ansicht des Verfassers über eines der leistungsfähigsten Werkzeuge zur strategischen Kundenanalyse, die zurzeit erhältlich sind. Das System führt die Methodik konventioneller Umsatzsteigerungsprogramme, wie sie etwa von McKinsey in den 80ern eingeführt wurden, mit moderner Internet-Technik und bestehenden IT-Strukturen zusammen und bietet dem Management so eine völlig neue Sichtweise des einzelnen Kunden sowie auf potenzielle Wachstumschancen.

Diese Perspektive, „Kunden-Universum" genannt, steht im Mittelpunkt aller unternehmerischen Aktivitäten und Prozesse (siehe Abbildung Seite 94). Sie verbindet eine erprobte Methodik zur strategischen Markterschließung mit straffer Ablauforganisation, zielorientierter Umsetzung und dem Durchgriff auf lokale Märkte und Kunden.

Das System arbeitet in vier Schritten: Markterkundung, Identifizieren von Chancen, Entwicklung von Lösungen und Implementierung.

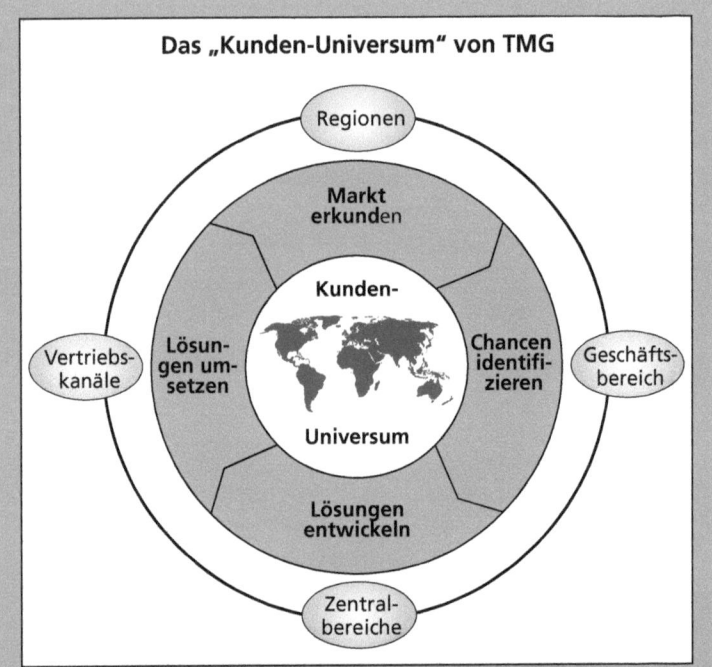

Markterkundung: Im ersten Schritt wird mithilfe des Werkzeugs Globales Umsatzsteigerungssystem versucht, eine möglichst aussagekräftige Gesamtsicht der Kundenpotenziale sowie der eigenen Wettbewerbsposition zu erstellen. Dabei wird davon ausgegangen, dass die bereits im Unternehmen vorliegenden Kundeninformationen aufgrund der verteilten Datenhaltung und unterschiedlicher Berichtsformate nur bedingt für die Darstellung des Kunden-Universums genutzt werden können.

Die sich daraus ergebende Frage lautet: Was sind die besten Quellen, um Informationen über die Chancen und Risiken beim Kunden zu identifizieren. Die naheliegende Antwort lautet: unsere eigenen Mitarbeiter! Niemand ist so nahe am Kunden wie der eigene Außendienst oder Vertrieb. In einem überregional oder gar global operierenden Unternehmen ist die Sicht des einzelnen Mitarbeiters jedoch zwangsläufig auf jenen Teil des Kundenunternehmens beschränkt, mit dem er unmittelbar zu tun hat, je nachdem, in welcher Funktion er Kontakt zum Kunden hat. Ein Mitarbeiter im Vertrieb „sieht" den Kunden anders als einer, der mit ihm als Supporttechniker zu tun hat. Das System kann also das Teilwissen so unterschiedlicher Abteilungen wie Marketing, Service, Logistik, Produktion oder Entwicklung zusammenführen.

Das Globale Umsatzsteigerungssystem verteilt im ersten Schritt über einen Workflow konkrete Aufgaben an die betroffenen Mitarbeiter. Diese müssen detaillierte Fragen zum Kunden, dessen Kaufverhalten, Produktsortiment, Wettbewerbssituation und wirtschaftliche Lage beantworten. So entstehen unter Umständen mehrere Kundenprofile ein und desselben Kunden, die aber aufgrund der unterschiedlichen Sichtweisen und Beurteilungen der einzelnen Mitarbeiter durchaus voneinander abweichen können. Insbesondere werden die Mitarbeiter gebeten, Vorschläge für Verbesserungen oder Sortimentsergänzungen zu machen, die ihrer Meinung nach vom Kunden erwünscht sind und die deshalb potenziell zu Verkaufserfolgen führen könnten.

Identifizieren von Chancen: Die so gewonnenen Wissenselemente müssen vom System so aufbereitet werden, dass sich für das Management ein klares Bild ergibt. Insbesondere trifft das System eine Vorauswahl von strategischen Prioritäten. Die Aufbereitung erfolgt aufgrund vorher mit der Unternehmensleitung abgestimmter Schlüssel und Kriterien.

Mithilfe des Globalen Umsatzsteigerungssystems lassen sich mehrere Umsatzpotenziale identifizieren: So kann es beispielsweise sein, dass nicht alle Kundenstandorte oder Produktbereiche bekannt sind. In einem anderen Fall könnten sich vielleicht durch eine Änderung oder Ergänzung der eigenen Angebotspalette neue Potenziale beim Kunden erschließen lassen, etwa durch eigene Entwicklung oder Zukauf von Fremdfabrikaten. Neue regionale Prioritäten können sich auftun, etwa wenn der Kunde selbst regional expandiert hat oder er vor dem Eintritt in neue Märkte steht. Und schließlich lassen sich Chancen des Cross-Selling erkennen, wenn neue Erkenntnisse über die Geschäftstätigkeit des Kunden und seine Bedürfnisse gewonnen werden. Durch die Gewichtung der Erkenntnisse steht dem Management am Ende dieses Vorgangs ein Maßnahmenkatalog zur Verfügung, der als strategische Entscheidungshilfe dient. Bei guter Vorbereitung und Feinjustierung des Systems lassen sich Chancen konkret beispielsweise nach Faktoren wie Umsatzsteigerungspotenzial, Volumen, Konkurrenzsituation, Kapazität, Zusatznutzen, Machbarkeit oder Risiko vorsortieren.

Entwicklung von Lösungen: Die in den Prozessschritten eins und zwei identifizierten Chancen zur Umsatzsteigerung werden im dritten Schritt in Lösungsprojekten zusammengefasst und auf Umsetzbarkeit sowie strategische Relevanz geprüft. An diesem Prozess wirken alle an dem Wertschöpfungsprozess beteiligten Unternehmensbereiche mit.

Ein solches Projekt könnte zum Beispiel durch das Erkennen von Umsatzpotenzialen beim Kunden (Vertrieb) ausgelöst werden, aber auch durch das Identifizieren neuer Innovationspotenziale (Forschung), durch Produktdiversifikation (Entwicklung), durch die Erschließung neuer Beschaffungsquellen (Einkauf), durch Produktionsinnovation (Herstellung), durch neue Ansätze in der Logistik (Distribution) oder durch das Angebot neuer Serviceleistungen (Kundendienst). Lösungsvorschläge werden aber grundsätzlich bereichsübergreifend betrachtet und bearbeitet mit dem Ziel, Kundensicht und Unternehmenssicht so zu vereinen, dass sich für das Management ein zwischen Erfolgswahrscheinlichkeit und Attraktivität der Projekte gewichteter Entscheidungsrahmen ergibt. Dabei fließen Faktoren wie Kernkompetenzen des Unternehmens, technische Umsetzbarkeit und kommerzielle Erfolgsbeurteilung in die Betrachtung ein. Ziel ist das Erreichen von Economies of Scale im globalen Verbund.

Umsetzung von Lösungen: Die beschlossenen Projekte lassen sich erfahrungsgemäß in der Praxis relativ leicht umsetzen, weil alle Unternehmensbereiche bei ihrer Entstehung beteiligt sind und deshalb eine Blockadehaltung Einzelner nicht zu befürchten ist. TTM („Time to Market") wird durch die frühzeitige Einbindung der betroffenen Abteilungen ebenfalls wesentlich beschleunigt. Insbesondere bereitet die Einbindung in bestehende ERP- und Sourcing-Systeme weniger Probleme, da das Globale Umsatzsteigerungssystem auf wesentliche Komponenten und Erfahrungen aus dem Bereich des E-Procurement zurückgreift.

Das Wissen in den Köpfen der Mitarbeiter

Eigentlich ist jedem klar, dass in fast jedem Unternehmen bereits sehr viel mehr Wissen über den Kunden vorhanden sein müsste, als tatsächlich für die strategische Planung genutzt werden kann. Dieses Wissen liegt aber oft nicht in codierter, also in digital verarbeitbarer Form vor, sondern befindet sich sozusagen in den Köpfen der eigenen Mitarbeiter. Dieses Wissen zu erschließen und zur Identifikation von Wachstumspotenzialen zu nutzen ist die eigentliche Herausforderung bei der Implementierung des Globalen Umsatzsteigerungssystems (siehe Seite 93).

Im ersten Schritt werden deshalb Schlüsselfragen formuliert, aus deren Beantwortung ein tieferes Verständnis für den Kunden abzuleiten ist:

- Wie groß ist der Bedarf des Kunden in den einzelnen Produktkategorien und wie viel davon decken wir heute bereits ab?
- Von wem kauft der Kunde zurzeit und zu welchen Preisen?
- Was sind die Kaufkriterien des Kunden und lassen sie sich in unserem Sinne beeinflussen oder verändern?
- Was sind unsere Stärken und Schwächen aus Kundensicht und was sind die Stärken und Schwächen unserer Wettbewerber?
- Kann die Einkaufskategorie des Kunden „entbündelt" werden, um Transparenz und Wettbewerb zu verbessern?
- Welche strategischen Güter und Artikel können über den normalen Ausschreibungsprozess oder per Auktion eingekauft werden?
- Wie erreicht der Kunde den niedrigsten TCO („Total Cost of Ownership") bei gleichzeitig hoher Qualität, niedrigem Lieferantenrisiko, innovativer Technologie, leistungsfähiger Logistik und umfassendem Service?
- Wie kann der Kunde die Ergebnisse dieser Verhandlungen auf andere Artikel und Lieferanten übertragen?

Der so entstandene detaillierte Fragenkatalog wird aufbereitet und als Aufgabe mit hoher Priorität per Workflow an die eigenen

Mitarbeiter verteilt. Die Ergebnisse werden vom System aggregiert und gewichtet, sodass sie in einem Berichtstool – das sogenannte „Cockpit" – übersichtlich und aussagekräftig dargestellt werden können. Durch Veränderung der Inhalte und Korrelationen sowie durch farbliche Gestaltung („Ampelfarben") lassen sich sehr unterschiedliche Detailsichten des Kunden generieren, etwa Umsatzpotenzial pro Region, pro Standort, pro Produktbereich oder sonstigem Kriterium. Der selbst gestellte Anspruch lautete: Die gleiche Transparenz schaffen, wie sie die Entscheidungsträger im Kundenunternehmen selbst besitzen. Anders ausgedrückt: Am Ende will der Lieferant seinen Kunden mindestens so gut kennen wie dieser sich selbst.

So können innerhalb sehr kurzer Zeit eine Reihe von grundsätzlichen Erkenntnissen über die bestehende Kundenbeziehung gewonnen und gleich mit konkreten Maßnahmenvorschlägen kombiniert und zur Umsetzung gebracht werden:

„Blinde Flecke": Der Außendienst des Herstellers betreut nur einen Teil der tatsächlichen Kundenstandorte. Der Vertrieb kann mit dem Schließen dieser strategischen Lücken beauftragt werden.

Falsche Produktschwerpunkte: Das Unternehmen kann erkennen, ob die von ihm gelieferten Produkte für den Kunden von eher untergeordneter Bedeutung sind oder nicht. In den vom Kunden als Hauptwachstumssektoren erkannten Produktfeldern lassen sich Schwachstellen ausweisen und konkrete Maßnahmen vorschlagen, die in die Produktentwicklung einfließen.

Fehlende Synergien: Aus der neuen Betrachtung können klare Parallelen zu anderen Produktbereichen des eigenen Unternehmens erkannt werden. Es lassen sich daraufhin Maßnahmen ergreifen, um dieses bislang ungenutzte Synergiepotenzial zu erschließen.

Verkannte Umsatzpotenziale: Mithilfe des Systems lässt sich das Umsatzvolumen der Wettbewerber beim betreffenden Kunden ausweisen und identifizieren. Das Management kann daraufhin zusammen mit den Produktlinien Initiativen und Lösungen zum verstärkten internen Cross-Selling initiieren.

Das vorausschauende Erkennen von Kundenpotenzialen ist eine der wichtigsten Aufgaben für das Management von erfolgreichen Unternehmen in der vernetzten Wirtschaft. Führungsverantwortliche werden zunehmend auf innovative technische Systeme zugreifen müssen, um die Anforderungen des Kunden so „punktgenau" erkennen und erfüllen zu können, dass sich daraus langfristige und planbare Kundenbeziehungen entwickeln. Unternehmen müssen sich rechtzeitig überlegen, wie sie auf die neue Herausforderung reagieren sollen, die aus der neuen Macht des Kunden und dem sich daraus ableitenden Stellenwert ergibt. Leistungsfähige IT-Systeme zum Profilieren und Aggregieren von Kundenwissen, neuartige Darstellungsmöglichkeiten und Berichtswerkzeuge insbesondere im Finanz- und Planungswesen sowie ein konsequent kundenzentriertes Denken werden die wichtigsten Erfolgsfaktoren in den Märkten von morgen sein.

KAPITEL 5
Der neue Kunde

Geschäftsmodell Hoflieferant

Wer an einem schönen weißblauen Vormittag durch die Münchner Dienerstraße spazieren geht, erblickt an der strahlend gelben Renaissancefassade des Feinkostgeschäfts von Alois Dallmayr ein kleines Messingschild mit der Aufschrift „königlich bayerischer Hoflieferant". Therese Randlkofer, eine ebenso resolute wie geschäftstüchtige Frau, hatte den Laden ihres verstorbenen Mannes Anton 1897 übernommen und zu einem der führenden Delikatessenhäuser Europas gemacht. Sie belieferte nicht nur die nahegelegene Residenz der Wittelsbacher, sondern zählte auch den Kaiserhof in Berlin sowie in der Spitze 14 weitere europäische Fürsten- und Königshäuser zu ihren Kunden.

Das Geschäftsmodell des Hoflieferanten ist heute aus der Mode gekommen, was eigentlich schade ist, denn es bietet einige wichtige Vorteile für den Händler: Er weiß genau, wer sein Kunde ist, er kennt dessen Geschmack, er weiß ungefähr, wann und wie viel er liefern muss, und kann zumindest in der Regel einen etwas höheren Preis verlangen als den, den die Laufkundschaft zu zahlen bereit ist.

In der global vernetzten Wirtschaft hat das Modell des Hoflieferanten eine ungeahnte Aktualität bekommen, denn im Internet ist der Kunde wirklich König! Die Machtverhältnisse zwischen Anbieter und Abnehmer einer Ware oder Dienstleistung haben sich eindeutig zugunsten des Abnehmers verschoben. „Wir stehen an der Schwelle von einer angebotsorientierten zu einer nachfrageorientierten Wirtschaft", sagt der Nobelpreisträger Paul Krugman, und beruft sich auf die lange vernachlässigten Theorien des genialen Ökonomen John Maynard Keynes.

Die Ursachen für diese Machtverschiebung liegen auf der Hand. Dank Internet verfügt der Kunde über Informationen, die ihn in die Lage versetzen, in seiner Kaufentscheidung wählerischer sein zu können als je zuvor. Seine „Machtmittel" sind unter anderem:

- Ein globales Angebot: Da das Internet dem Fluss von Waren und Dienstleistungen so gut wie keine Grenzen setzt, kann es dem Kunden egal sein, ob sein Lieferant in München oder in Mumbai sitzt, in Hamburg oder Hongkong, in Frankfurt oder auf den Fidschi-Inseln. Solange die Transportkosten nicht zu hoch sind, kann er sich leisten, denjenigen Anbieter zu wählen, der in Sachen Preis und Qualität seinen Vorstellungen am ehesten entspricht.
- Direkter Draht zum Händler: Wer bereit ist, lange genug im Internet zu suchen, kann in der Regel ein Produkt direkt bei demjenigen beziehen, der es herstellt, und muss nicht über Mittelsmänner und Zwischenhändler gehen, deren Aufschläge und Provisionen die Waren natürlich immer teurer machen.
- Totale Preistransparenz: Dank Google kann jeder mit wenigen Mausklicks sehen, wie viel die Ware oder Dienstleistung woanders kostet. Früher kannte er meistens nur die Preise der Händler in seiner Nähe. Wer keine Lust hat, selbst auf Schnäppchensuche zu gehen, kann sich bei einem der unzähligen „Preisvergleichsportale" wie www.guenstiger.de, www.ciao.de oder www.geizkragen.de eine Liste der günstigsten Anbieter in einer Region, einem Land oder auf der ganzen Welt zusammenstellen lassen und in aller Ruhe seine Auswahl treffen.
- Ein Rückkanal: Statt wie früher mehr oder weniger stumm den Sirenengesängen der Anbieter ausgesetzt zu sein, hat der Kunde heute die Möglichkeit, jederzeit in einen Dialog mit ihm zu treten, Fragen zu stellen, Kritik zu üben, zu widersprechen oder sogar ein Gegenangebot abzugeben. Mit dem viel zitierten „Web 2.0" ist diese Möglichkeit des „Mitmachens" inzwischen fast zu einer Lifestyle-Entscheidung geworden: Es ist chic, selbst aktiv zu werden.

Die Auswirkungen dieses „partizipatorischen Systems" sind in ihrer Tragweite bislang nur schemenhaft zu erkennen. Je mehr Konsumenten auf diesen Trend aufspringen und sich von passiven „Konsumenten" zu aktiven „Prosumenten" wandeln, umso schwieriger wird es für den Anbieter, wie bisher zu bestimmen, nach welchen Spielregeln ein Geschäft ablaufen soll.

Der Begriff des „Prosumenten" stammt übrigens vom Amerikaner Alvin Toffler, der ihn schon 1980 in seinem Buch *Die dritte Welle* einführte. Er bezeichnet Personen, die gleichzeitig Konsumenten, also Verbraucher (englisch: „consumer"), und Produzenten, also Hersteller (englisch: „producer"), des von ihnen Verwendeten sind. Im Rahmen der Personalisierung von Gütern gibt der Konsument (freiwillig) Informationen über seine Präferenzen preis, welche die Grundlage für die Erstellung des eigentlichen Gutes darstellen. Der Konsument wird Teil des Produktionsprozesses und somit zu einem gewissen Grad auch zum Produzenten des Gutes.

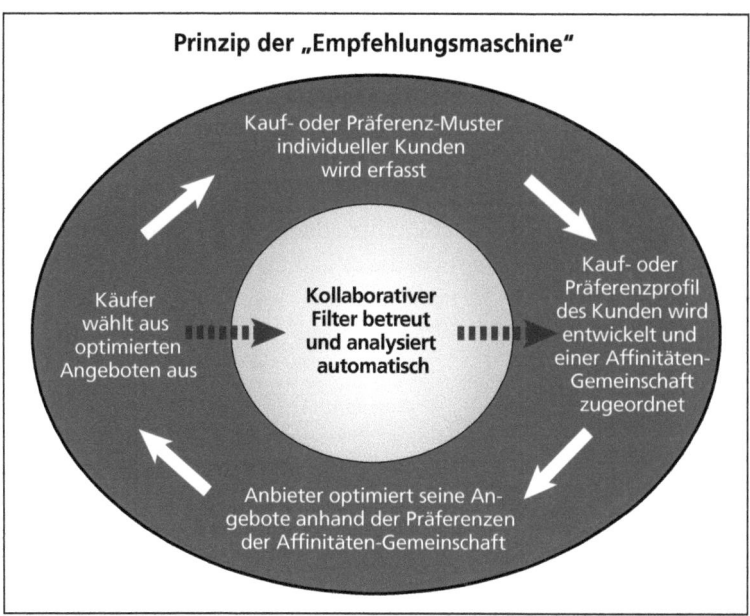

Kundenwissen spielt hier die Schlüsselrolle, wobei an dieser Stelle mit einem gängigen Irrtum aufgeräumt werden soll, nämlich dass „Informationen" und „Wissen" im Grunde ein und dasselbe sind. Jedes Unternehmen besitzt Informationen über den Kunden, manchmal sogar sehr viele Informationen über ihn. Um diese Informationen allerdings in verwertbares Kundenwissen umzuwandeln, ist zuerst ein Prozess der „Veredelung" nötig. Dieser Vorgang lässt sich mithilfe von Technik heute weitgehend automatisieren, wie das Beispiel des inzwischen weltweit größten Buchhändlers Amazon beweist: Hier durchläuft die eintreffende Information – Was liest der Kunde gern? Was hat er angeschaut? Was hat er tatsächlich gekauft? – einen sogenannten „kollaborativen Filter" (siehe Grafik Seite 103), der sie mit entsprechenden Informationen von anderen Kunden vergleicht und daraus ableitet, was der Kunde vielleicht sonst noch kaufen würde, wenn man es ihm empfiehlt. Darauf lassen sich entweder automatisierte oder manuelle Empfehlungssysteme aufbauen, die dafür sorgen, dass der Kunde wiederkommt oder beim nächsten Besuch spontan Dinge kauft, an die er selber gar nicht gedacht hätte.

Wenn es stimmt, dass der Kunde im Internet König ist, dann lohnt es sich für den Anbieter, das Modell des Hoflieferanten nochmals gründlich zu studieren. Was diesen vor allem von anderen Anbietern unterschied, war der Grad des Wissens, das er um seinen wichtigsten Kunden besaß. Damit war er in der Lage, ein besonders hohes Maß an Kundenzufriedenheit zu erzeugen bei einer der begehrtesten Zielgruppen, die es damals gab – eine Lektion, die viele heute erst wieder lernen müssen.

Loyalität muss sich für beide lohnen!

Zufriedene Kunden sind bekanntlich das Kapital eines erfolgreichen Handelsunternehmens. Aus diesem Grund verwenden die meisten von ihnen viel Zeit und Geld darauf, neue Kunden anzusprechen und bestehende Kunden noch enger an sich zu binden. Während Produkt- und Imagewerbung in klassischen oder neuen Medien für die Neukundengewinnung, also für das Gewinnen von Marktanteilen, früher das Mittel der Wahl waren, gewinnt systematisches Kundenbindungsmanagement im Unternehmen 2020 immer mehr an Bedeutung, wenn es darum geht, den „Anteil am Kunden" zu erhöhen, also bestehende Kunden dazu zu bringen, mehr oder häufiger beim betreffenden Unternehmen zu kaufen.

Andererseits ist Loyalität ein knappes Gut, erst recht im Zeitalter des Internets, wo der nächste Mitbewerber nur einen Mausklick entfernt ist. Mit der neuen Macht des Kunden in einem vernetzten Markt werden das Sammeln von Kundenwissen und die proaktive Jagd nach neuen Umsatzpotenzialen immer mehr in den Mittelpunkt unternehmerischer Aktivität rücken. Überspitzt formuliert: Der Unternehmer wird in Zukunft immer mehr Jäger, der Kundenumsatz seine Beute sein.

Mit dem Entstehen des Internets und interaktiver Formen der Kommunikation zwischen Anbieter und Kunden ist eine völlig neue Situation entstanden. Kunden sind besser denn je in der Lage, ihre Wünsche und Bedürfnisse zu artikulieren; Anbieter sind deshalb gezwungen, das in ihren Geschäftsmodellen zu berücksichtigen. Das Wissen um den Kunden wird so zu einem neuen, kritischen Erfolgsfaktor in einer Welt, die von direkten, personalisierten Kundenbeziehungen geprägt ist und in der Kunden mehr denn je Marktübersicht, Transparenz und Einfluss bei der Preisgestaltung haben.

Loyalität lohnt sich für den Kunden, wenn für ihn erkennbar ist, dass er bereits eine Investition in die persönliche Beziehung zu einem Anbieter gemacht hat und daraus Vorteile zieht. Die Kunst des Anbieters besteht darin, dem Kunden dieses Mehrwertversprechen plausibel und begreifbar zu machen. Das tut er am besten, indem er dem Kunden stets „punktgenau" jene Produkte oder Dienstleistungen anbieten kann, die dieser wirklich braucht, und zwar dann, wenn er sie braucht.

Das vorausschauende Erkennen von Kundenpotenzialen wird also eine der wichtigsten Aufgaben für das Management von erfolgreichen Unternehmen in der vernetzten Wirtschaft sein. Führungsverantwortliche werden zunehmend auf innovative technische Systeme zugreifen müssen, um die Anforderungen des Kunden so „punktgenau" erkennen und erfüllen zu können, dass sich daraus langfristige und planbare Kundenbeziehungen entwickeln. Eine zentrale Rolle wird dabei dem vergleichsweise jungen Bereich des Identity Management zukommen. Nur so werden die neuen Vorstellungen – und demnächst vielleicht auch Vorschriften – über die Bewertung solcher Kundenbeziehungen (Stichwort: Customer Asset Management, siehe Seite 87) realisieren lassen. Was also zunächst wie ein wirtschaftstheoretischer Ansatz klingen mag, wird schnell einen konkreten und dringenden Praxisbezug erhalten.

Unternehmen müssen sich rechtzeitig überlegen, wie sie auf die neue Herausforderung reagieren sollen, die sich aus der neuen Macht des Kunden und dem sich daraus ableitenden Stellenwert ergibt. Leistungsfähige IT-Systeme zum Profilieren und Aggregieren von Kundenwissen, neuartige Darstellungsmöglichkeiten und Berichtswerkzeuge insbesondere im Finanz- und Planungswesen sowie ein konsequent kundenzentriertes Denken werden die wichtigsten Erfolgsfaktoren in den Märkten von morgen sein.

Daraus ergeben sich konkrete Handlungsempfehlungen für Management und Marketing:

- Das Sammeln von Wissen um den Kunden muss höchste Priorität erhalten und zum obersten Ziel aller Unternehmensaktivität erklärt werden.
- Das Messen des Wertes jeder einzelnen Kundenbeziehung ist oberste Aufgabe der Unternehmensführung. Die Verantwortung dafür muss klar festgelegt werden. Es empfiehlt sich, sie in den erweiterten Aufgabenkreis des für das Finanzwesen verantwortlichen Geschäftsleitungsmitglieds zu legen.

- Die Erhaltung bestehender Kundenbeziehungen ist mindestens ebenso wichtig wie die Neugewinnung von Kunden. Vor diesem Hintergrund gewinnt beispielsweise das Beschwerdemanagement eine ganz neue Bedeutung für das Gesamtunternehmen und darf nicht länger als mehr oder weniger klar definierte Aufgabe des Supports oder des Callcenters ein Schattendasein fristen.
- Das Cross-Marketing und das Cross-Branding werden durch den Einsatz von CAM-Strategien immer wichtiger. Mit ausreichendem Wissen um den Kunden gewappnet ist das Unternehmen in der Lage, den Schwerpunkt seiner Vertriebsbemühungen auf das Ausschöpfen von bislang unerschlossenen Umsatzpotenzialen beim bestehenden Kundenstamm zu legen, was deutliche Kosten- und Margenvorteile mit sich bringt, nach dem Motto: „Nicht Marktanteil, sondern Anteil am Kunden steht im Vordergrund."
- Die Pflege von Kundenportfolios und das Verwalten von Kundenprofilen sind eine der wichtigsten Aufgaben der Unternehmens-IT und mit einer entsprechend hohen Investitionspriorität zu versehen.
- Der Marketingmix muss auf die neue Strategie ausgerichtet und abgestimmt werden. Jeder Kontakt- und Vertriebskanal (zum Beispiel Filialen, Kataloge, Homeshopping-TV, Callcenter, Website) ist unter dem Gesichtspunkt der Kosten-Nutzen-Analyse zu betrachten und konsequent in den Prozess der Wissensgenerierung zu integrieren.

> **FALLBEISPIEL:**
> **edelight: Empfehlungen vom Feinsten**
>
> Das Social-Commerce-Portal www.edelight.de wurde 2006 von Peter Ambrozy, Steffen Belitz und Tassilo Bestler in Stuttgart gegründet. Ziel war es bereits damals, Menschen dabei zu unterstützen, die richtige Kaufentscheidung zu treffen. Da die Gründer von Anfang an davon überzeugt waren, dass persönliche Empfehlungen die ideale Grundlage dafür bilden, handelt es sich bei den Produkten auf edelight.de um positive Beurteilungen anderer Menschen.
>
> Seit 2008 werden die gesammelten Erfahrungen aus dem Endkundenportal edelight.de dazu genutzt, anderen Unternehmen innovative E-Commerce-Lösungen zur Verfügung zu stellen. Kern dieser Aktivitäten sind die visuelle Suche „Stylefinder" und das Partnernetzwerk tracdelight.com.
>
> Edelight.de ist eine Shopping-Community, in der Trendsetter ihre Lieblingsprodukte Millionen von kaufinteressierten Menschen empfehlen. Diese können auf Basis authentischer Empfehlungen völlig neue Produkte entdecken und bei den entsprechenden Marken und Shops kaufen. Alle edelight-Nutzer sind leidenschaftliche Shopper, da sie entweder aktiv Produkte empfehlen oder mit einer konkreten Kaufabsicht auf der Suche nach Produkten sind.
>
> Dieses Umfeld können Unternehmen nutzen, um ihre Produkte und Markenbotschaften zu platzieren. Für Partnershops gibt es spezielle Werbeformen, die es dem Betreiber erlauben, direkt mit den Mitgliedern von edelight in Verbindung zu treten und mit ihnen zu interagieren, um sie so von der Qualität oder dem Nutzen des eigenen Produktangebots zu überzeugen in der Hoffnung, dass diese eine entsprechende Empfehlung aussprechen.

Der wahre Preis der Ware

Preise, so die gängige Lehrmeinung, werden von Angebot und Nachfrage bestimmt. Sie pendeln sich also irgendwo in der Mitte ein. Dieses Modell der Preisfindung geht davon aus, dass Anbieter und Abnehmer gleichberechtigt sind, und dass deshalb am Ende immer der „faire" Preis herauskommen wird.

Dieses Modell einer ausbalancierten, selbstregulierenden Wirtschaft ist natürlich blanker Unsinn. In Wirklichkeit versuchen beide Seiten ständig, die Machtverhältnisse zu ihren Gunsten zu verschieben und sich so auf Kosten der Gegenseite Vorteile zu verschaffen. Dabei hat der Anbieter stets die besseren Karten, denn er ist besser organisiert: Hersteller und Händler arbeiten großräumig, der Kunde ist in seiner Auswahl meistens auf seine unmittelbare Nachbarschaft beschränkt; die Anbieter können sich absprechen, zum Beispiel über Preisempfehlungen des Herstellers, während der Kunde auf sich allein gestellt ist; der Handel kauft en gros ein, der Kunde en détail und deshalb entsprechend teuer.

Statt einem theoretischen Gleichgewicht der Wirtschaftskräfte sieht sich der Konsument in Wirklichkeit einem drückenden Übergewicht der Anbieterseite gegenüber. Wehren kann er sich nicht, denn dazu fehlen ihm zwei wesentliche Dinge: Marktübersicht und Marktpotenzial. Beides sind Dinge, die sich bislang nur mühselig und mit großem Aufwand erreichen ließen und die ein hohes Maß an Organisation verlangten.

Genau betrachtet hat der Kunde aber eigentlich nur ein Kommunikationsproblem. Um sich Marktübersicht zu verschaffen, müsste er schnell und einfach möglichst viele Angebote prüfen können, und zwar nicht nur regional, sondern überregional oder sogar international.

Doch nun kommt das Internet, und schon ändert sich die Sachlage dramatisch. Per Internet kann sich der Kunde per Mausklick jederzeit so viel Marktübersicht verschaffen, wie er will: Jeder Hersteller oder Händler, der sich stolz auf seiner frisch geschaffenen Homepage präsentiert, lädt doch quasi ein zur weltweiten Schnäppchenjagd. Wenn es dem Kunden zu mühsam ist, sich selbst durchs Web zu bewegen, kann er diese Aufgabe einfach delegieren: Immer mehr Preisagenturen wie www.geizkragen.de oder www.guenstiger.de offerieren im Internet ihre Dienste; die erfahrenden Preisfahnder suchen vergleichbare Angebote und teilen sich mit dem Auftraggeber die Preisdifferenz. Verstärkt übernehmen diese Aufgabe aber auch Softwareroboter, sogenannte „intelligent agents", die vom Kunden auf die Datenreise geschickt werden, um wie elektronische Spürhunde die jeweils billigsten Angebote zu erschnüffeln, sich nach ein paar Stunden wieder bei ihrem Herrchen zu melden und stolz die Ergebnisse in Form von Links zu den entsprechenden Webseiten der Anbieter zu präsentieren.

Die Anbieterseite hat dieser neuen Macht des Endverbrauchers nichts entgegenzusetzen. Das Internet beraubt sie ihrer stärksten Waffe, nämlich der regionalen Preisfestlegung, und zwingt sie außerdem, sich nicht mehr mit einzelnen Kunden, sondern mit ganzen Kundengruppen gleichzeitig auseinanderzusetzen.

Diese Erkenntnis dämmert den Anbietern nur langsam. Noch glauben die meisten, sie würden die wahren Gewinner im aufkeimenden Markt für E-Commerce werden. Sie werden schmerzlich dazulernen müssen.

Dass sich die Kunde von der neuen Macht des Kunden bisher relativ langsam herumgesprochen hat, ist ein wenig überraschend, denn immerhin gibt es das Phänomen des Internets seit mehr als 30 Jahren, und sogar in Deutschland, das in Sachen Internet-Nutzung als „Spätzünder" gilt, wird schon seit Mitte der 90er-Jahre der Tanz um das Goldene Kalb im Cyberspace aufgeführt: Kaum ein Unternehmen, das sich nicht schon eine Homepage leistet und davon träumt, mithilfe eines Online-Shops zum Anbieter im globalen Marktplatz aufzusteigen.

Die neue Macht des Kunden im Internet

Diese fast schon gnadenlose Effizienz des Internets arbeitet für den Verbraucher und gegen den Händler. Der sieht sich zunehmend in die Rolle desjenigen zurückgedrängt, der auf die Wünsche und Anforderungen des Kunden zu reagieren hat. König Kunde, der diesen Titel bislang mehr zur Zierde trug, verlangt nach seiner Machtergreifung nun seinen ihm zustehenden Tribut.

Dazu gehört jedoch die Bereitschaft des Anbieters, über Preise mit sich reden zu lassen. Es wird ihm wohl nichts anderes übrig bleiben, wenn seine Majestät der Kunde es so will.

Damit aber fällt die stärkste Bastion der Anbieterseite, nämlich das Recht, den Preis selbst festzulegen. In der vernetzten Ökonomie von morgen werden Preise nur noch Verhandlungssache sein, die Online-Einkäufer werden bei jeder sich bietenden Gelegenheit feilschen wie auf einem orientalischen Teppichbasar.

Wie es aussieht, wird die Anbieterseite keine ernsthafte Gegenwehr leisten. Ja, die ersten geben auf der Preisfront schon kampflos und ohne Not nach – vielleicht deshalb, weil sie die Auswirkungen gar nicht erkennen.

In einem interaktiven Medium wie dem Internet ist das Feilschen die mediengerechteste Form der Preisfindung. Anders als bei klassischen „Einbahnstraßen"-Medien wie Fernsehen, Radio oder Print vollzieht sich der Kundenkontakt per Internet stets in Form eines Dialogs, wobei beide Seiten grundsätzlich über die gleichen kommunikativen Möglichkeiten verfügen. Auf ein Angebot kann also sofort erwidert werden, mit einem Gegenangebot gekontert oder per Meinungsäußerung zur Auseinandersetzung aufgefordert werden. Zweitens, und das ist besonders für Käufer in unseren Breitengraden wichtig: Beim Online-Feilschen muss ich meinem Gegenüber nicht in die Augen schauen, was für viele Normalbürger hierzulande als peinlich empfunden wird. Im Internet wird in der Regel per E-Mail gefeilscht, also ohne den unmittelbaren (Augen-)Kontakt. Was also üblicherweise auf einen gelegentlichen Nervenkitzel auf dem Teppichbasar beim Türkei-Urlaub beschränkt bleibt, kann im Internet-Zeitalter durchaus zum Mittel der alltäglichen Auseinandersetzung zwischen Anbieter und Kunde werden – mit durchgreifenden Folgen vor allem für die Anbieterseite, denn sie kann nicht mehr davon ausgehen, dass sie den von ihr kalkulierten Preis durchsetzen kann. Der Anbieter wird zu einem bislang zumindest in Mitteleuropa ungekannten Grad an Flexibilität im Umgang mit dem Kunden gezwungen.

Was im Übrigen zu einem interessanten gedanklichen Exkurs Anlass bietet: Werden Händler in Ländern, in denen das Feilschen schon immer zur allgemeinen Kaufkultur dazugehörte, besser auf die Anforderungen der sich entwickelnden Welt des E-Commerce reagieren können als solche in Ländern, in denen vergleichsweise starre Preise die Norm sind? Was, wenn beispielsweise eine Nation von Händlern (im wahrsten Sinne des Wortes) wie die Chinesen anfängt, als globaler Anbieter aufzutreten, ihre traditionelle Vorliebe fürs Feilschen ausspielt, um damit ihre westlichen Wettbewerber systematisch auszubremsen? Der Handel hierzulande sollte das explosive Wachstum des Internets in China mit Sorge betrachten.

Wem als Gewerbetreibender bereits bei dieser Vorstellung das nackte Grausen kommt, der möge sich innerlich schon vorbereiten: Es wird noch viel schlimmer kommen. Bislang nämlich haben wir uns nur mit der Auseinandersetzung des Anbieters mit dem Kunden als Einzelperson beschäftigt. Doch im Internet werden Kunden künftig immer häufiger gemeinsam auftreten. Kollektives Feilschen ist heute angesagt.

Das eBay-Modell: Der Kunde bestimmt den Preis

Der beste Beweis für die Bereitschaft der Endverbraucher, sich alternativer Wege zum Preis zu bedienen, ist der ungeheure Erfolg von Internet-Versteigerungen. Online-Auktionshäuser wie eBay in Amerika, QXL.com in Großbritannien und hood.de in Deutschland zählen heute zu den erfolgreichsten, auf jeden Fall zu den meistbesuchten Websites überhaupt. Einer Umfrage der Hamburger Statista GmbH aus dem Sommer 2009 zufolge antworteten

49 Prozent der Onliner in Deutschland auf die Frage „Nehmen Sie im Internet an Auktionen teil?" mit einem klaren „Ja!"

Auktionen sind in einem interaktiven System wie dem Internet ja auch die absolut mediengerechte Form der Preisfindung. Da Anbieter und Abnehmer gleichberechtigt miteinander kommunizieren können, war es noch nie so einfach, Angebote einem breiten Publikum zu präsentieren und durch inkrementelles Bieten zu veräußern.

Im Gegensatz zu „richtigen" Auktionen, zu denen sich die Bieter in aller Regel physikalisch hinbewegen müssen (abgesehen von jenen mysteriösen telefonischen Geboten, die bei den großen Auktionen von Sotheby's oder Christie's oft den Zuschlag bei besonders wertvollen Kunstgegenständen bekommen), kann jeder Interessent mit einem Internet-Anschluss bequem von zu Hause aus am Bildschirm mitbieten, und zwar wann immer er gerade möchte: Online-Auktionen laufen nämlich meistens über mehrere Tage oder sogar Wochen, wobei zum vereinbarten Abschlusstermin der höchste Bieter den Zuschlag bekommt. Die meisten professionell organisierten Online-Auktionen geben dem Kunden außerdem die Möglichkeit, sich per E-Mail benachrichtigen zu lassen, sobald er überboten worden ist, damit er, wenn er will, noch eins draufsetzen kann.

Die Popularität von Auktionen im Internet erklärt sich aber zum Teil auch aus der Tatsache heraus, dass im Grunde jeder auch als Anbieter auftreten kann. Die meisten Auktionshäuser im Internet erlauben Privatpersonen, kostenlos so viele Gegenstände zur Versteigerung auszurufen, wie sie wollen. Nur gewerbliche Anbieter zahlen eine Prämie, aus der sich die Unternehmen zusammen mit Werbeeinnahmen finanzieren. Seitdem räumen die Leute weltweit ihre Speicher, um jene ungeliebten Gegenstände, von denen man sich aber immer erhofft hat, dass sie eines Tages etwas wert sein könnten, an wildfremde Menschen zu veräußern. Dort landen sie vermutlich wieder im Speicher, bis sie dann abermals versteigert werden – eine neue Wertschöpfungskette entsteht.

Das eigentlich Interessante am Preisfindungsmodell der Versteigerung ist jedoch die Tatsache, dass es nicht nur von speziellen

Online-Auktionshäusern verwendet werden kann, sondern im Grunde von jedem, der als Anbieter im Marktplatz für Electronic Commerce auftreten möchte. Der Online-Buchhändler Amazon führte kürzlich eine eigene Abteilung ein, die sich auf die Versteigerung alter Bücher konzentriert, und hat auch schon angekündigt, andere Produkte wie Musik-CDs oder Parfüms auf diesem Wege anbieten zu wollen. Es ist da sicher nur eine Frage der Zeit, bis andere Anbieter nachziehen und ebenfalls alles vom Automobil bis zur Ziehharmonika gegen Gebot statt gegen feste Preise offerieren.

Herstellern bieten Online-Auktionen die Möglichkeit, Überschüsse abzubauen und Ladenhüter loszuwerden, und zwar ohne Einschaltung ihrer regulären Handelspartner. Da der Anbieter einer Ware anonym bleiben kann, bleibt dem Hersteller auch die Peinlichkeit erspart, zugeben zu müssen, dass er sich an solchen Verramsch-Aktionen beteiligt. Für Hersteller und Händler eignen sich Auktionen im Internet darüber hinaus gleichermaßen als Testmärkte für neue Produkte, bei denen man sich über den marktgerechten Preis noch etwas unsicher ist. Indem man einen relativ niedrigen Aufrufpreis vereinbart und dann das Kundenverhalten genau beobachtet, lässt sich einiges über die vermutliche Marktakzeptanz lernen, ohne das Risiko einer breiten Markteinführung zu einem entweder zu hohen oder – aus Anbietersicht genauso schlimm – zu niedrigen Preis eingehen zu müssen.

Neben der klassischen Form der Versteigerung, bei der die zu erwerbenden Gegenstände vom Anbieter festgelegt werden und die Gebote inkrementell ansteigen, setzt sich im Internet auch die umgekehrte Art der Versteigerung immer mehr durch, auch „Dutch auction" oder „reverse auctioning" genannt. Dabei bestimmt der potenzielle Käufer, was er erwerben möchte und wie viel ihm das Ganze wert wäre. Erst wenn sich ein geeigneter Anbieter dazu entschließt, auf den Preisvorschlag des Kunden einzugehen, kommt ein Geschäft zustande.

Der prominenteste Vertreter dieser „Auktion verkehrt" ist die US-Firma Priceline, die es innerhalb von nur zwei Jahren geschafft hat, die Art und Weise zu revolutionieren, wie viele Amerikaner zu

Flugtickets, Hotelzimmern, Autos und sogar zu Hypotheken fürs Häuschen kommen. So ganz nebenbei hat Jay Walker, Chef und Mitbegründer von Priceline, mit dem Börsengang seines Start-up-Unternehmens über Nacht ein Milliardenvermögen gemacht.

Das traditionelle E-Commerce-Modell sieht bekanntlich vor, dass ein Anbieter seine Ware oder Dienstleistung zu einem bestimmten Preis im Markt anbietet. Der Kunde kann kaufen oder es sein lassen. Priceline dreht das Modell herum und erlaubt es einem einzelnen Kunden, seinen Bedarf einer Gruppe von Anbietern mitzuteilen, die entscheiden, ob sie das Geschäft machen wollen oder nicht. Eine Fluggesellschaft zum Beispiel kann entscheiden, ob sie den Fluggast für, sagen wir, 200 Dollar von New York nach Los Angeles befördern will, oder ob sie den Sitz lieber leer an die Westküste fliegt.

Walker selbst spricht von einem „Bedarfsvermittler", denn Priceline bietet einen Mechanismus, um Bedarf im Markt zu sammeln und an potenzielle Befriediger weiterzuleiten. Priceline selbst verkauft nichts, sondern stellt beiden Seiten – Kunde und Anbieter – nur eine bislang unbekannte Form der Dienstleistung zur Verfügung. Wenn ein Kunde beispielsweise über Priceline ein Angebot abgibt, dann sagt er lediglich, zu welchem Preis er bereit wäre, eine bestimmte Ware oder Leistung abzunehmen, etwa einen Flug von Punkt A nach Punkt B, eine Reservierung in einer bestimmten Hotelkategorie zu einem ganz bestimmten Zeitpunkt oder ein bestimmtes Automodell. Offen bleibt dabei, um wie viel Uhr er fliegen will oder welche Farbe der Wagen haben wird.

Das System bringt dem Anbieter eine Reihe von Vorteilen. So sieht er zum ersten Mal, welchen latenten Bedarf es in seinem Markt gibt, nämlich Bedarf, der sich unterhalb der etablierten Preislimits bewegt und mit dem er deshalb bislang nie in Berührung gekommen ist. Wer geht heute schon in einen Laden und sagt: „Ich würde Ihr Produkt ja kaufen, aber nur, wenn es billig genug wäre." Das Angebot des Kunden ist außerdem verbindlich: Geht ein Anbieter auf den Preisvorschlag ein, wird der Betrag von Priceline gleich über die Kreditkarte eingezogen. Es handelt sich also um tatsächlichen Bedarf, mit dem der Anbieter fest rechnen kann.

Gleichzeitig genießt der Anbieter im System von Priceline aufgrund seiner Anonymität ein paar wichtige Vorteile: Erstens wird das Markenimage des Anbieters geschützt, da nicht ersichtlich ist, dass er sein Produkt gelegentlich auch mal etwas billiger verkauft. Zweitens wird das „offizielle" Preisgefüge des Anbieters geschützt, da er nicht selbst mit Schnäppchenpreisen werben muss; Priceline besorgt das für ihn.

Der zweite Punkt ist deshalb wichtig, weil bei traditionellen Sonderangeboten immer die Gefahr besteht, dass ein Kunde davon Gebrauch macht, der sonst bereit gewesen wäre, den vollen Preis zu bezahlen. Dafür muss der Anbieter mit dem Risiko leben, dass Priceline mit seinem Informationsangebot die traditionelle Rolle von Marken überflüssig macht und damit Anbieter ihres Profils im Markt beraubt.

Walker selbst zog in einem Interview mit der *Harvard Business Review* diese angebliche Bedeutung von Markenbekanntheit in Zweifel. Seiner Ansicht nach besitzen die meisten Konsumenten keine allzu tiefe Markenloyalität; sie bevorzugen lediglich bestimmte Marken, solange der Preis stimmt. Ist das Produkt der Stammmarke zu teuer, wird ohne Skrupel gewechselt.

Darin liegt die eigentliche Stärke des Priceline-Modells, denn es erlaubt es dem Verbraucher, selbst anzugeben, wo für ihn die preisliche Schmerzgrenze liegt, oberhalb der er zum Markenwechsel bereit ist. Außerdem entkoppelt Priceline das physische Produkt vom Preis. Walker prophezeit deshalb, dass ähnliche Negativ-Auktionsverfahren bald für Tausende von Produktgattungen und Dienstleistungen verwendet werden. Voraussetzung ist lediglich, dass der Kunde ein gewisses Maß an Flexibilität mitbringt.

Im Grunde ist das natürlich nicht wirklich neu: Schon heute ist mancher bereit, beispielsweise beim Kauf eines Fernsehers oder eines Gebrauchtwagens gewisse Wegstrecken in Kauf zu nehmen, wenn er dafür, sagen wir, 500 Euro sparen kann. Ganz neu ist aber die Möglichkeit, sich per Internet über eine Vielzahl von Alternativen zu informieren und sich dann maßgeschneiderte Produktangebote – und Preise – zusammenstellen zu lassen.

Allerdings kann die Suche nach Schnäppchen im Internet eine

zeitraubende Sache sein. Hilfe bei der Suche nach der Stecknadel im elektronischen Heuhaufen verspricht deshalb eine neue Generation von Preisagenten, professionelle Rechercheure, die normalerweise im Auftrag von Firmen und Industriekunden regelmäßig nach günstigen Angeboten Ausschau halten und die sich mittlerweile häufig auch als Verbraucheranwälte zu profilieren versuchen.

Preisvergleich per Mausklick

Das konventionelle Geschäftsmodell von Preisagenturen lässt sich wunderbar aufs Internet übertragen: Der Kunde gibt eine Suche nach einem ganz bestimmten Produkt in Auftrag und sagt gleichzeitig, wie viel er bei sich zu Hause für das Objekt seiner Begierde bezahlen müsste. Nur wenn es dem Agenten gelingt, einen günstigeren Anbieter zu finden, ist eine Provision fällig, wobei in der Praxis die Differenz zwischen Kunde und Agent geteilt wird. 50 Prozent, so die Erfahrung, sind immer noch für den Abnehmer ein gutes Geschäft, denn er „bezahlt" sie ja aus dem Ersparten. Bei größeren Anschaffungen – Autos, Immobilien – sind geringere Provisionsmargen üblich.

Allerdings sind die Honorarsätze der Agenten inzwischen gewaltig unter Druck geraten. Während es sich bei der klassischen Preisagentur im Internet immer noch um eine von Menschen erbrachte und deshalb relativ teure Dienstleistung handelt, nutzen Neulinge in der Branche die moderne Technik von Computer und Internet, um den Suchvorgang weitestgehend zu automatisieren. Intelligente Softwareroboter durchkämmen mittlerweile die Weiten des Cyberspace im Kundenauftrag und melden Fundstellen mit besonders günstigen Angeboten per Mail oder Web an den Auftraggeber, ohne dass ein menschlicher Berater eingeschaltet werden muss.

Inzwischen gibt es auch in der Bundesrepublik eine ganze Reihe solcher Online-Agenturen, die sich zum Teil auf einzelne Produktkategorien spezialisiert haben wie zum Beispiel „Preiscomputer" (www.preiscomputer.de), der zu fast jedem beliebigen PC-Produkt den billigsten Lieferanten verrät. Ein Test der Hamburger PC-Fachzeitschrift *Computer Bild* ergab allerdings eine seltsame Häufung der Namensnennung von fünf großen Computer-Versandhäusern, was gewisse Zweifel an der Unabhängigkeit des Dienstleisters von der Industrie aufkommen lässt. Andere wie „Aspect Online" verfügen über umfangreiche Datenbanken mit Bankkonditionen. Aber auch bei solchen Alltagsprodukten wie Lebensmittel kann der Kunde heute Preise per Internet vergleichen lassen: Ähnliche Schnäppchenführer finden sich zum Beispiel für Handytarife, Internet-Provider oder Stromanbieter.

Diese Unternehmen handeln nicht selbst mit Waren, sondern bieten dem Kunden lediglich Orientierungshilfe im unübersichtlichen Dschungel der Internet-Angebote konventioneller Handelsfirmen. Dabei wird die Navigation selbst zum Geschäftsmodell.

Das Ende der Servicewüste

Jahrelang galt der Dienstleistungssektor in Deutschland im internationalen Vergleich als Notstandsgebiet. Doch dank innovativer Konzeptideen und neuartiger Geschäftsmodelle blüht der sogenannte tertiäre Bereich auf und entwickelt sich dabei immer mehr zum Wachstumsmotor, frei nach dem Motto: Service lohnt sich doch!

Der Mann, der vor zehn Jahren den Begriff der „Servicewüste" geprägt hat, heißt Minoru Tominaga. Der gebürtige Japaner schrieb 1998 den Bestseller *Die kundenfeindliche Gesellschaft*. Fast über Nacht stieg er zum personifizierten schlechten Gewissen einer ganzen Nation auf. „Dienen ist keine deutsche Tugend", unkte der *Spiegel*. Und der damalige Bundeswirtschaftsminister Dr. Werner Müller (parteilos) rügte: „Die fehlende Servicekultur ist eine ernste Gefahr für den Standort Deutschland."

Wenn sich Tominaga heute umschaut, sieht er blühende Landschaften. „Es hat sich hier viel getan in den letzten zehn Jahren. Auf einmal gibt es eine richtige Servicekultur", stellt er erstaunt fest. Zumindest sei aus der Wüste in einigen Bereichen eine „blühende Servicelandschaft" geworden, bestätigte im April 2008 auch das Institut für Demoskopie Allensbach. In einer Rangliste der Dienstleister Deutschlands schnitten Apotheker (87 Prozent), Friseure (83) und Bäcker (82) am besten ab. In einigen Branchen war der Aufholprozess enorm. So legten die Buchhändler zwischen 2002 und 2008 um gewaltige 20 Punkte von 57 auf 77 Prozent zu. Hotels, vor sechs Jahren noch mit 43 Prozent in der unteren Tabellenhälfte zu finden, legten auf 67 Prozent zu, Taxifahrer von 36 auf 60 Prozent. Schlusslichter in der deutschen Dienstleisterskala bilden die Deutsche Bahn (19 Prozent) und die Telekom, die das Kunststück fertigbrachte, sich als einzige Branche gegenüber 2002 sogar zu verschlechtern – von 22 auf 19 Prozent.

Die Deutschen – doch ein Volk von (Be-)Dienern? Wohl kaum. Eher spiegelt sich in dieser Entwicklung die gewachsene volkswirtschaftliche Bedeutung der Dienstleistung in der postindustriellen Gesellschaft wider, wie Experten meinen. Mit dem technischen Fortschritt und der Steigerung der Arbeitsproduktivität, so eine Analyse des Statistischen Bundesamtes in Wiesbaden, sei es in den vergangenen Jahrzehnten in Deutschland zu einer tief greifenden Strukturveränderung gekommen, von der vor allem der Servicesektor profitiert hat. Waren 1970 erst 45 Prozent der Erwerbstätigen im Dienstleistungsbereich tätig, so sind es heute über 72 Prozent. Damit schließt Deutschland fast schon zu der führenden Dienstleistungsnation der Welt, den USA, auf, bei denen die Dienstleistungsquote aktuell bei über 80 Prozent liegt.

Das explosive Anwachsen des „tertiären Sektors" (ein Begriff, den der französische Ökonom Jean Fourastié in den 30ern prägte; die beiden anderen sind „Rohstoffgewinnung" und „Rohstoffverarbeitung") hat vor allem den Bereich der sogenannten „Professional Services" umgekrempelt: Firmen, die anderen Firmen lästige oder unrentable Arbeitsgänge abnehmen oder durch innovative Serviceleistungen Mehrwert schaffen.

„Der Wunsch vieler Unternehmen, Dienstleistungen durch Outsourcing zu externalisieren, haben den Bereich der Professional Services zu einer Boom-Branche gemacht", glaubt Gustav

Greve, Unternehmensberater aus Berlin und früherer Chef der Prognos AG. „Um selbst wettbewerbsfähig zu bleiben sowie die Bonitätsanforderungen und Renditeerwartungen ihrer Kredit- und Kapitalgeber zu erfüllen, sind die Kunden von professionellen Dienstleistern gezwungen, ihre Kosten weiter zu flexibilisieren und ihre Ertragskraft deutlich zu steigern. Die Unternehmenskunden erwarten folglich von den Serviceanbietern effiziente Problemlösungen – und damit einen spürbaren Professionalisierungsruck." Wer nur im Wettbewerb mitschwimme, laufe Gefahr, unterzugehen.

> **FALLBEISPIEL:**
> **Kromi AG: Vom Handelshaus zum Serviceunternehmen**
>
> Die Hamburger Kromi AG ist für ihn ein gutes Beispiel für ein mittelständisches Unternehmen, das die Zeichen der Zeit erkannt und sich von einem altmodischen Handelshaus zu einem professionellen Serviceanbieter gemausert hat – mit überwältigendem Erfolg. Als „Krollmann und Mittelstädt" verkaufte man seit 1964 vor allem Zerspanungswerkzeuge für den Maschinenbau. Ende der 90er begannen die Margen aufgrund der Konkurrenz aus Fernost zu sinken. Die Firmeneigner entschlossen sich deshalb im Jahr 2000 zu einem radikalen Schnitt: Statt Fräsköpfe, Schneidwerkzeuge und Bohraufsätze verkauft man heute den Kunden ein komplettes Logistikkonzept einschließlich Einkauf, Disposition, Wareneingang, Lager und Warenausgabe.
> Zuerst wird der Werkzeugbedarf ermittelt. „Wir verpflichten uns, dafür zu sorgen, dass immer das passende Werkzeugteil zur Hand ist, wenn es gebraucht wird", sagt Finanzvorstand Uwe Pfeiffer. Dazu stellt Kromi Automaten, sogenannte „Kromi Tool Center" (KTC) beim Kunden auf. Die Mitarbeiter des Kunden können sich am Bedienpult per Chipkarte identifizieren und erhalten so Zugang zum aktuellen Warenbestand. Auf Knopfdruck erfolgt die Ausgabe in den Werkzeugschacht. Das KTC arbeitet als Konsignationslager, bei dem alle Artikel erst bei deren Entnahme gebucht werden.

Bezahlt wird nur für das, was tatsächlich verbraucht wird. „Aus der Analyse der Zahlen können wir Rückschlüsse ziehen und damit dem Kunden helfen, seinen Produktionsprozess zu verbessern", behauptet Pfeiffer. Ergebnis: „Wir sprechen mit unseren Kunden heute nicht mehr über den Preis, sondern darüber, wie viel er sparen kann."

Die Botschaft kam an. Schon bald hatte der neue Unternehmensbereich „Werkzeug-Logistik" das traditionelle Handelsgeschäft überholt. Innerhalb von sechs Jahren stieg der Umsatz von null auf 43 Millionen. Und Kromi will „genauso schnell oder noch schneller weiterwachsen", sagt Pfeiffer. Doch gerade der große Erfolg begann Probleme zu machen: Die Eigenkapitalquote konnte nicht mit dem weit überdurchschnittlichen Wachstum Schritt halten. Deshalb entschloss man sich 2001 zum Börsengang, was genug Geld in die Kasse schwemmte, um das Expansionstempo halten zu können.

„Gerade im Dienstleistungsbereich ist das Thema Finanzierung besonders kniffelig", sagt Pfeiffer. Mit der Hamburger Sparkasse (Haspa) als neue Hausbank habe man das Glück gehabt, einen engagierten und kompetenten Berater zu finden, der „tief in das Unternehmen einsteigt und uns sehr profunde Analysen über unsere Performance liefert", wie Pfeiffer bestätigt. „Uns hat das Konzept überzeugt", sagt sein Firmenkundenbetreuer Markus Althoff von der Haspa, „außerdem haben wir Vertrauen zu den handelnden Personen bekommen. Denn um ehrlich zu sein: Nur anhand der Zahlen von damals hätte sich wahrscheinlich jede neue Bank schwergetan, in ein nicht unwesentliches Kreditengagement hineinzugehen."

Service als Chance für Existenzgründer

Die Kapitalknappheit ist für viele angehenden Profidienstleister das größte Problem, bestätigt Martin Lambert, Mittelstandsexperte des Deutschen Sparkassen- und Giroverbands (DSGV) in Berlin. Die Eigenkapitalquote im Mittelstand habe sich gerade im vergangenen Jahr stark verbessert und liege aktuell bei rund 15 Prozent der Bilanzsumme. In einzelnen Branchen liege sie aber nach wie vor gefährlich niedrig, was die Wachstumsmöglichkeiten bremst. Laut Branchenreport des Deutschen Sparkassenverlags (DSV) liegt die Quote beispielsweise bei Reinigungsbetrieben bei 10,7 Prozent der Bilanzsumme – zwar deutlich mehr als noch vor ein paar Jahren, aber immer noch nicht zufriedenstellend angesichts der Herausforderungen, vor denen gerade die kleinen und mittleren Dienstleistungsunternehmen stehen.

Andererseits bietet der Servicesektor gerade Existenzgründern häufig attraktive Nischen, in denen sie Kapitalkraft durch Ideen, Initiative und Eigenleistung ersetzen können. Der Anwalt Achim Heuser aus Duisburg hat die steigende Nachfrage nach Dienstleistungen für Manager im Auslandseinsatz erkannt und berät jetzt deutsche Unternehmen, die Mitarbeiter ins Ausland entsenden, ebenso wie ausländische Unternehmen, die ihre Mitarbeiter nach Deutschland versetzen wollen. Er hilft beim Besorgen von Visa und Arbeitserlaubnissen und steht notfalls rund um die Uhr bereit, falls der Kandidat an der Grenze Probleme hat.

Ein weiterer Schlüssel zur neuen Dienstleistungskultur liegt in der technischen Innovation der letzten Jahre begründet: Das Internet wird es dem Dienstleister in Zukunft erlauben, sich jederzeit mit seinem Büro – wenn er noch eines hat – mit den Kollegen und vor allem mit seinen Kunden zu vernetzen. Auf diese Weise kann das Serviceunternehmen ebenso schnell wie kompetent auf die Kundenanforderungen reagieren. Darüber hinaus bietet die elektronische Vernetzung mit komplementären Partnern auch vergleichsweise kleinen Serviceanbietern die Chance, das Leistungsspektrum eines größeren Serviceunternehmens anzubieten. So können ganz neue Lösungsangebote kreiert werden, bei denen der

Kunden direkt in den Serviceprozess integriert wird und dabei schneller und kostengünstiger zum Ziel kommt als mit einer konventionellen Dienstleistung. Immer mehr Kunden nutzen zum Beispiel die Möglichkeit, den aktuellen Stand einer bestellten Ware über sogenannte Trackingsysteme per Internet zu verfolgen. Die Transparenz der Serviceprozesse macht damit zunehmend den Unterschied im Wettbewerb.

Ein anderer Unterscheidungsfaktor ist Beratungskompetenz. „Guter Service braucht gute Leute", behauptet Jürgen Dawo, Gründer und Chef von Town & Country Haus in Behringen in Thüringen. Seine Firma (Jahresumsatz 2009: 350 Millionen Euro) hat sich auf das Komplettangebot von Massivbauhäusern für Normalverdiener im unteren Preissegment spezialisiert, die über ein Netz von insgesamt 280 Franchisepartnern vertrieben werden. Mit einem ausgeklügelten Paket von Dienstleistungen rund um die Themen Bauen und Wohnen wird dafür gesorgt, dass dem frischgebackenen Hausbesitzer alle Sorgen um die Finanzierung, um seine finanzielle Sicherheit und die Abwicklung abgenommen werden, etwa durch das Angebot einer Baufertigstellungsgarantie sowie durch die Einführung von Baugeldkonten, die von Wirtschaftsprüfern treuhändisch verwaltet werden.

Ein dichtes Netz an Partnerschaften und Kooperationen also, und „das setzt qualifizierte Berater voraus", sagt Dawo. Er hat deshalb den „TC Campus" ins Leben gerufen, eine Fortbildungs- und Qualifizierungsplattform im Internet, über die bis zu 160 Partnerschulungen im Jahr angeboten werden. Dazu kommen vierteljährliche Gesamt- und Regional-Workshops. „Das ist für uns gelebte Partnerschaft", sagt Dawo, und die sei im heutigen Dienstleistungsgeschäft nun mal unverzichtbar.

Das wichtigste Erfolgskriterium von allen aber, davon ist „Servicewüsten"-Erfinder Minoru Tominaga überzeugt, ist Kreativität und Ideenreichtum. Und darin seien die Deutschen wirklich Weltspitze: „Die Deutschen sind sehr gut, wenn es darum geht, neue Ideen umzusetzen", sagt der Japaner mit einem Lächeln, „und da macht ihnen keiner so schnell etwas vor ..."

KAPITEL 6

E-Marketing: Neue Töne aus dem Netz

Dialog statt Monolog

Wer den neuen Kunden für sich gewinnen will, muss nicht nur genau wissen, was der will. Er muss auch den richtigen Ton treffen. Werbung und Marketing gehören zu den Bereichen, die in den nächsten zehn Jahren vielleicht die weitreichendsten Veränderungen von allen erleben werden. Denn Digitalisierung und Vernetzung stellen hier fast alle überkommenen Spieregeln auf den Kopf.

Das betrifft vor allem die Kundenansprache. Im Gegensatz zu allen anderen Massenmedien (Zeitung, Radio, Fernsehen) ist die Kommunikation per Internet keine Einbahnstraße. Das hat drei sehr weitreichende Folgen:

- Erstens ist der Empfänger einer Werbebotschaft nicht mehr stummer Leser, Hörer oder Zuschauer, sondern ein aktiver Beteiligter. Er verfügt über einen Rückkanal, kann also antworten, kommentieren, widersprechen, Gegenvorschläge machen oder sogar feilschen. Das Internet-Zeitalter ist ein Zeitalter des Dialogs, und der Kunde hat darin das letzte Wort.
- Zweitens ist in Zukunft jeder Kunde eine Zielgruppe und will ganz persönlich und individuell angesprochen werden. Wer noch, wie die meisten Werber und Marketingprofis, gewohnt ist, in mehr oder weniger riesigen und amorphen „Zielgruppen" zu denken, wird zwangsläufig Schiffbruch erleiden.
- Drittens – und das ist für den Werbetreibenden das Positive – lässt sich in einer vernetzten Wirtschaft ganz genau belegen, ob eine Botschaft angekommen ist. Werbung wird also endlich messbar!

Früher war alles viel einfacher. Man setzte eine Anzeige in die Zeitung oder ließ einen Fernsehspot drehen, und schon lief der Laden. Ob er besonders gut oder schlecht lief oder ob man vielleicht mit einer anderen Werbebotschaft mehr Geschäft gemacht hätte, wusste man zwar nicht so genau, aber letztlich war es egal, denn dem Wettbewerber ging es ja genauso.

Im Laden dagegen lief das Ganze völlig anders ab: Der Verkäufer war darauf geschult, den Kunden in ein Gespräch zu verwickeln, in dessen Verlauf es ihm, wenn er geschickt genug gefragt hat, langsam klar wurde, was der Kunde will und wie viel er dafür zu bezahlen bereit wäre. Im Grunde also eine viel wirkungsvollere Art zu verkaufen, die nur einen kleinen Nachteil hatte: Sie funktionierte nur bei einem einzigen Kunden auf einmal. So war die Menge von Verkaufsabschlüssen, die ein einzelner Verkäufer an einem Tag tätigen konnte, von Anfang an sehr begrenzt.

Aber vielleicht könnte man ja beides miteinander verbinden, fragten sich findige Unternehmen – und erfanden das sogenannte Direktmarketing. Das war wie Massenwerbung, nur wirkte es persönlicher, denn es sah ja aus wie ein Brief und kam auch mit der Post. Da stand eine freundliche Anrede, „Sehr geehrter Herr Maier", aber ob Herr Maier wirklich an dem angepriesenen Produkt interessiert war, wusste der Absender natürlich nicht. Vielleicht hatte er einen begründeten Verdacht, weil seine Marktforscher herausbekommen hatten, dass Menschen wie Herr Meier eigentlich so ein Produkt gut gebrauchen könnten. Aber ob Herr Meier gerade in Kauflaune war, ob er gerade genug Geld hatte oder ob er nicht womöglich das gleiche Produkt kürzlich bereits erstanden hatte (womöglich vom Anbieter selbst), das wusste er nicht. Also kalkulierte er einen gewissen Schwund in seine Direktmarketingaktion ein. Ziemlich viel Schwund sogar: Wenn zwei bis drei Promille aller Angeschriebenen sich tatsächlich zum Kaufabschluss bewegen ließen, wurde das früher von Werbeprofis als Erfolg gefeiert.

Direktmarketing wurde jedenfalls ein Riesenerfolg – ein so großer Erfolg, dass laut „Dialog Marketing Monitor 2008" der Deutschen Post deutsche Unternehmen 2007 mehr als 32,7 Milliarden Euro in Direktmarketing investierten, mehr als zwei Drittel der gesamten Werbeaufwendungen. Die Ausgaben für Mailings, Werbe-SMS und Telefonmarketing wuchsen jahrelang stärker als der Gesamtwerbemarkt.

Der Kunde bekommt einen Rückkanal

Doch dann kam das Internet, und alles wurde anders. Statt Einbahnstraße war auf einmal echter Dialog mit Massen von Kunden machbar – und die Kunden begannen, danach zu verlangen. Und Firmen mussten umlernen: Statt platter, auf den kleinsten gemeinsamen Nenner aller Bedürfnisse und Geschmacksrichtungen ausgerichteter Werbesprüche war es auf einmal nötig, den einzelnen Kunden persönlich anzusprechen und auf seine ganz persönlichen Wünsche und Vorlieben einzugehen.

Der Offenbacher Internet-Guru und Kommunikationswissenschaftler Ossi Urchs glaubt, dass die Interaktivität ein „Massenmedium neuen Typs" hervorgebracht hat, und dass die Personalisierung der Kundenkommunikation das herkömmliche Verständnis von Werbung in seinen Grundfesten erschüttern wird. Lieb gewordene Begriffe aus der Werbesprache wie „Reichweite" oder „Medienleistung" verlieren in der vernetzten (Werbe-)Wirtschaft ihre Relevanz, sie werden ersetzt von Ausdrücken wie „Aufmerksamkeit" oder „Profilierung". Aber die alte Generation von Marketingprofis tut sich nach wie vor schwer mit der neuen Wirklichkeit. Laut Urchs haben die Nutzer dagegen „im Gegensatz zu den Werbern inzwischen begriffen, wie das Internet eigentlich gemeint war und funktioniert. Sie haben verstanden, dass sie in diesem Massenmedium neuen Typs sowohl Sender als auch Empfänger sind und so mit jedem anderen in Austausch treten können."

Ein solcher Wandel im Kommunikationsverhalten kann nicht ohne Folgen bleiben. „Jede nicht zu diesem interaktiven Kommunikationszusammenhang passende und gehörende Information wird als Störung oder gar als Unterbrechung des Austauschs empfunden", glaubt Urchs, „sie wird schlicht ausgeblendet." Das zeigt sich dann im World Wide Web in den sogenannten „Click-Through-Raten", wenn der Besucher einer Website bei plumpen Werbebannern einfach mit einem Mausklick weitersurft und die ganze schöne (und teure) Werbebotschaft wirkungslos verpuffen lässt.

Für den Anbieter beziehungsweise den Werbetreibenden bedeutet das nicht mehr und nicht weniger, als dass er gezwungen sein wird, jeden einzelnen Kunden wie eine ganz eigene Zielgruppe zu behandeln. Beim Dialogmarketing liegt der Schwerpunkt, wie der Begriff schon sagt, auf einer von zwei „Gesprächspartnern" gesteuerten Kommunikationskette mit vielen kleinen aufeinanderfolgenden Teilschritten. Das ist natürlich sehr aufwendig und zeitraubend – aber es führt nun mal kein Weg daran vorbei.

Die Erfahrungen, die Firmen mit diesem neuen Typ von Massenmedium machen, sind nicht nur positiv. Das liegt in der Natur eines offen geführten Dialogs, denn er eröffnet dem Kunden völlig neue Möglichkeiten, seinen Ärger oder seine Unzufriedenheit loszuwerden. Der direkte Draht zum Anbieter gibt dem Kunden also die Möglichkeit, dem Anbieter unverblümt die Meinung zu sagen. Gleichzeitig ist er plötzlich in der Lage zu sehen, ob der Anbieter die Kritik ernst nimmt oder ob er sie einfach ignoriert. Eine unbeantwortete E-Mail kann also für den Anbieter fatale Folgen haben, denn sein Kunde ist sauer – und er hat im Massenmedium neuen Typs die Möglichkeit, seine Verärgerung vielen anderen Kunden mitzuteilen. Der geschäftliche Schaden ist also unter Umständen immens. Aktives Beschwerdemanagement rückt damit im Unternehmen 2020 in den Mittelpunkt des Marketings, wobei sich wenigstens eine alte Lehre aus der Vor-Internet-Zeit bis in diese hinein bewahrt hat: Ein verärgerter Kunde, der zufriedengestellt worden ist, ist anschließend meistens der treuste Kunde überhaupt!

Online-Communitys: Vertrauen schafft Stammkunden

In Kapitel 2 sind wir bereits ausführlich auf sogenannte Online-Communitys eingegangen: soziale Netzwerke, die entweder spontan irgendwo im Internet entstehen oder die vom Unternehmen selbst angestoßen werden, um Kunden eine Plattform zum Erfahrungsaustausch und zur gegenseitigen Hilfestellung zu geben. Ein Aspekt von Online-Communitys verdient es allerdings, an dieser Stelle im Kontext von Werbung und Marketing, besonders hervorgehoben zu werden: Eine funktionierende Community kann dem Anbieter einer Ware oder Dienstleistung viel Arbeit abnehmen im Bereich Kundensupport und Beratung. Gerade die langjährigen Kunden sind heute oft erstaunlich gut informiert – oft besser als selbst der versierte Verkäufer im eigenen Unternehmen. Der Grund ist ebenso einfach wie einleuchtend: Ein Kunde kann sich mehr oder weniger unbegrenzt Zeit nehmen, sich in das Produkt, seine technischen Aspekte und das Marktumfeld zu vertiefen. Der Verkäufer hat diesen Luxus nicht: Er muss ja verkaufen.

Beim Anbieter fahrrad.de (siehe Fallbeispiel Seite 130) beantworten Kunden auch knifflige Fragen anderer Kunden, beispielsweise Montagetipps oder Reparaturanleitungen. Mitglieder der Online-Community sind nach Auskunft der Firmenleitung „die besten Kundenberater". Das entlastet die Mitarbeiter im Vertrieb und hilft dem Unternehmen, Supportkosten zu sparen.

Problematisch wird der Fall allerdings, wenn der Kunde allzu unverblümt seine Meinung sagt, zum Beispiel wenn er Konkurrenzprodukte auf der Website eines anderen Anbieters empfiehlt. Das lässt sich leider nicht verhindern, denn Eingriffe in den Meinungsaustausch innerhalb einer vitalen Kunden-Community werden von diesen als Zensur empfunden und können zu extrem negativen Reaktionen bis hin zum Boykott führen. Wer glaubwürdig bleiben will, muss die Diskussion in der Community gefühlvoll lenken – denn Glaubwürdigkeit ist in einer Community bekanntlich das Allerwichtigste. Andererseits: Wenn die Kunden zufrieden sind, regeln sich die meisten Probleme erfahrungsgemäß von ganz alleine.

Rechnet sich der Aufwand für den Betrieb einer Online-Community? Auf diese Frage gibt es keine einfache Antwort. Schließlich will der Betreiber am Ende des Tages ja Geld verdienen. Community-Mitglieder suchen Kontakt, Tipps und Empfehlungen anderer Mitglieder. Plumpe Verkäufe, etwa in Form von unkritischen Werbetexten oder marktschreierischen „Schnäppchenangeboten", haben oft die genau gegenteilige Wirkung. Es mag sein, dass aus der Community heraus Nachfrage entsteht, aber der Effekt ist eher indirekt: Das Unternehmen schafft Vertrauen, und Vertrauen schafft Stammkunden.

> **FALLBEISPIEL:**
> **fahrrad.de: Das Unternehmen bekommt ein Gesicht**
>
> Insbesondere mit schonungsloser Kritik von Kunden tun sich viele Unternehmen schwer. „Natürlich ist die Kritik oft überzogen, aber auch damit muss man sich auseinandersetzen", sagt Stefan Grunegger vom Esslinger Handelsunternehmen fahrrad.de. Seine Berufsbezeichnung („Web-2.0-Manager") verrät, wie er zugibt, schon einiges über die Einstellung seines Unternehmens zum neuen „Mitmach-Internet". In seinem Kundenforum ist „bis auf Gossensprache oder persönliche Beleidigung" alles erlaubt. Dafür führe er die Community „recht eng": Er und seine Kollegen vom Vertrieb schauen täglich mehrmals auf die Seiten, nehmen Stellung oder versprechen Abhilfe, wenn der Fehler auf ihrer Seite liegt. Wichtig sei es, „die Leute nicht wegzubügeln, sondern ernst zu nehmen". Im Gegenzug erhält der Händler ungefiltertes Feedback vom Markt: „Ich erfahre Dinge über meine Produkte, die würde ich sonst im Leben nie mitbekommen", sagt Grunegger. Vorteil: Er kann mitreden und gegensteuern. Im Ernstfall heißt das aber auch, dass der Unternehmer ein Produkt aus dem Sortiment nehmen muss, weil die Kritik daran gerechtfertigt war. Solche marktgesteuerte Produktpolitik ist aber für die meisten Anbieter heute immer noch unvorstellbar.
> Im Fall von fahrrad.de lässt sich der Erfolg der Online-Community allerdings direkt messen: Das Unternehmen hat es geschafft, den Umsatz Jahr für Jahr fast zu verdoppeln,

allein 2007 von acht auf 14 Millionen Euro. Um die rasant steigende Nachfrage bedienen zu können, sah sich der Anbieter gezwungen, den alten, engen Firmensitz in einer Werkstatt im schwäbischen Waiblingen aufzugeben und im benachbarten Esslingen eine 9 000 Quadratmeter große Logistikhalle zu beziehen. Rund 15 Prozent des Umsatzes gibt fahrrad.de inzwischen für Marketing aus, den Löwenanteil für sogenanntes Suchmaschinen-Marketing. Ziel ist es, bei Google ganz oben zu stehen. Die Community hilft dabei, denn je mehr neue Inhalte von Kunden geschrieben werden, desto mehr „lebt" die Website, was wiederum von Google mit einer Höherbewertung quittiert wird. Erfahrungsberichte, Diskussionsbeiträge oder Reisebeschreibungen wirken sich so auf das Ranking des Anbieters aus. Außerdem gehen immer mehr Kunden dazu über, von ihren eigenen Blogs oder Homepages aus Links auf fahrrad.de zu setzen, was ebenfalls von den Search Engines als Qualitätskriterium erkannt wird.

Weniger leicht zu quantifizieren ist ein anderer Vorteil, den Grunegger allerdings für den größten überhaupt aus Unternehmenssicht hält: „Beim Distanzverkauf hat der Kunde keine persönliche Beziehung zum Anbieter. Über die Community bekommt die Firma für den Kunden ein Gesicht."

In seinem Fall ist das sogar wörtlich zu nehmen. Der passionierter Mountainbike-Fahrer ist am Wochenende häufig mit einer Helmkamera unterwegs. Die Bilder bekommen anschließend die Rad-Kumpels in der Community zu sehen. Und das kommt an, wie der anerkennende Kommentar eines Kunden beweist: „Stefan ist ein cooler Typ. Muss ein toller Laden sein, bei dem er arbeitet."

Jeder Kunde ist in Zukunft eine Zielgruppe

Angesichts weitgehend gesättigter Märkte, verschärften Wettbewerbsdrucks sowie zunehmender Preissensibilität beim Verbraucher werden Anbieter wie nie zuvor gezwungen sein, sich und ihre Produkte zu profilieren und zu differenzieren. Nur so lässt sich eine möglichst langfristige Beziehung zu den profitabelsten Kunden aufbauen mit dem Ziel, diese nicht nur rational, sondern auch emotional an sich zu binden. In der Literatur hat sich für diesen Ansatz der Begriff des „Customer Relationship Management", zu Deutsch Kundenbeziehungsmanagement eingebürgert.

Den Kunden in den Mittelpunkt aller firmenstrategischen Entscheidungen zu stellen setzt voraus, dass der Händler seinen Kunden sehr genau kennt – viel besser als heute. Da Wissen um den Kunden zu Wettbewerbsvorteilen führt, investieren immer mehr Unternehmen in technische Systeme zum Sammeln und Auswerten von Informationen über den Kunden, denn Kundenwissen ist schließlich das Ergebnis der Verarbeitung und Veredlung von möglichst großen Mengen von Informationen über den Kunden, die auf vielen Wegen ins Unternehmen fließen: per E-Mail, durch Beobachtung des Kundenverhaltens auf der Homepage oder in dem Online-Shop des Unternehmens, aber auch durch direkten Kontakt, beispielsweise im Verkaufsgespräch im Laden oder am Telefon. Alle diese Quellen gilt es in Zukunft so effizient als möglich zusammenzuführen und daraus gilt es Rückschlüsse zu ziehen. Das ist bei einer größeren Anzahl von Kunden gar nicht möglich ohne eine entsprechende Technik.

Große Firmen, aber auch bereits einige Mittelständler haben in der Vergangenheit viel Geld in solche Systeme investiert – nicht immer mit durchschlagendem Erfolg. Herkömmliches Customer Relationship Management (CRM) greift einfach zu kurz, ist beispielsweise Steve Gray, Chef des Münchner Beratungsdienstleisters Emnos GmbH, überzeugt. „Firmen, die ihre Strategien nur auf schnelle Umsatzmaximierung und Aktienkursentwicklung abstellen, lassen CRM zu einem reinen Lippenbekenntnis verkommen", behauptet er.

Andererseits bleibt das im Zusammenhang mit dem E-Commerce häufig postulierte „One-to-one-Marketing" in der Praxis aus Gründen der Komplexität und der Effizienz meisten nur eine unrealistische Vision. Um dennoch dem Prinzip so nahe wie möglich zu kommen, setzen Experten wie Gray auf „Customer-Centric Retailing" (CCR). Startpunkt ist dabei eine Strukturierung der Kundenbasis in Form einer trennscharfen Kundensegmentierung, die nicht nur soziodemografische Faktoren, sondern auch das tatsächliche Kaufverhalten berücksichtigt. Dadurch ist es möglich, den einzelnen Kunden besser zu verstehen und ihn differenziert zu behandeln.

Damit die Segmentierung kein Selbstzweck bleibt, müssen alle Marketinginstrumente (Sortimentspolitik, Preisgestaltung, Promotionen) konsequent an den Kundensegmenten ausgerichtet werden. Das erzeugt beim einzelnen Kunden eine höhere Zufriedenheit und damit eine höhere Bindung, die sich unmittelbar in höherer Kaufhäufigkeit und damit in Mehrumsatz niederschlägt.

„Unternehmen, die das Wissen um den Kunden erfolgreich in Wettbewerbschancen ummünzen wollen, müssen versuchen, Kundenrelevanz auch durch regen Austausch mit der Industrie zu erzielen", glaubt Gray. Über das Medium einer gemeinsamen Datenkollaborationsplattform bekommen sowohl Lieferanten wie Händler eine gemeinsame Sicht auf den Kunden und können ihre Aktivitäten dadurch harmonisieren. „Supplier Alignment, also die intensive Kooperation auf der Basis ausgetauschter Daten und Informationen, ist eine Entwicklung, die wir vor allem in England und den USA beobachten", sagt Gray, „aber der deutsche Einzelhandel nähert sich dieser Thematik nur sehr zögernd. Das ist schade, denn so werden große Potenziale einer gemeinsamen holistischen Sicht auf einzelne Kundengruppen verschenkt." Einzelhändler müssten sich seiner Meinung nach verstärkt gegenüber Industriekooperationen öffnen und das oft feindselige Verhältnis zwischen Herstellern und Händlern auflösen.

Daneben hat CCR nach Grays Ansicht erheblichen Einfluss auf die Unternehmensorganisation. Er schlägt vor, einen „Chief Customer Officer" oder „CCO" in jedem größeren Handelsunternehmen zu berufen, dessen Aufgabe es ist, alle Aktivitäten auf ihre Kundenrelevanz hin zu überprüfen und Ressourcen entlang klar definierter Kundensegmente zu organisieren. Gray: „Firmen müssen weg vom reinen Produkt- hin zu einem klaren Kundenfokus kommen. Nur so kann Kundennähe nach innen und nach außen glaubhaft gelebt werden."

Nur der Erfolg wird belohnt

In Zeiten wie diesen überlegt der Werbetreibende zweimal, ob sich seine Medieninvestition wirklich lohnt. Der alte Insiderspruch, wonach man die Hälfte seiner Werbeausgaben ganz einfach sparen könnte, wenn man nur wüsste, welche Hälfte, er gilt schon lange nicht mehr. Auftraggeber wollen heute messbare Ergebnisse sehen: Performance ist gefragt!

In einem vernetzten System ist es relativ einfach, die tatsächliche Wirkung von Werbung zu messen, etwa indem man die Zahl der Besucher einer Website zählt oder – etwas präziser – den Mehrumsatz, der sich aus einer Online-Werbemaßnahme ergeben hat. Das hat in den letzten Jahren zur Geburt einer völlig neuen Angebotsform in der Werbewirtschaft geführt: Agenturen und Medienplattformen rechnen nicht mehr wie früher pauschal über einen festen Preis für ein Werbebanner oder einen Filmspot ab, sondern lassen sich sozusagen nach Leistung bezahlen.

„Performance Marketing" (vom englischen Wort „performance" = Leistung) nennt sich diese neue Vergütungsform. Ihr Ziel ist es, durch den Einsatz von Online-Instrumenten im Marketing eine Reaktion des Kunden auf eine Werbemaßnahme messbar zu machen. Es gibt verschiedene Ausprägungen der leistungsbezogenen Honorierung von Medien im Rahmen erfolgsbasierter Online-Marketingmodelle, beispielsweise „Pay per Click" (der Auftraggeber bezahlt jedes Mal einen vereinbarten Betrag, wenn ein Interessent auf ein Online-Angebot klickt), „Pay per Lead" (bezahlt wird beispielsweise nur, wenn ein Besucher seine Kontaktdaten hinterlässt und damit eine Nachbearbeitung möglich ist) oder „Pay per Sale" (eine Standardvergütung für jeden nachgewiesenen Verkaufsabschluss).

Nach der Definition des Bundesverbands Digitale Wirtschaft (BVDW) ist Performance Marketing in den digitalen Medien ein Bestandteil des Medienmix und dient sowohl der Kundengewinnung als auch der Kundenbindung. Die Ansprache des Kunden oder Interessenten erfolgt dabei gezielt, nach Möglichkeit individuell, um die größtmögliche Interaktion durch den Nutzer zu erreichen. Der BVDW versteht also Performance Marketing als integrierten Ansatz: Die Bestandteile sollen vernetzt zum Einsatz kommen, um so auf Handlungsweisen des Kunden beziehungsweise potenziellen Interessenten einwirken zu können. Instrumente von Performance Marketing sind nach dieser Definition zum Beispiel Suchmaschinenmarketing, Webmarketing, E-Mail-Marketing, Affiliate Marketing und SMS-Marketing.

Es geht also immer wieder um den Dialog mit dem einzelnen Kunden. Das setzt voraus, dass man den Kunden entweder bereits gut kennt oder dass man in der Lage ist, ihn über den Dialog schnell und umfassend kennenzulernen. Nur wer seine Botschaft gezielt dort abliefern kann, wo sie auch wirklich ankommt, wird als Werber im Unternehmen 2020 noch eine Zukunft haben. Bereits heute ist der Trend zum Dialogmarketing über fast alle Kundensegmente hinweg zu beobachten, Dialogmaßnahmen gehören heute zum Standardmix für eine zeitgemäße Unternehmenskommunikation. Der Grund ist klar: Dialogsysteme liefern ein Höchstmaß an Messbarkeit. Die Ansprache des Kunden kann gezielt erfolgen, dadurch erreicht der Absender die größtmögliche Interaktion und kann sich auf die Handlungsweisen und Verbrauchsgewohnheiten des Endkunden bestens einstellen.

Ein solches dialoggestütztes System bietet Partnern und Agenturen natürlich viele Vorteile. Durch die genaue Analyse von Kunden- und Transaktionsdaten erhalten Unternehmen tiefe Einblicke in die tatsächlichen Bedürfnisse und in das Kaufverhalten ihrer Kunden. Daraus lassen sich Erkenntnisse ableiten, die unmittelbar in der Produktentwicklung und in der Sortimentsgestaltung umgesetzt werden können.

In Krisenzeiten hat kein Auftraggeber etwas zu verschenken. Performance Marketing gewinnt gerade jetzt an Aktualität und Dringlichkeit. Es wird interessant sein zu sehen, wie insbesondere die Branche der Medienagenturen auf diese Herausforderung reagiert. Noch immer ist eine unheilvolle Zersplitterung zwischen online und offline in der Agenturszene zu beobachten. Diese behindert jedoch den durchgehenden Dialog mit dem Kunden, der zunehmend in beiden Welten gleichermaßen zu Hause ist und dessen Kaufentscheidungen im wahrsten Sinne des Wortes multimedial ablaufen. Werber werden sich in Zukunft unter anderem auch an ihrer Bereitschaft und Fähigkeit messen lassen müssen, auf allen Tasten der Kommunikationsklaviatur zu spielen – und das nicht nur in Krisenzeiten.

Permission Marketing: Darf ich bitten?

An vielen Briefkästen klebt heute ein kleines Schild: „Bitte keine Werbung". Angesichts der Flut von Marketing- und Werbebotschaften, die über immer mehr Kanäle (Zeitung, Radio, Fernsehen, Internet, Telefon) auf einen einprasseln, gehen viele Menschen sozusagen in Deckung: Sie lehnen grundsätzlich jede Form von ungezielter, also nicht auf ihre ganz persönlichen Wünsche und Bedürfnisse ausgerichtete Werbung ab, bestenfalls ignorieren sie sie.

„Die Aufmerksamkeit des Menschen ist ein zu kostbares Gut, um sie dem althergebrachten Penetrationsmarketing preiszugeben", ist Dr. Christian Bachem überzeugt. Der Dozent in der Führungskräfteweiterbildung an der Universität St. Gallen und Mitbegründer von companion, einer unabhängigen Strategieberatung für Marketingmanagement im E-Business mit Sitz in Berlin, ist überzeugt, dass Permission Marketing den „Zugang zu individuellen und vertrauensvollen Beziehungen zu selbstbestimmt handelnden Nutzern" eröffnet. In seinen Vorlesungen spricht er deshalb von einer „Aufmerksamkeitsökonomie" und lehrt, dass das alte Marketingdenken („Wie komme ich zum Kunden?") in der vernetzten

Wirtschaft nicht mehr funktioniert – weil sich die Menschen nicht länger bedrängen lassen wollen.

Es geht bei Permission Marketing nicht um Big Brother oder um den gläsernen Verbraucher, sondern um Service- und damit um Lebensqualität. Ein Unternehmen, das die persönlichen Daten seiner Kunden missbraucht oder unerlaubt an Dritte weitergibt, begeht wirtschaftlichen Selbstmord, denn es handelt gegen das Interesse seiner Kunden. Wenn diese das bemerken, sind sie die längste Zeit Kunden des Unternehmens gewesen.

Das natürliche Misstrauen gegen das Sammeln von persönlichen Informationen lässt sich nur abbauen, wenn ein Anbieter solche Informationen niemals zum Nachteil des Kunden einsetzt, sondern stets zu dessen Vorteil, etwa in Form von verbessertem Kundendienst, verbesserter Kundenkommunikation oder gezielten Empfehlungen, die der Kunde als nützlich und bereichernd empfindet. Auswüchse und Fehlverhalten werden künftig nicht nur per Gesetz, sondern mit den Mitteln des Marktes bestraft werden. Die Kräfte des Wettbewerbs werden sich als die beste Form des Datenschutzes erweisen.

Googlenomics: Wie Suchmaschinen die Welt der Werbung auf den Kopf stellen

Wer sucht, der findet – meistens jedenfalls. Im Internet ist das aber nicht so einfach. Wer will, dass sein Unternehmen bei Google und den anderen Suchmaschinen ganz oben steht, muss dafür etwas tun. Das Zauberwort heißt: Suchmaschinenoptimierung.

Markus Gebehenne googelt gerne. Das hat er mit den meisten Deutschen gemeinsam, die ins Internet gehen. Und irgendwann tippte er aus Neugier mal den Namen seiner Firma ein, die Lederer GmbH in Ennepetal, einer beschaulichen Kreisstadt zwischen Hagen und Wuppertal am Rande des Ruhrgebiets. Das Ergebnis hat ihn entsetzt.

„Wir tauchten gar nicht auf", erinnert er sich. Er fand einen Bierbrauer, ein Hotel mit Tanzbar, einen ehemaligen DDR-Politiker und den früheren Babcock-Chef Klaus Lederer, der 2008 wegen Insolvenzverschleppung zu anderthalb Jahren Haft auf Bewährung verurteilt wurde. Sein Unternehmen lag weit abgeschlagen auf Platz 67. Noch schlimmer wurde es, wenn er das Produkt eingab, das die Firma Lederer herstellt und wofür sie eigentlich bei Kunden in der ganzen Welt bekannt ist, nämlich hochwertige Edelstahlschrauben. Fehlanzeige – er fand nur Links zu seinen Wettbewerbern. Und das hat ihn natürlich geärgert.

Gebehenne hat etwas getan. Und wenn er jetzt bei Google „Edelstahlschrauben" eingibt, taucht der Name Lederer gleich auf der ersten Seite auf. „So zwischen Rang vier und sechs", sagt er, „das schwankt." Und damit ist er sehr zufrieden.

Der Weg dorthin war nicht ganz einfach, denn es ist nicht leicht, eine Suchmaschine dazu zu bringen, eine bestimmte Website ganz oben zu platzieren. 2008 gab Google bekannt, man habe gerade die milliardste Internet-Seite ins Verzeichnis aufgenommen, da ist die Konkurrenz groß. Gebehenne hat sich im Bekannten- und Kollegenkreis umgehört und stieß irgendwann auf die Firma Suma, eine sogenannte Web-Ranking-Agentur mit Sitz in Köln. Agenturchef Philipp von Stülpnagel war sofort bereit, ihm bei der Optimierung seiner Website zu helfen. Und er machte ihm ein verblüffendes Angebot: „Er sagte, wenn ich Sie nicht unter die Top Ten bringe, müssen Sie mir nichts bezahlen", sagt Gebehenne. Das gefiel ihm.

Für von Stülpnagel ist der Fall des Kunden Lederer typisch für viele gerade im Mittelstand: „Sie haben mit viel Freude und Elan eine Homepage gebaut oder bauen lassen, und nun sind sie ganz enttäuscht, dass Google sie offenbar nicht für wichtig hält. Denn dann muss er ja befürchten, dass seine Kunden ihn auch nicht mehr ernst nehmen."

Tatsächlich sind Google & Co. inzwischen fest im Leben der meisten Menschen verankert. Zwei Drittel aller Deutschen surfen, und sie sind ständig auf der Suche. 3,79 Milliarden Suchanfragen registrierten die Internet-Statistiker von comScore 2008 allein in der Bundesrepublik, das sind 107 pro Benutzer und Monat, 3,5 am Tag. Entsprechend hoch ist die Nachfrage nach den Dienstleistungen der jungen SEO-Branche – die englische Abkürzung von „Search

Engine Optimization". In der Regel sind das selber keine Webagenturen, gestalten also keine Homepages, sondern überarbeiten nur Seiten, die von anderen Spezialagenturen entworfen wurden. Und da sind natürlich Spannungen zu erwarten. „Die Webdesigner machen eine wunderbare Site mit lauter Videos und Flash-Animationen. Da zischt und raucht es – aber keine Suchmaschine findet sie", klagt von Stülpnagel.

Der Grund: Suchmaschinen senden dauernd kleine Softwareroboter, sogenannte „Crawler" aus, die emsig das World Wide Web nach neuen Webseiten und Inhalten durchkämen. Nur: Die digitalen Kriechtierchen können nur das zurückmelden, was sie lesen können. Dabei gehen sie sehr methodisch vor: Überschriften, Textinhalte, Bildunterschriften und Fußnoten werden ebenso ausgewertet wie die für den Besucher unsichtbaren Teile einer Website wie beispielsweise „Meta-Tags" – Stichwörter und Etiketten, die der Programmierer eingebaut hat, um den Suchmaschinen zu sagen, worum es auf der Seite geht. Allerdings sind die Gestalter recht schnell auf die Idee gekommen, die entsprechenden Zeilen mit Hunderten oder gar Tausenden von Stichwörtern vollzustellen oder ein und denselben Begriff mehrmals zu wiederholen in der Hoffnung, die Crawler zu überlisten und das eigene Ranking in der Suchmaschine künstlich nach oben zu verschieben. Um solchen „Ranking-Betrug" zu unterbinden, halten die Suchmaschinenbetreiber die Kriterien, nach denen sie eine Website einstufen, sorgfältig geheim. Und ab und zu wird der sogenannte „Algorithmus" verändert. Das ist dann der Tag des „Google Dance", an dem alle SEO-Agenturen hektisch versuchen, durch Ausprobieren herauszufinden, was jetzt in der neuen Version von Google „zieht" und wie man das Ranking der Kunden wieder nach oben bringt.

Von Stülpnagel tanzt nicht gerne mit beim Google-Tanz. Er setzt für seine Kunden lieber auf solide Handwerkerleistung. „Wenn Sie bei Google oben stehen wollen, müssen Sie die Website als einen zentralen Teil Ihrer Unternehmenskommunikation verstehen und nicht als reine elektronische Visitenkarte", rät er. Das heißt: „Die Seite muss leben. Es müssen ständig neue Informationen eingepflegt werden, sie muss aktuell, informativ und attraktiv sein. Denn wenn die Menschen gerne Ihre Website lesen, dann tun es die Crawler auch." Und vor allem rät der SEO-Profi: „Sie müssen sich verlinken – auf Teufel komm raus." Google bevorzugt Websites, die von anderen empfohlen werden. Deshalb sollte der Besitzer einer Homepage stets bemüht sein, sogenannte Link-Abkommen mit Lieferanten, Geschäftspartnern, Kunden, mit Sportvereinen, Kommunen, Freunden oder wer sonst noch so aus dem eigenen Umfeld online ist abzuschließen. „Das funktioniert nach dem Motto: Kratz du mir den Rücken, dann kratz ich deinen", sagt von Stülpnagel.

Für Markus Gebehenne ist SEO kein abgeschlossenes Projekt, sondern ein laufender Prozess. Gemeinsam mit seiner SEO-Agentur hat er insgesamt sechs deutsche und fünf englische Suchbegriffe ausgesucht, die ihm besonders wichtig sind, zum Beispiel „Edelstahlschraube" („… und zwar zusammengeschrieben und getrennt – das ist ganz wichtig!"). Neulich wurde der Suchbegriff „Kombischraube" in die Liste aufgenommen. Die SEO-Agentur analysiert die Website und macht Empfehlungen, die von der Hausagentur umgesetzt werden. Und Gebehenne ist zufrieden: „Wir sind mit allen sechs deutschen Begriffen unter den Top Ten – und nur dafür bezahle ich ja." Zwischen 900 und 1 500 Euro kostet ihn das im Monat, und er findet, dass das Geld gut angelegt ist. Die Zahl der Internet-Besucher liegt inzwischen bei mehr als 1 000 am Tag. Und da die Firma Lederer als Direktvertreiber ausschließlich an Fachunternehmen liefert, ist ihm „Klasse wichtiger als Masse. Es gibt Agenturen, die garantieren Ihnen 10 000 Besucher am Tag, aber die will ich ja gar nicht. Ich will die richtigen."

Gebehenne sieht die Sache sowieso ziemlich pragmatisch: „Es geht im Internet nicht darum, wie wir uns als Firma gerne darstellen wollen, sondern darum, ob uns der Kunde findet." Wobei am Ende doch ein klein bisschen Stolz in seiner Stimme mitschwingt, wenn er zugibt: „Na ja, man sieht sich natürlich gerne ganz oben, ob bei Google oder auch sonst im Leben …"

Reputation Management:
Im Internet ist ein guter Name alles!

„Ist der Ruf erst ruiniert, lebt sich's gänzlich ungeniert", reimte einst der Dichterfürst Wilhelm Busch. Wer bei Google nach dem Namen der eigenen Firma fragt, kann böse Überraschungen erleben: Unzufriedene Kunden oder Mitarbeiter, die im Streit gegangen sind, verbreiten sich häufig in Online-Foren und Bewertungsportalen, ohne dass es jemand im Unternehmen mitbekommt.

Firmen müssen in Zukunft viel Mühe darauf verwenden, ihren guten Namen im Internet zu verteidigen. Es gibt inzwischen nämlich eine ganze Branche von Agenturen und Experten, die – gegen gutes Geld natürlich – sogenanntes „Reputation Management" für Unternehmen betreiben, die von ihren Kunden oder Konkurrenten online kritisiert oder beschimpft werden, zu Unrecht oder auch zu Recht.

Das Problem sind die vielen „Meinungsportale", die in den letzten Jahren entstanden sind und wo sich jeder über jeden auslassen darf. Wer sich über vermeintlich schlechten Service oder mindere Produktqualität ärgert, surft hinüber zu Ciao oder dooyoo.de und macht sich erst mal Luft. Der nächste Kunde überlegt, ob er bei dieser Firma bestellen soll, sieht den virtuellen Brandbrief und kauft woanders ein. Die neue Macht des Kunden im Internet – nirgends wird sie deutlicher sichtbar als hier.

Das Schlimmste aber ist: Die meisten Unternehmer wissen gar nicht, welchen Ruf sie online genießen – und es ist ihnen offenbar auch egal, sonst würden sie sich darum kümmern. Das Allermindeste wäre meiner Meinung nach, dass man als Chef oder Produktverantwortlicher ein- oder zweimal die Woche den eigenen Firmennamen bei Google eingibt und nachschaut, was so über einen geredet wird.

Der Münchner Unternehmensberater und Trainer Alexander Holl, Chef der Agentur 121Watt, rät dazu, einen „digitalen Schutzwall" zu errichten, um dafür zu sorgen, dass vor allem eigene Inhalte bei Google und anderen Suchmaschinen ganz oben stehen. Dazu gehört neben laufender Optimierung der Homepage auch das Motivieren von Mitarbeitern und Kunden, sich in sozialen Online-Foren zu engagieren und dort das Unternehmen positiv zu beschreiben. „Twitter und Blogs sind keine klassischen Marketingtools, aber Unternehmen können sich so nahbarer, persönlicher und erlebbarer geben", sagt Holl. Seine Forderung: „Firmen müssen eine vernünftige Social-Media-Strategie haben und regelmäßiges Monitoring der eigenen Webpräsenz betreiben, um nicht auf dem falschen Fuß erwischt zu werden."

Am besten wird es aber sein, man lässt Profis ran – einer wie Sören Mohr von reputation-control.de, zum Beispiel. Seine Firma sitzt in Kiel und bietet, wie er sagt, ein „innovatives Frühwarnsystem" für Unternehmen, die sicher sein wollen, dass ihr guter Ruf im Internet nicht scheibchenweise ruiniert wird. Mohr und seine Leute haben eine Software geschrieben, die alle wesentlichen Meinungsportale und Bewertungswebsites durchkämmt und die Fundstellen in einem Berichtsformular zusammenführt. Die Treffer werden analysiert, die Negativmeldungen nach Relevanz gewichtet und gefiltert („Nörgler", „berechtigte Kritik", „rufschädlich").

Aber was dann? Mohr setzt auf „kreative Handlungskonzepte" und auf „Feedback-Management". Er meint wohl: „Reden wir mit den Leuten und versuchen, sie zu beruhigen und zur Rücknahme der schlechten Bewertung zu überreden." Klassisches Beschwerdemanagement also.

Viel radikaler ist sein Kollege Mikkel deMib Svendsen (www.demib.com), ein junger Däne, der behauptet, „creative search engine marketing" zu betreiben. Wie kreativ er ist, durfte ich kürzlich auf der SMX erleben, einer Konferenz zum Thema Suchmaschinenoptimierung in München. Svendsen wurde von einem Zuhörer gefragt, was man denn als großer, internationaler Markenanbieter tun könne, wenn jemand im Internet massiv Rufmord betreibt. Er hatte eine ganze Reihe nützlicher Tipps auf Lager, zum Beispiel: Engagieren Sie einen guten Hacker, der seine Website runternimmt. Oder schicken Sie ihm gleich die Russenmafia ins Haus. Svendsen lapidar: „Ist zwar illegal, aber Sie müssen schließlich selbst wissen, was Sie tun, um Ihren guten Namen zu verteidigen ..."

Aus Web 2.0 wird Marketing 2.0

Wie schon in den Anfangsjahren von „Web 1.0" Ende der 90er breitet sich wieder Aufbruchsstimmung aus. Dabei gilt der Begriff „Web 2.0" in Kennerkreisen eigentlich als ein alter Hut: Mitmachen konnte schließlich vorher auch schon jeder. Neu ist, dass die erforderlichen Werkzeuge und Technologien inzwischen so ausgereift sind, dass jeder, der will, auch mitmachen kann. Statt sich mit umständlichen HTML-Editoren herumzuschlagen, laden sich Handwerker oder Einzelhändler kostenlose „Blogware"-Programme wie MoveableType oder Textpattern aus dem Internet herunter, installieren sie ohne fremde Hilfe und schreiben drauflos. Andere richten sich – ebenfalls kostenlos – sogenannte „Wikis" auf ihren Internetseiten ein, elektronische Stichwortsammlungen, die wie das berühmte Online-Lexikon Wikipedia von den Benutzern – Kunden, Partner, Mitarbeiter – mit Inhalten gefüllt werden und die das Unternehmen und seine Produkte beschreiben. Das ist so, also ob man den Endverbraucher bittet, seinen Produktprospekt zu texten. Der Vorteil: Die Texte sind meist viel glaubwürdiger als solche, die von Werbeprofis geschrieben werden. Und Glaubwürdigkeit ist bei Web 2.0 das Wichtigste überhaupt!

Anders als bei der ersten „Internet-Revolution", als sich gerade mittelständische Unternehmer in Deutschland oft lange zurückhielten, scheint die Web-2.0-Euphorie sich in Windeseile auszubreiten. „Es herrscht wieder Goldgräberstimmung", titelte die *WirtschaftsWoche*. Der Grund ist klar: Es geht um Geld, womöglich sogar um sehr viel Geld. Das Internet ist zu einem bunten, chaotischen Mitmach-Marktplatz geworden.

„Marktplatz" war auch das Stichwort, auf das viele kleine und mittlere Unternehmen offenbar nur gewartet haben. Laut einer Studie der Gartner Group war bereits 2009 jedes zweite Unternehmen in Deutschland irgendwie im Mitmach-Internet vertreten. Einer der Hauptgründe für die ungebremste Popularität ist das weitgehende Fehlen technischer Hürden. Es gibt jede Menge Software, die entweder nichts oder nur sehr wenig kostet und die so einfach ist, dass sie notfalls selbst installiert werden kann. Notfalls wird ein Student engagiert oder das kleine Systemhaus um die Ecke.

Allerdings verlangt die Auseinandersetzung mit Web 2.0 vom Unternehmer ein oft radikales Umdenken. So geht es im Mitmach-Internet zum Beispiel nicht mehr darum, sich selbst und sein Produkt zu loben, sondern darum, sich von anderen loben zu lassen. „Virales Marketing" lautet das neue Zauberwort: Kunden sollen angesteckt werden und ihre Begeisterung dann an andere übertragen. Der typische Konsument kauft nun einmal viel lieber etwas, das ihm von einem vertrauenswürdigen Dritten empfohlen wird, als etwas, das ihm die Werbung aufdrängt.

FALLBEISPIEL:
Ludger Freese: Ein Metzger im Netz

Wenn es in der Wirtschaft kriselt, streichen viele Firmen vor allem die Budgets für Werbung und Marketing zusammen. Doch das ist kurzsichtig: Gerade in schlechten Zeiten ist gute Außendarstellung wichtiger denn je, um nicht aus dem Blickfeld des Kunden zu verschwinden.

Ludger Freese hat trotz Krise sein Marketingbudget konstant gehalten, und er ist sicher, dass sich das auszahlt. Der Metzgermeister aus Visbek bei Oldenburg ist auch in guten Zeiten „zurückhaltend mit Werbung; ich schalte nicht in jedem bunten Blättchen". Er steckt sein Werbegeld lieber in innovative Projekte. Sein Laden mit 18 Mitarbeitern, den sein Vater 1957 gegründet hat, lebte früher ganz von Kundschaft aus der Umgebung. Aber der Leitspruch der Internet-Revolution gefiel dem Firmenchef: „Think global, act local." Konsequent nutzt er die Neuen Medien, um Kundschaft auch in der Ferne anzusprechen. Auf seiner „Stamm-Website" www.world-wide-wurst.de verbreitet er laufend neue Meldungen über seine garantiert glutamatfreien Wiener Würstchen und seinen neuen Partyservice und bietet „die erste Internet-Wurst" an, die aus Schweinefleisch, Putenfleisch und Speck komponiert wurde und so „die bunte Vielfalt des Internets dokumentieren" soll. Daneben hat er unter dem Namen www.mybratwurst.de einen Online-Shop für

Wurstwaren aufgebaut, bei dem Kunden ihre ganz persönliche Bratwurst mit Wunschetikett bestellen können. Und unter www.kohlpinkel.de feiert er die bekannteste Spezialität seiner Region: „Kohlpinkel, Mettwurst, Grünkohl – alles aus eigener Produktion und täglich frisch hergestellt." Anfragen erreichen ihn schon aus den USA und Australien, und Freese freut sich: „Das Geschäft läuft wie geschmiert – im Laden und im Internet."

Als begeisterter Internet-Nutzer schreibt Freese außerdem ein Online-Tagebuch. Nur: Anders als in den meisten Fällen ist bei ihm das Bloggen keine brotlose Kunst. „Ich lerne über meinen Blog laufend interessante Leute kennen, die mir Ideen bringen oder Geschäftspartner werden wollen. Eine Dame aus Dresden brachte ihn auf die Idee mit der „Aronia-Wurst". Die Apfelbeere gilt als besonders gesund, und Freese verarbeitet den Saft inzwischen zu einer Spezialität, die ihm eine neue Fangemeinde beschert hat. Und ein Hersteller von Gartengrills meldete sich, weil ihm Freeses Ideen gefielen. Inzwischen wird jeder Holzkohlegrill mit einem Werbe-Flyer des friesischen Metzgers ausgeliefert.

Virales Marketing: Empfehlung statt Werbung

Doch virales Marketing verlangt einen schonungslos offenen Kommunikationsstil, und damit tut sich mancher Mittelständler heute noch schwer. Wer aber seinen Kunden mit platten Werbesprüchen in seinem Firmenblog daherkommt, schreckt sie eher ab. Und dann ist es nichts mit dem erhofften Mehrumsatz.

Wie die neue Offenheit in der Praxis aussehen kann, demonstrieren ein paar engagierte Jungwinzer aus dem österreichischen Weinviertel mit ihrem Webtagebuch „Winzerblog". Statt endlos über Gaumenkitzel und Genuss zu schwadronieren, berichten sie von den Problemen bei der Einführung einer neuen Etikettiermaschine („Es gibt immer wieder Tücken mit der Wicklung des Trägerpapiers") oder berichten von den kleinen Freuden des Alltags („Mein Lieblingstraktor ist unser Schmalspurschlepper"). Die gemeinsamen Kunden werden wie gute Freunde behandelt. „Alle, die das lesen und zufällig in der Jetzelsdorfer Kellergasse sind, sind herzlichst eingeladen." Über sogenannte „RSS-Feeds" können Interessenten die jeweils neuesten Blogeinträge quasi im Online-Abo abrufen. Inzwischen wird der Winzerblog von mehr als 15 000 Weinfreunden aus Österreich und Deutschland gelesen. „Wir haben mit unserem Blog die Zahl der Anfragen vor allem aus Deutschland mehr als verdoppelt", verrät Weinblogger Walter Erlacher, der den elterlichen Winzerbetrieb im Weinviertel 2004 übernommen hat.

Der Erfolg des vom Werbeverband „Weinviertel Tourismus" unterstützten Online-Projekts hängt für Erlacher vor allem davon ab, „dass wir dort eigentlich nichts verkaufen außer uns selbst". Dass mancher Internet-Besucher beim Lesen nebenbei auch noch Lust auf ein Glas Wein bekommt, ist sozusagen ein Nebeneffekt – aber für die Blogschreiber ein sehr lohnender.

„Web 2.0 ist kein Geschäftsmodell, sondern eine Einstellung", bestätigt der Essener Professor für Kommunikationsphilosophie, Norbert Bolz. Wer mit seinen Kunden in einen ernsthaften Dialog eintrete, erreicht nach seiner Meinung „etwas, das viel besser ist als Kundenbindung: Der Kunde bindet sich selbst an den Anbieter, und er tut es gerne."

FALLBEISPIEL:
RVF: Handel mit Empfehlungen

Irgendwie stellt man sich einen Internet-Unternehmer etwas anders vor. Karl-Heinz Weinreich trägt Blaumann und Brille, wenn er tagsüber in der Werkstatt sitzt und mit Lötkolben und Voltmeter hantiert. Sein 1990 gegründeter Laden in Raschau, einem 4 000-Seelen-Dorf ganz hinten im Erzgebirge, wenige Kilometer von der tschechischen Grenze, ist noch inhabergeführt, und darauf ist er stolz.

Die Abkürzung „RFV" über der Ladentür steht für „Rundfunk-Fernsehen-Video", aber am allerliebsten repariert Weinreich alte Röhrenradios. Die modernen DVD-Player und Flachbildschirme seien ja dagegen seelenlos.

> Natürlich hat er inzwischen auch eine einfache Homepage im Internet. Und irgendwann dachte er auch mal dran, einen Online-Shop zu eröffnen. Aber das hätte zusätzliche Lagerfläche bedeutet, und seine Frau, die im Büro die Buchhaltung macht, hatte schon genug zu tun.
> Es ging aber auch anders. Weinreich schrieb sich beim Partnerprogramm „Astore" von Amazon ein, dem Online-Buchladen, der neuerdings alles vom Gartenschlauch bis zum Gameboy verhökert. Jetzt bekommen die Besucher seiner Website per Mausklick Stereoanlagen von Pioneer, Panasonic und Philips präsentiert, daneben auch das „DVD-Anschluss-Set universal 10 m" von Hama. Und jedes Mal, wenn einer von Weinreichs Kunden etwas über seinen „Astore" kauft, klingelt auch bei ihm die Kasse: Zehn Prozent vom Nettoumsatz zahlt der Online-Riese dem Händler aus Sachsen als sogenannte „Werbekostenerstattung". Im Monat können da schon ein paar Hunderter Mehrumsatz für Weinmanns kleinen Laden zusammenkommen.
> „Ich verkaufe Empfehlungen", sagt Weinreich. Und das könnte ein wichtiges Geschäftsmodell der Zukunft für viele mittelständische Unternehmen sein. Sie haben ja schließlich bereits Kunden, denen sie aber nicht alles verkaufen können. Aber Dinge, die über das eigene Sortiment hinausgehen, weiterempfehlen und dafür kassieren – das nimmt man doch gerne mit.

Der Dialog muss auch gelebt werden

Transparenz, Qualität und Verantwortung, das scheint klar, werden die Schlüsselbegriffe des Marketings von morgen sein. Das setzt die Bereitschaft des Anbieters voraus, offen und aufrichtig mit dem Kunden umzugehen. Die Präsentation des Unternehmens 2020 und seiner Produkte muss künftig ehrlich und nachhaltig sein und im ständigen Dialog mit den Kunden stattfinden. Diese Offenheit und Ehrlichkeit muss aber auch intern gelebt werden.

Das setzt auch ein Umdenken bei den Produkten selber voraus. „Erfolgreiches PR- und Zukunftsmarketing heißt künftig Authentizitätsmarketing", schreibt Dr. Eike Wenzel vom Zukunftsinstitut in Hamburg im „Trendletter Outdoor". Früher seien Millionen nicht in die Produktentwicklung, sondern in die Werbung geflossen. Das Publikum habe die Blendung geliebt, behauptet er: „Wenn Tammy Hopkins frisch geföhnt für ‚Drei Wetter Taft' aus dem Flugzeug stieg, ging es nur zweitrangig um das Haarspray. Die Businessfrau, die an einem Tag Hamburg, München und Rom abhandelte, verkörperte einen neuen Lebensstil für Frauen: Welt statt Küche, Karriere statt Kinder, Föhnfrisur statt Mutti-Look. Konsumenten kauften das Versprechen des Lebensstils und weniger das Produkt."

Doch die Blendung habe nur so lange funktioniert, wie die Illusion aufrechterhalten werden konnte, dass Marken Lifestyle ersetzen. Spätestens mit dem Einsetzen verstärkter Individualisierungsprozesse in der Gesellschaft seien Marken als Symbol wie ein Kartenhaus in sich zusammengefallen. „Der Mehrwert der Marke transformierte sich vom Zeichen für einen Lebensstil zurück zum eigentlichen Wert des Produkts", heißt es in der Studie.

Um authentisch zu wirken, werden Anbieter gezwungen sein, stärker in ihre eigentliche Kernkompetenz zu investieren, nämlich in die Produkte selbst. Unternehmenskommunikation muss sich künftig diesem neuen Imperativ anpassen: Statt beliebig austauschbare Produkte über eine emotionale Darstellung wie Erotik – spärlich bekleidete, hingebungsvoll über die Motorhaube gelehnte Frauen – oder den in der Vergangenheit von Werbern viel zitierten „Spaßfaktor" anzupreisen, muss die Firma sich und ihre Produkte als echt und unverwechselbar präsentieren. Anbieter müssen den Dialog mit dem Kunden ernst nehmen und die Rolle als Kommunikationspartner ausleben. Nur so hat das Unternehmen 2020 eine echte Zukunft.

KAPITEL 7
Die neue Rolle der IT im vernetzten Unternehmen

In der Silvesternacht des Jahres 1999 hielten Hunderttausende von IT-Profis in Unternehmen rund um den Globus den Atem an. Und Schlag Neujahr konnten sie aufatmen: Die Welt war an einem Desaster ungeahnten Ausmaßes vorbeigeschrammt. Die „Y2K-Katastrophe" hatte nicht stattgefunden.

Die Angst zuvor war durchaus begründet: Als viele Computeranwendungen, die inzwischen das Herz von Geschäftsprozessen, Banksystemen und Handelsplattformen bildeten, in den 70ern und 80ern programmiert wurden, war der Sprung ins nächste Jahrtausend noch weit, weit weg, und viele Programmierer dachten nicht daran, als sie ihren Softwarecode schrieben. Und weil es einfacher war, die Uhren, die im Innern der Programme den Takt angeben, mit zwei Jahresziffern auszustatten, sparten viele sich den Aufwand. So kam es, dass zahlreiche Anwendungen nur beim Datum bis „99" zählen konnten. Was passieren würde, wenn die Ziffern am Neujahrsmorgen des Jahres 2000 auf „00" sprangen, wusste niemand so genau. Schlimmstenfalls würden sie wieder bei 1900 anfangen zu zählen – und die Systeme würden zusammenbrechen.

Unternehmen haben damals vor zehn Jahren viel Zeit und Geld in Bemühungen investiert, die Folgen von Y2K – eine von Computer-Geeks erfundene Abkürzung, wobei „Y" für „Year" und „K" für Tausend („Kilo") steht – abzumildern oder ganz zu vermeiden. Unter anderem wurde weltweit für Milliarden neue Software angeschafft. Das hat sich nachträglich als Segen erwiesen, denn es katapultierte viele Unternehmen mit einem Schlag auch in IT-Hinsicht ins nächste Jahrtausend. Langfristig hat es sich aber auch als Pferdefuß erwiesen, denn viele Manager glaubten, damit habe sich das Thema IT für die nächsten Jahre erst mal erledigt.

Der typische Mittelständler kauft schließlich nicht jedes Jahr eine neue Software. Im Gegenteil: Die Nutzungsdauer einer durchschnittlichen Applikation ist dort wesentlich höher als in einem Großunternehmen und liegt im Durchschnitt zwischen sieben und zehn Jahren.

Die tägliche Praxis zeigt, wie groß der Investitionsstau bei vielen Unternehmen heute ist. Da laufen betagte Anwendungen auf Betriebssystemen wie Windows 98 oder NT, für die Microsoft schon seit Jahren keine Unterstützung mehr anbietet. Und für diejenigen, die immer noch das gute, alte Windows 2000 im Unternehmen verwenden, schlägt im Juli 2010 die letzte Stunde, da stellt der Hersteller ebenfalls den Kundendienst ein. Es vergeht kein Tag, an dem nicht Texte oder Tabellen in schon fast historischen Versionen von Word oder Excel versandt werden. Um sie zu öffnen, muss der Empfänger häufig im Internet nach Konvertern fahnden. Ob es Geiz ist oder schlichte Borniertheit: Unternehmen muten ihren Mitarbeitern zu, mit dem digitalen Gegenstück von Steinzeitwerkzeugen zu arbeiten.

Investitionsstau bremst die Unternehmens-IT

Es ist nicht so, dass insbesondere kleine und mittlere Unternehmen seit dem Jahr 2000 nichts mehr getan haben. Die meisten haben weiter in die funktionale Ausweitung ihrer Systeme investiert. Sie haben sich aber allzu oft nicht darum gekümmert, ihre Systeme fit zu machen für die neuen Herausforderungen. Der Modernisierungsstau in der Unternehmens-IT des Jahres 2010 ist riesig, und er wächst angesichts der Sparwut, die viele im Gefolge der eben vergangenen Wirtschaftskrise an den Tag gelegt haben.

Das gilt gleichermaßen für die Infrastruktur (Hardware, Speicher, Netze), für Plattformen (Datenbanken, Betriebssysteme, Entwicklungswerkzeuge) sowie für Anwendungen (Businesssoftware, ERP, CRM, SCM, BI und Collaboration Software). Unternehmen, die wissen wollen, ob ihre IT eine Revitalisierung braucht, sollten sich drei Fragen stellen:

- Arbeitet meine IT zu wettbewerbsfähigen Preisen?
- Unterstützt meine IT das Geschäftswachstum in meinem Kerngeschäft?
- Hilft mir meine IT, neue Geschäftschancen zu nutzen und mein Business effizienter zu machen?

Wer auch nur eine dieser Fragen mit „Nein" beantworten muss, bei dem herrscht dringender Nachholbedarf. Viel zu häufig erweist sich die IT als Bremsfaktor statt als Hilfe, weil sie das Eindringen in neue Märkte eher verlangsamt als beschleunigt.

Dafür gibt es viele Gründe: Die Applikationen sind alt. Hardware- und Softwarelandschaften wurden schon so oft umgebaut, dass sich neue Funktionen nur schwer integrieren lassen. Die Infrastruktur und die Plattformen sind zu leistungsschwach, um noch neue Funktionen oder neue Prozesse draufsatteln zu können.

Leider ziehen sich auch viele altgedienten ITler in den Unternehmen auf den lahmen und fast immer falschen Spruch zurück: „Never change a running system" – nur nichts verändern, denn wer weiß, ob es dann noch funktioniert. Das ist nichts anderes als das Eingeständnis eigenen Versagens: In Wahrheit ist es ganz einfach, ein laufendes System zu verändern – wenn es richtig gebaut und gepflegt wurde. Die IT muss flexibel auf neue Anforderungen reagieren können; neue Funktionen und die Veränderung der Abläufe sollten unkompliziert möglich sein.

Tatsächlich zeigt die Praxis, dass Veränderungen von organisch gewachsenen IT-Landschaften in den Unternehmen zu den schwierigsten, langwierigsten, risikoreichsten und damit teuersten Projekten gehören, die es gibt. IT-Verantwortliche schrecken davor zurück, weil sie befürchten müssen, dass ihre Karriere im Falle eines Scheiterns zumindest in dem betroffenen Unternehmen schnell zu Ende sein wird.

Manager und Unternehmer sollten ihrer IT die Aufgabe geben, das Unternehmen veränderungsbereit zu machen, ohne die IT-Produktionskosten und die Unterstützung bestehender Prozesse zu vernachlässigen.

> **FALLBEISPIEL:**
> **Quelle-Pleite: Die IT war doch nicht schuld**

Nicht nur der Erfolg, auch eine Pleite hat meist viele Väter. Seit dem spektakulären Zusammenbruch von Quelle, dem ältesten klassischen Versandunternehmen in Deutschland, ist die Legendenbildung in vollem Gange. Es gibt eine Reihe mehr oder weniger abenteuerlicher Erklärungsversuche, darunter auch diese: Schuld war die Unternehmens-IT! Durch eine offenbar gezielte Reihe von Indiskretionen aus der Konzernspitze wurde in einigen Medien der Eindruck erweckt, Fehlsichtigkeit und falsche Investitionsschwerpunkte hätten dazu geführt, dass die IT völlig überlastet und deshalb unfähig gewesen wäre, ihre eigentliche Aufgabe zu erfüllen, die Kernprozesse des Unternehmens richtig zu unterstützen.

Obwohl die Online-Nachfrage auch bei Quelle nach der Jahrtausendwende sprunghaft anwuchs, habe sich die IT weiterhin hauptsächlich auf den gedruckten Katalog und die dahinterliegenden Prozesse wie Einkauf, Lagerhaltung, Rechnungswesen, Marketing und natürlich auf die eigentliche Versandlogistik konzentriert, und zwar zulasten der Online-Partner, die man zwar sehr schnell habe einbinden können, deren Bedürfnisse aber von Rechnungswesen und Warenwirtschaft nie wirklich befriedigend erfüllt worden seien. Außerdem sei die IT mit dem Ein- und Ausbuchen einer angeblich immer höheren Zahl von Retouren überfordert gewesen. Gerade Online-Kunden, so die Legende, hätten oft blind drauflosbestellt und das meiste einfach wieder zurückgeschickt, was die überlastete IT zu teuren Zwischenschritten gezwungen und die Handhabung von Retouren unrentabel gemacht habe.

„Alles Quatsch!", sagt Patrick Palombo. Der smarte Deutsch-Franzose hat bereits Mitte der 80er-Jahre als Direktor Neue Medien bei Quelle die Weichen in Richtung Zukunft gestellt und später als Geschäftsführer Multichannel von Obi@Otto, einer Tochter des Quelle-Wettbewerbers Otto Versand, die Entwicklung bei seinem ehemaligen Arbeitgeber aufmerksam verfolgt. Palombo, der heute in Düsseldorf die Beratungsgesellschaft Handels-, eCommerce-Consulting & Interimsmanagement führt, ist sich sogar sicher: „Quelle hat als

Erster überhaupt erkannt, wohin die Reise im Internet-Zeitalter geht und entsprechend Weichen gestellt." Die IT habe es verstanden, die neuen digitalen Verkaufsstellen eng mit den sogenannten Legacy-Systemen des Stammgeschäfts zu verknüpfen. „Ab dem Moment, wo der Kunde auf den Knopf geklickt und seine Bestellung abgeschickt hat, war alles komplett miteinander verknüpft, da lief alles reibungslos." Und auch die Mär von den heiklen Online-Verbrauchern, die häufiger die Ware zurückschicken, hält Palombo schlicht für „Bullshit!" In Wirklichkeit liege die Retourenquote der Online-Käufer, die sich durch das Internet vor dem Kauf Transparenz verschaffen, gerade bei Textilien gleichauf oder sogar niedriger als bei den klassischen Katalogkunden. „Bei Quelle ist vieles falsch gemacht worden, aber gerade in der IT eben nicht!", davon ist Palombo überzeugt.

Wenn es überhaupt eine Verbindung zwischen Fehlern in der IT und dem Niedergang des Fürther Traditionsunternehmens gibt, dann sei dies an der fehlsichtigen Managemententscheidung des Teams um die wechselnden Quelle-Chefs festzumachen, die Unternehmens-IT im Jahr 2000, auf dem Höhepunkt des Dotcom-Booms, in ein eigenes Unternehmen, die Itellium Systems & Services GmbH, auszugliedern und als eigenständiges Profitcenter weiterzuführen. Ein Jahr zuvor hatte Quelle mit Karstadt fusioniert. Damit folgte Quelle zwar dem Beispiel vieler Großkonzerne wie Deutsche Telekom, Daimler oder Siemens, die zu diesem Zeitpunkt allerdings alle schon wieder dabei waren, die IT in ihre Unternehmen einzugliedern. Das Problem war nämlich, dass Quelle nach der Ausgliederung bei den ehemaligen Kollegen von Itellium nur noch ein Kunde unter vielen war und sich gezwungen sah, sich mit Änderungswünschen oder Entwicklungsaufträgen in die Warteschlange der anderen einzureihen. Tatsächlich führte die Entfernung vom Kerngeschäft mit der Zeit zu Staus in der IT-Erneuerung, die sicher nicht die Ursache, wohl aber ein Faktor beim Niedergang des Stammhauses war. Im Übrigen wurde auch Itellium vom Sog des sinkenden Großdampfers erfasst: Am 1. September 2009 musste Geschäftsführer Dr. Jörg Rösner auch für Itellium den Insolvenzantrag stellen, rund 650 ITler sitzen seither auf der Straße – „völlig unverdient", wie Patrick Palombo meint, „denn die haben ihren Job ja eigentlich richtig gemacht. Wenn einer nach Ur-

> sachen für die Quelle-Pleite sucht, dann muss er woanders nachschauen – zum Beispiel in den Chefetagen, nicht nur bei Quelle, sondern bei Primondo und Arcandor, da dies ein Konzernbeschluss war."

Der Erfolg macht den Mittelstand betriebsblind

Dem deutschen Mittelstand kann man eines jedenfalls nicht nachsagen, dass IT seine Stärke wäre. Viel zu lange hat sich die „Säule der deutschen Wirtschaft" weitgehend blind gestellt gegenüber dem Potenzial der IT. Vielleicht liegt es ja daran, dass sie über Jahrzehnte hinweg so erfolgreich wirtschaftete, dass sie nicht ernsthaft zu prüfen brauchte, wie nützlich die IT für sie sein konnte. All das (einschließlich des Erfolgs) ändert sich in der Folge der zu Ende gegangenen Wirtschaftskrise radikal. Preiswertere und auf den Mittelstand zugeschnittene Software kommt auf den Markt, die Supportkosten und die Kommunikationsausgaben sinken. Neue Bezugsmodelle wie Cloud Computing und Software as a Service (SaaS) beginnen sich durchzusetzen. Sie machen den Umgang und den Betrieb von IT-Lösungen für Mittelständler beherrschbar und erschwinglich. Außerdem beginnen Unternehmer die Bedeutung der IT als Grundlage der (internationalen) Digitalisierung und Vernetzung zu begreifen.

Es wäre gewagt, exakt vorhersagen zu wollen, welche Hard- und Software das Unternehmen 2020 einsetzen wird. Dazu ist das Fortschrittstempo in der IT viel zu groß. Angesichts der Herausforderungen, vor denen gerade kleine und mittlere Unternehmen stehen, zeichnen sich aber einige IT-Trends ab, die für das nächste Jahrzehnt der Unternehmensentwicklung prägend sein werden. Das sind vor allem die Internationalisierung, die Zerschlagung bestehender Wertschöpfungsketten im Sinne einer noch stärkeren Arbeitsteilung, die Dezentralisierung sowie das Outsourcing von IT-Leistungen zugunsten einer stärkeren Konzentration auf das eigentliche Kerngeschäft im Unternehmen 2020.

Dabei ist nach Produktions-, Handels- und Dienstleistungsunternehmen zu unterscheiden, denn in verschiedenen Branchen werden die Herausforderungen teilweise unterschiedlich sein.

Produktionsfirmen werden es noch stärker mit der internationalen Konkurrenz aus Billiglohnländern zu tun bekommen, die heute schon versuchen, den hiesigen Markt mit Produkten ähnlicher Qualität zu niedrigeren Preisen zu versorgen. Das gilt insbesondere für Konsumgüter, aber auch die Maschinenbauer haben zunehmend mit Herstellern aus Fernost zu kämpfen, die ihnen den angestammten Markt streitig machen. Diese Unternehmen werden entweder die Innovations- und Qualitätskarte spielen oder Nischen besetzen müssen. Sie können auch versuchen, die Preiskarte zu spielen, müssen dazu aber entweder die gesamte Produktion oder Teile davon in Billiglohnländer auslagern.

Handelsunternehmen, die heute schon über Margenverfall und verschärften Wettbewerb insbesondere der reinen Internet-Anbieter klagen, werden in nächster Zeit unter noch stärkeren Druck geraten als bisher. Zum einen werden sie durch überregionale und internationale Handelsketten preislich und von deren Angebotsvielfalt in die Zange genommen. Zum anderen sorgt der zunehmende Online-Handel in fast allen Bereichen der Konsumgüter (und zunehmend im B2B-Geschäft) für zusätzliche Kopfschmerzen.

Im Prinzip hat der Handel zwei Möglichkeiten. Er muss auf eine extrem effiziente Beschaffung setzen, vor allem was Preis und Lieferfähigkeit seiner Lieferanten betrifft. Auf der anderen Seite geht es um die Differenzierung gegenüber dem Wettbewerb. Dies betrifft vor allem Herstellung und Handel mit Konsumgütern. Dabei dreht es sich nicht nur um die angebotenen Waren, sondern zunehmend auch um das Einkaufserlebnis des Kunden. Im stationären Handel können die Apple-Läden als zukunftsweisendes Beispiel gelten, die Filialen der Kosmetikkette Bodyshop oder die des Outdoor-Ausrüsters Jack Wolfskin. Die Ladengeschäfte dieser Firmen haben Verschiedenes gemeinsam: ein sehr genau auf die Zielgruppe zugeschnittenes Ambiente, hohe Beratungskompetenz der Verkaufsmitarbeiter und ein ebenfalls sehr zielgruppenspezifisches Produktportfolio.

Der **Dienstleistungssektor** wird sich ebenfalls verändern: angefangen vom Gebäudereiniger bis hin zum hochkarätigen Unternehmensberater. Obwohl Dienstleistungen in der Regel regional geprägt sind, weil sie häufig am Standort des Kunden erbracht werden, kommen auch diese Märkte durch internationale Konkurrenten unter Druck. Auf der einen Seite entstehen im Niedrigpreissektor zum Beispiel bei Wäschereien und Hausmeisterdienstleistungen neue Konkurrenten in Osteuropa. In der IT und Unternehmensberatung entstehen in Bangalore, Mumbai und Hyderabad immer mehr Unternehmen, die den Sprung nach Europa schon vollzogen haben oder vorbereiten.

Die großen Dienstleister im IT- und Beraterumfeld unterstützen diese Entwicklung. In den letzten Jahren haben IBM, Accenture, McKinsey & Co. Tausende von Jobs nach Indien verlagert, um die Bedürfnisse ihrer Kunden in den Industrieländern besser und vor allem billiger befriedigen zu können. Serviceunternehmen, die keinen Zugriff auf solche Offshore-Kapazitäten haben, können heute schon oft keine konkurrenzfähigen Preise mehr anbieten. Selbst das Argument der höheren Qualität hierzulande zieht seltener, wenn selbst Unternehmensberater, die auf Kapazitäten auf den Philippinen, in Indien, Osteuropa, Russland und zunehmend auch China zugreifen können, Angebote unterbreiten, die 20 Prozent unter denen der Konkurrenz liegen, die ohne eine verlängerte Werkbank auskommen muss. Der Preisdruck zwingt sie, ihre traditionelle One-to-one-Beziehung zum Kunden zugunsten von One-to-many-Beziehungen zu verlassen. Das heißt, sie müssen sehr viel stärker als bisher ihre Beratungsprodukte standardisieren und an viele Kunden ähnliche Produkte ausliefern. Ihre Dienstleistungen werden damit Produkten ähnlicher, deren Leistungsfähigkeit klar definiert ist und mit kleineren Änderungen für viele Kunden passt.

Doch was bedeutet das für die Unternehmens-IT? Hier wird es Zeit für einen Appell: Das Unternehmen 2020 muss begreifen, dass die IT eine zentrale Bedeutung für seinen Erfolg hat. Sie bietet, richtig eingesetzt, die Möglichkeit, seine Prozesse effizient zu gestalten, sich mit anderen Unternehmen und ihren Kunden zu vernetzen und selbst seine Innovationsrate zu erhöhen.

Dabei kommt es zunächst nicht darauf an, große Investitionen zu tätigen, doch zunächst sollte wirklich darüber nachgedacht werden, in welche Richtung die IT entwickelt werden sollte. Wo liegen die größten Defizite? Welche davon sollten zuerst angegangen werden? Welche IT-Strategie ist die richtige?

Wichtig ist vor allem, dass die IT-Strategie nicht von der Geschäftsstrategie entkoppelt sein darf, sondern dass sie die Ziele des Business unterstützt.

Die IT nimmt sich zurück – und wird immer wichtiger

Das Internet entwickelt sich mehr und mehr zu einer Bezugsplattform für die meisten gängigen IT-Funktionen (Rechenpower, Speicherkapazität, Netzwerke, Software, Business Process Outsourcing). Heute heißen diese Trends Software as a Service oder Cloud Computing. Diese reduzieren die IT in den Anwenderunternehmen erheblich. Sie werden keine eigenen Rechenzentren mehr betreiben, sondern in der Regel IT-Leistungen und die komplette Unterstützung von Prozessen beim spezialisierten Dienstleister kaufen.

Vor diesem Hintergrund werden Standards in der IT immer wichtiger werden. Standards sind zunächst einmal unbequem, schwer durchzusetzen und führen oft zu Konflikten innerhalb des Unternehmens, vor allem aber auch beim Versuch, die eigene IT mit anderen zu vernetzen, beispielsweise mit Lieferanten, Geschäftspartnern oder Kunden. In einer Welt, die sich ständig intensiver vernetzt und austauscht, sind Standards aber unverzichtbar. Ohne standardisierte Kommunikationsprotokolle gäbe es heute weder das Internet noch E-Mail noch den direkten Datenaustausch zwischen Applikationen. Ohne standardisierte Datenmodelle oder eine entsprechende Übersetzungsschicht können Versender wie Otto keine Katalogdaten austauschen. Ohne Standards können CRM-Anwendungen mit den in der Buchhaltung verbuchten Vertriebszahlen nichts anfangen, Analysesysteme nichts mit den Daten, die die operationalen Transaktionssysteme liefern.

Solche Standards sind mit DIN-Normen vergleichbar, denen wir es im normalen Leben verdanken, dass Briefumschläge im DIN-lang-Format problemlos zweimal gefaltetes DIN-A4-Papier fassen, dass Schrauben und Muttern der gleichen Größenklasse zueinanderpassen oder dass Eisenbahnen durchgehend auf Schienen gleicher Breite fahren können.

Doch in der IT existiert noch eine zweite Standardisierungsmaxime, die von Anwenderunternehmen ungleich stärker beeinflusst wird als die Standardisierung auf der Protokoll- und Datenebene. Dabei handelt es sich um die Standardisierung der eingesetzten Applikationen und Infrastruktur in einem Unternehmen. Extrem ausgedrückt hat das einmal der CIO eines Großunternehmens in der Versicherungsbranche: „Bei mir bekommen die Anwender alles – solange SAP oder Microsoft das anbieten." Die wichtigste Faustregel dabei lautet: Je weniger verschiedene Applikationen, Server, Netzwerke, Entwicklungsumgebungen und Clients (Desktops, Laptops, Netbooks und Smartphones) unterstützt werden, desto geringer ist der Aufwand für den IT-Betrieb.

Obwohl die Regel simpel zu sein scheint, ist es schwieriger, sie stringent anzuwenden, als es zunächst den Anschein hat. Zum einen leidet fast jedes Unternehmen unter Altsystemen, die zwar noch eine wichtige Funktion erfüllen (beispielsweise unterstützen viele Banken ihre Kernprozesse noch mit Systemen, die 20 Jahre alt und älter sind), aber nicht mehr ohne Weiteres erweitert oder modernisiert werden können. Deshalb werden zusätzliche neue Systeme angeschafft, zusätzliche Schnittstellen werden geschaffen, die gepflegt werden müssen, Spezialisten werden vorgehalten, die alte und neue Systeme unterstützen, und so fort.

So gleicht die IT eines mittelgroßen Unternehmens oft einem bunten Flickenteppich, an den immer wieder angestückelt werden muss. Das Ergebnis ist zwar in seiner Farbenpracht unter Umständen schön anzusehen, aber unmöglich zu pflegen oder zu vereinheitlichen, und mit der Zeit wird es immer schwieriger, passende Flicken zu finden, die das System erweitern. Unternehmen, die darangehen – um im Bild zu bleiben –, ihre Flickenteppiche gegen einheitliche Spannteppiche auszutauschen, müssen Großprojekte bewältigen, die unter Umständen Jahre und Millionen von Euro verschlingen. Dennoch müssen Mittelständler diese Aufgabe in den nächsten Jahren bewältigen. Die Alternative sind zunehmende Unbeweglichkeit und ein IT-Betrieb, der immer teurer und ineffizienter wird.

Unternehmen, die vor solchen Standardisierungs- oder Harmonisierungsprojekten stehen, sind allerdings gut beraten, wenn sie ihrer eigenen IT-Strategie folgen. Anwender, die einen großen IT-Lieferanten zum „strategischen Partner" erklären und sich praktisch ausschließlich aus seinem Portfolio und dem seiner Partner bedienen, begeben sich in eine gefährliche Abhängigkeit, die ihnen unter Umständen in zehn oder 20 Jahren das gleiche Problem beschert, das sie mit dieser Entscheidung aus der Welt schaffen wollen.

Modularisierung: Die IT flexibilisieren

In den meisten Unternehmen herrschen heute noch monolithische Anwendungslandschaften vor. Mächtige ERP-Systeme wie beispielsweise SAP unterstützen Aufgaben vom Rechnungswesen über die Produktionsplanung bis hin zum Kundenmanagement. Das verkompliziert nötige Änderungen an Teilsystemen, die immer in die Gesamtlandschaft integriert werden müssen. Das wiederum erhöht die Kosten und den Aufwand enorm. Dass Unternehmen heute bis zu 80 Prozent ihrer IT-Ausgaben in den Betrieb und die Pflege bestehender Applikationen investieren, beweist überdeutlich, wie unbeweglich große Anwendungsmonolithen die Unternehmen gemacht haben.

Allerdings haben die ERP-Anbieter (ERP steht für Enterprise Resource Management) inzwischen dazugelernt. Zwar funktionieren die SAP-, Oracle- und Microsoft-Welten immer noch am besten, wenn sie unter ihresgleichen bleiben, aber die Hersteller sind sich inzwischen bewusst, dass ihre Applikationen auch mit den Produkten anderer Hersteller zusammenarbeiten müssen. Fast alle lösen dieses Problem über eine sogenannte Middleware, die den Datenaustausch mehr oder weniger problemlos möglich macht. Kleinere Anbieter nutzen die von den großen geschaffenen Schnittstellen, damit ihre Daten von den anderen weiterverarbeitet werden können. Allerdings gilt das nur sehr bedingt für Applikationen älteren Datums. Alte ERP-Suiten wurden außerdem so spezifisch auf die Bedürfnisse einzelner Anwender zugeschnitten, dass die standardmäßig vorhandenen Schnittstellen ihre Aufgabe nur noch bedingt erfüllen.

Ein weiterer Trend, der die monolithischen Anwendungspakete zunehmend öffnet, ist die Serviceorientierung. Natürlich handelt es sich auch bei Services um in Software gegossene Teilprozesse, allerdings sind sie anders strukturiert und folgen anderen Regeln als klassische Anwendungen. Zum einen steht der Prozess oder Teilprozess im Vordergrund, der unterstützt werden soll. Zum anderen ist ein Service autonom. Eine Bank zum Beispiel benötigt einen Service „Kontoeröffnung". Früher wurde dieser Prozess je nachdem, in welchem Geschäftsfeld der Bank, mehrfach realisiert. Wenn dort auch noch unterschiedliche Entwicklungsumgebungen und unterschiedliche Kernapplikationen im Einsatz waren, wurde er nicht nur mehrfach, sondern auch unterschiedlich realisiert. Im Bereich Privatkunden anders als im Segment Geschäftskunden und wieder anders im Retail-Geschäft, obwohl es um den gleichen Vorgang geht. Wenn dagegen eine serviceorientierte Architektur eingezogen ist, kann der einmal entwickelte Service „Kontoeröffnung" an den verschiedensten Stellen eingesetzt werden.

Während Großunternehmen inzwischen begonnen haben, ihre IT serviceorientiert aufzustellen, werden Mittelständler die Zeit und die Ressourcen für solche Architekturprojekte scheuen. Sie werden wahrscheinlich warten, bis sich die serviceorientierten Paradigmen in den neuen Versionen ihrer Kernapplikationen durchgesetzt haben und diese dann sukzessive einführen.

Bei der Implementierung neuer Funktionen verursacht die Integration in bestehende Systeme inzwischen mehr Aufwand als das Entwickeln der neuen Funktion. Dieses Verhältnis muss wieder umgekehrt werden. Es kann nicht sein, dass Unternehmen beispielsweise vor der Einführung eines Beschwerdemanagementsystems zurückschrecken, weil die Integration in das bestehende CRM-System mehr Geld kostet, als die zu erwartenden Vorteile einer größeren Kundenzufriedenheit bringen können. Die Implementierungsdauer hemmt die Unternehmen ebenfalls. Es darf ebenfalls nicht sein, dass Unternehmen Marktchancen nur deshalb verpassen, weil ihre IT-Systeme sich zu langsam an die neuen Herausforderungen anpassen lassen.

Führungskräfte müssen die richtigen Fragen stellen können

Allerdings sind die Unternehmen selbst auch gefordert, wenn sie zu einer besser angepassten IT kommen wollen. Sie sollten ihr IT-Know-how ausbauen. Dabei geht es nicht so sehr um die IT-Spezialisten, sondern um ein besseres allgemeines Verständnis des Potenzials, das IT bietet. Es geht um das generelle Wissen vor allem der Führungskräfte, wie bestimmte Applikationen die Prozesse ihres Unternehmens effizienter machen können. Gerade in Bezug auf die geringere Arbeitsteiligkeit im Mittelstand müssen Unternehmer von sich selbst und von ihren Führungskräften eine höhere „IT-Literalität" verlangen. Sie sollten zumindest den richtigen Leuten die richtigen Fragen stellen können. Wer künftig als Mittelständler noch Erfolg haben will, muss sich aktiv mit den heraufdämmernden Trends der IT-Nutzung auseinandersetzen. Er kann sich nicht von IT-Herstellern und seinen IT-Dienstleistern vorbeten lassen, was er in Zukunft wie einsetzen soll. Sie handeln ausschließlich in ihrem Interesse. Ihre Beratungskompetenz endet mit ihrem Produkt- und Serviceportfolio. Deshalb tun auch mittelgroße Unternehmen gut daran zu lernen, wie sie von aktuellen und sich abzeichnenden IT-Trends profitieren können. Was bedeutet für mein Unternehmen Software as a Service? Was heißt Cloud Computing? Welche neuen Möglichkeiten tun sich im Kundenmanagement mithilfe neuer Software auf, welche in der Logistik und welche im Vertrieb? Das sind Fragen, die der Mittelständler in Zukunft zumindest in Ansätzen beantworten können muss. Auch hier gilt wieder die Aussage: Es gilt die Fähigkeit zu erwerben, die richtigen Fragen zu stellen.

Unternehmen brauchen schon längst nicht mehr sämtliche IT-Anwendungen zu kaufen und selbst zu betreiben. Inzwischen lassen sich im Extremfall die komplette IT – Hardware, Software, Netze, Service und Support – und die Anwendungsentwicklung oder sogar ganze Geschäftsprozesse inklusive der Mitarbeiter auslagern. Dazwischen gibt es unzählige Abstufungen. Managed Services und Software as a Service bieten auch Mittelständlern interessante Einstiegspunkte. Die Unternehmen müssen sich mit diesen Möglichkeiten vertraut machen. Was bedeutet es, wenn zum Beispiel der sogenannte Desktop-Support ausgelagert oder das Thema Security als Managed Services eingekauft wird? Ist das preiswerter, schneller, besser oder belastet es die Betriebsausgaben zu stark? Das Research-Unternehmen Gartner hat 15 verschiedene, sogenannte Delivery-Modelle identifiziert, die bereits in zwei Jahren die Normalität der IT-Beschaffung darstellen. Der Mittelständler muss sie kennen, um seine Möglichkeiten ausschöpfen zu können.

Die wichtigsten Delivery-Modelle für den Mittelstand werden in den nächsten Jahren neben dem klassischen Softwarelizenzkauf zum Beispiel Software as a Service und Managed Services sein. Auf sie werden wir noch detaillierter eingehen.

SaaS: Software aus der Dose

Kaufen oder mieten – diese Frage stellte sich mittelständischen Unternehmern früher vor allem beim Firmenwagen oder bei der neuen Telefonanlage. Wenn eine neue Software oder eine aktuellere Version eines bestehenden Programms nötig war, wurde sie bestellt und kam meistens auf CD-ROM oder DVD ins Haus.

Aber Software kaufen war gestern. Das Unternehmen 2020 wird die Programme, die Mitarbeiter zum Arbeiten benötigen, bei Bedarf aus dem Internet herunterladen. In der Regel genügt für die Bedienung ein einfacher Webbrowser, abgerechnet wird nach Zeit oder Datenvolumen. Bezahlt wird also nur noch, was tatsächlich verbraucht wird.

„Die Zukunft des Softwarevertriebs liegt im Internet", sagte auf der CeBIT 2009 Achim Berg, Deutschlandchef des weltgrößten Softwareherstellers Microsoft. Das neue Online-Angebot des weltgrößten Softwareherstellers heißt „Business Productivity Online Suite" und besteht aus verschiedenen Modulen, die Online-Zugriff auf E-Mails, Kalender, Kontaktdaten, geteilte Arbeitsoberflächen sowie Web- und Videokonferenzen bieten. Bereits vor zwei Jahren übernahm Suchmaschinenriese Google die kleine Firma Upstartle und bietet seitdem deren Programmpaket „Google Docs" auf ihrem Internet-Portal an, das sich als direkte Konkurrenz zu so beliebten Büroprogrammen wie „Word" oder „Excel" versteht. Wer Google Docs oder ähnliche Programme anderer Anbieter im Netz benutzen will, muss sich keine CD im Softwareladen bestellen, sondern ruft einfach eine Internetseite auf, registriert sich und legt los. Texte oder Tabellen lassen sich sogar im Netz abspeichern. Ein am Morgen im Flugzeug begonnener Text kann später im Büro zu Ende geschrieben und ausgedruckt werden.

„Wer als Mittelständler heute noch Software kauft, ist selber schuld", sagt Werner Grohmann. Der Unternehmensberater aus München ist Chef des Arbeitskreises „SaaS-Forum" und vertritt die Interessen einer Schar von Firmen, die vor allem eines im Sinn haben: Das Geschäftsmodell für Unternehmenssoftware radikal verändern. Mieten statt kaufen lautet die Devise.

Die Idee, Software per Internet anzubieten, ist allerdings nicht ganz neu. Bereits Ende der 90er-Jahre starteten verschiedene Anbieter entsprechende Versuche, damals unter der Bezeichnung „Application Service Providing". Doch ASP, wie das Prinzip in der Abkürzung hieß, war ein Flop. Der Grund: Quälend langsame Internet-Verbindungen, die gelegentlich sogar abstürzten und den alles entscheidenden Datenstrom zwischen dem Computer des Firmenanwenders und dem Rechenzentrum des Anbieters versiegen ließen, nervten die Kunden, die nach kurzer Zeit wieder auf die gewohnte Software auf der Festplatte zurückkehrten. Dazu kamen Sicherheitsbedenken vor allem von Unternehmern, die Angst davor hatten, ihre kostbaren Firmendaten über das offene Internet zu schicken.

Inzwischen hat auch der deutsche Mittelstand seine Scheu vor dem Internet abgelegt, glaubt Grohmann. Die Stunde der Mietsoftware sei endgültig gekommen. Dabei sei die gegenwärtige Wirtschaftsflaute für die Anbieter sogar ein Segen, denn „in der Krise schauen die Unternehmer noch viel genauer auf die Kosten als in Zeiten, in denen sie glauben, die Taschen voll zu haben", wie er sagt.

Der finanzielle Vorteil kann in der Tat enorm sein. Außerdem sind die Mietkosten für Software aus dem Internet meistens als laufende Betriebskosten zu verbuchen, während gekaufte Software über mehrere Jahre hinweg abgeschrieben werden muss. Wichtiger noch sei aber, so Grohmann, die Arbeitsentlastung des Unternehmens. „Das Geschäft des Mittelständlers ist es nicht, sich um die IT zu kümmern. Dank Software as a Service kann er das Ganze einem Dienstleister geben und sagen: Komm, mach du das. Ich muss arbeiten."

Das Angebot an Mietsoftware umfasst heute so gut wie alle Anwendungen, die ein typischer Mittelständler benötigt. Alleine die im SaaS-Forum zusammengefassten Unternehmen decken mit ihrem Angebot alles ab von einfacher Bürosoftware über komplexe Außendienststeuerung bis zu speziellen Branchenlösungen.

Damit alle im Unternehmen bei komplexen Projekten an einem Strang ziehen können, bietet beispielsweise die Mietsoftware des

Münchner Anbieters Projectplace (www.projectplace.de) unter anderem vordefinierte Projektmodelle für verschiedene Branchen entweder mit Einzelabrechnung („Pay-per-Use") oder als Flatrate für unter 20 Euro pro Mitarbeiter und Monat an.

Um die Kosten- und Zeitvorteile von Online-Einkauf und Beschaffung übers Internet auch kleinen und mittleren Unternehmen zu erschließen, bietet die Stuttgarter businessMart AG (www.businessmart.de) mit „procuresMart" eine Ein- und Verkaufsplattform sowie Lösungen zur Anbindung von Geschäftspartnern, für Ersatzteilbeschaffungen und Artikeldatenmanagement an.

Besonders für Kleinbetriebe bedeutet die Lohn- und Gehaltsabrechnung ihrer Mitarbeiter oft eine große Belastung. Der Softwareanbieter Lexware (www.lexoffice.de) aus Freiburg bietet seit Neuestem mit „Lexlohn" eine komplette Lohn- und Gehaltsabrechnung per Internet für rund 3,50 Euro pro Mitarbeiter und Monat an. Die ebenfalls in Freiburg beheimatete Firma HRworks (www.hrworks.de) erleichtert mit seiner Mietsoftware vor allem die Urlaubs- und Reiseplanung sowie die Reisekostenabrechnung.

Ein weiteres Thema, mit dem sich mittelständische Unternehmer in aller Regel nur sehr ungern beschäftigen, ist IT-Sicherheit. In diese Marktlücke stoßen Spezialanbieter wie die US-Firma Postini, die E-Mails auf Viren überprüft und lästige Spam-Nachrichten entfernt. Das Unternehmen, das vergangenes Jahr von Google übernommen wurde, vertreibt seinen Service in Deutschland über Partner wie den Security-Spezialisten Integralis, der ihn als Teil seiner „Managed Security Services" (MSS) anbietet.

Doch für den Mittelständler kommt es vor allem darauf an, dass es in der Kasse klingelt. Auch da kann SaaS helfen, behauptet Hartmuth Stein, Chef der gleichnamigen Softwareentwicklungsfirma in Kempten im Allgäu. Er bietet per Internet eine „virtuelle Registrierkasse" für Unternehmen an, bei denen sich die Anschaffung eines eigenen Kassensystems nicht lohnt oder die sich nicht mit Einrichtung und Wartung belasten wollen. Steins Handelssoftware „V6" läuft als Mietsoftware auf einem Arbeitsplatzcomputer oder Laptop und kann auch mit einem Barcode-Scanner oder anderen Eingabehilfen gekoppelt werden.

Wird SaaS also eines Tages das traditionelle Vertriebsmodell im Softwaremarkt ablösen? Microsoft-Deutschland-Chef Achim Berg ist davon überzeugt. Seine gewagte Prognose: „Microsoft wird bis zum Jahr 2011 bereits 25 Prozent seines Softwareumsatzes über das Internet machen." Andere wie die Analystin Liz Herbert von Forrester Research sehen die Sache etwas skeptischer: Das Anpassen von Mietsoftware an individuelle Wünsche und Bedürfnisse von Firmenkunden sei entweder relativ aufwendig und in vielen Fällen ganz unmöglich. „In der Praxis stößt SaaS deshalb häufig an Grenzen", glaubt die Amerikanerin. Auch die Integration mit bestehenden Anwendungen und Systemen im Unternehmen sei oft problematisch.

Langfristig läuft es wohl eher auf ein Nebeneinander beider Modelle hinaus, sagt SaaS-Sprecher Werner Grohmann. „Wenn ich als Unternehmer ein Auto oder einen PC brauche, setze ich mich auch erst mal hin und rechne durch, was sich für mich eher lohnt – kaufen oder mieten. Bei Software wird das in Zukunft genauso sein."

Managed Services: Die Unternehmens-IT geht fremd

Doch SaaS ist auch nur ein Anfang. Der nächste Schritt wird der zur kompletten Auslagerung von ganzen Teilen der IT im Unternehmen 2020 sein – das Stichwort lautet „Managed Services". Es geht darum, bestimmte, klar umrissene IT-Aufgaben an Fremdfirmen zu vergeben, die sich um Betrieb, Updates, Speicherung und Back-ups kümmern – alles Dinge, die nun mal nicht zur Kernkompetenz der meisten mittelständischen Unternehmen gehören.

Sind Managed Services also nichts anderes als IT-Outsourcing, so wie es große Unternehmen längst praktizieren, die ihre IT an Spezialfirmen in Indien oder Osteuropa auslagern? Nicht ganz: Vor allem die Worte „kontrolliert" und „klar umrissen" unterscheiden Managed Services von anderen Formen des Outsourcings. Im Gegensatz zum herkömmlichen Outsourcing erfordern Managed

Services keinen kompletten Transfer der IT-Systeme zum Dienstleister. Der Provider greift vielmehr über das Netzwerk auf die internen Systeme des Unternehmens zu. Dabei trifft er eigenverantwortlich Entscheidungen und leitet Maßnahmen ein, um die Dienstleistung in der vereinbarten Qualität sicherzustellen.

In der Praxis beschränken sich Managed Services auf eine Reihe von Standardanwendungen, die in jedem Unternehmen anfallen und die dort viel Aufwand und Ärger verursachen. Typischerweise sind das Dinge wie IT-Security, E-Mail-, Netzwerkmanagement, Datenspeicherung oder das Erstellen von Sicherheitskopien, das sogenannte Back-up. Interessante Einsatzbereiche sind aber auch Dinge wie Desktop-Management, also das Einspielen von neuen Anwendungsversionen oder Sicherheitsupdates auf allen Rechnern im Unternehmen. Früher musste jemand von der IT-Abteilung von Büro zu Büro gehen und die neue Software von einer CD-ROM oder DVD aufspielen. Inzwischen geht das schneller und bequemer über das Netzwerk – und genau hier setzen findige Dienstleister an, die diese Aufgabe in einer Art „Fernwartung" per Internet besorgen. Andere bieten kompletten Betrieb unternehmenskritischer Applikationen wie CRM oder ERP als Managed Services an.

Doch auch das Prinzip der Managed Services trifft irgendwo auf seine Grenzen – nämlich dann, wenn es um die strategische Entwicklung der Business-IT im Unternehmen 2020 geht: Die wird wohl immer eine Aufgabe des Unternehmens sein und muss daher zwingend im Haus bleiben.

Gerade für mittelständische Unternehmen, für die IT nicht zur Kernkompetenz gehört, bietet sich diese gezielte Auslagerung von IT-Aufgaben aus verschiedenen Gründen an:

- Die Kosten lassen sich eindeutig kalkulieren.
- Weniger Kapitalbindung durch Soft- und Hardwareeinkäufe.
- Fehlendes internes Know-how kann ausgeglichen werden.
- Service Level Agreements regeln die Qualität vertraglich.
- Es braucht kein eigenes Personal vorgehalten zu werden.
- Die Implementierungszeit verkürzt sich stark und damit die Time to Market.

- Die Skalierung nach oben und nach unten ist sehr viel schneller realisierbar als im Eigenbetrieb.

Das alles verhilft einem Unternehmen zu mehr Geschwindigkeit im Aufsetzen beziehungsweise Automatisieren von Geschäftsprozessen und bringt mehr Flexibilität in die IT.

Die häufigsten Gründe, warum sich Unternehmen für einen Managed Services Provider (MSP) entscheiden, sind laut einer Experton-Umfrage fehlendes Know-how, Mangel an internen, erfahrenen Ressourcen und die Hoffnung, dass ein Serviceprovider den Service kosteneffektiver liefern kann. Allerdings würden die Kostenvorteile mitunter überschätzt, behaupten Experten.

Zentrale Voraussetzung für die genannten Vorteile sind allerdings eine exakte Beschreibung des auszulagernden Service, ein gutes Vertragsmanagement und relativ kurze Laufzeiten, die den Serviceanbieter einfach austauschbar machen. Vor dem Hintergrund der Managed Services gilt das vor allem im Mittelstand gepflegte Vorurteil nicht mehr, die Auslagerung von IT-Aufgaben lohne sich nur für große Unternehmen. Bei Managed-Services-Konzepten kann sich der Anwender auf die Vereinbarung und Kontrolle der Servicequalität beschränken. Gegenüber dem Eigenbetrieb kann er vor allem bei Dienstleistungen Kosten reduzieren, die von vielen Anwendern als Managed Services nachgefragt werden. Die starke Nachfrage nach relativ einheitlichen Services erlaubt es den Anbietern, eine Art Serienfertigung zu etablieren. Die dabei erzielten Effizienzgewinne können sie an die Auftraggeber als Kostenvorteil weitergeben.

Gerade für mittlere Unternehmen, die weder das Know-how haben noch es sich leisten können, Hackern und Datendieben teure Spezialisten auf die virtuellen Hälse zu hetzen, bietet der Einkauf von Security-Dienstleistungen von externen Anbietern eine Alternative. Dieses Marktsegment ist in den vergangenen beiden Jahren stark gewachsen: allein 2008 laut Gartner um 20 Prozent. Auch die Marktforscher von Experton haben festgestellt, dass schon drei von vier Anwendern – natürlich in unterschiedlichem Ausmaß – Sicherheitsservices einkaufen. Tendenz weiter steigend. Vor allem werden Wartungs- und Supportleistungen, technische Beratung, Implementierungs- und Integrationsdienste sowie Schwachstellenanalysen, Sicherheitstraining für IT-Personal und Anwender bei Dritten gekauft. Allerdings gilt auch bei diesen sogenannten Managed Security Services, dass die Gesamtverantwortung für die Security im Unternehmen bleiben sollte. Ebenfalls vom auslagernden Unternehmen vorgehalten werden die Mitarbeiter, die den Dienstleister managen, das heißt, sie müssen in der Lage sein, die Qualität des Service zu beurteilen und im Krisenfall ein Insourcing oder einen zügigen Providerwechsel einzuleiten. Voraussetzung dafür sind Security-Richtlinien, die das Unternehmen formuliert und schriftlich niederlegt.

Ein Sonderfall im Bereich Managed Services stellt das Application Management dar. Dabei geht es um die Auslagerung von Individualsoftware an einen Dienstleister. Der Provider übernimmt nicht nur den Betrieb der Software, sondern stellt auch Services wie die Anpassung an gesetzliche Änderungen oder an neue Betriebssystemversionen zur Verfügung. Für den Anwender bedeutet das normalerweise einen enormen Aufwand. Einige Dienstleister können diese Services deshalb preiswerter anbieten, weil sie sich auf bestimmte Applikationsarten spezialisiert haben und so Skaleneffekte heben können. Allerdings müssen Anwender beim Application Management sehr auf die Einhaltung der Service-Levels achten, das heißt, ihre Erwartungen vorher genau formulieren und vertraglich festhalten.

Individualsoftware auszulagern kann sich lohnen:

- wenn es an interner Kapazität und Know-how fehlt,
- wenn die Applikation nur noch eine begrenzte Lebenserwartung hat und sich die internen Teams beispielsweise um die Einführung einer neuen Applikation kümmern,
- wenn die Schnittstellen zu den anderen Applikationen des Anwendungsportfolios klar definiert sind.

Besonders im Bereich der Telekommunikation werden diverse Dienstleistungen als Managed Services angeboten. Sie reichen von

Access, Netzwerken, Remote-Zugängen, Netzwerk-Monitoring über Netzwerkmanagement, Router, Virtual Private Networks bis hin zu spezialisierten Mobility-Providern, die sämtliche mobilen Endgeräte eines Unternehmens inklusive Roaming und der Administration firmenindividueller Applikationen betreuen. Das reichhaltige Dienstleistungsangebot im TK-Sektor hat wohl auch stark mit dem Versuch der Telekommunikationsanbieter zu tun, ihr Dienstleistungsangebot möglichst weit über die reinen TK-Dienste hinaus auszuweiten. Das Beispiel der Internet Protocol Services (Managed IP-Services) zeigt deutlich, welche Bandbreite und Services in diesem Bereich möglich sind. Sie reichen vom Management von Virtual Private Networks über Internettelefonie (IP-Telefonie), Unified Communications, Managed Metro Ethernet (die Verwaltung der lokalen Netzwerke von Unternehmen in einer Stadt) bis hin zu Managed Security. Die Vorteile solcher Lösungen – gute Vorbereitung vorausgesetzt – liegen auf der Hand:

- Anwender nutzen aktuelle Technik, ohne neu investieren zu müssen,
- sie binden weniger Kapital und zahlen einen monatlichen Obolus,
- Mittelständler benötigen für diese komplexe Materie kein eigenes Know-how, weil sie keine eigenen Systeme einführen oder pflegen müssen.

Service verändert die IT

Neben der guten Vorbereitung und der genauen Überwachung der Dienstleister brauchen Managed Services unbedingt einen Faktor, um von Unternehmen erfolgreich eingesetzt werden zu können. Das Konzept muss vom Anwenderunternehmen verstanden und in allen Bereichen akzeptiert werden. Ist nur ein Glied der Kette nicht auf die Auslagerung vorbereitet, kann das ganze Projekt platzen. Vor allem die Mitarbeiter der IT müssen diese Services unterstützen, obwohl sie zum Teil über den eigenen Schatten springen müssen. Oft werden die IT-Abteilungen aufgrund der geringeren Fertigungstiefe verkleinert oder Mitarbeiter bekommen neue Aufgaben. Wenn die IT das Konzept nicht lebt, wird es nie zu einem vertrauensvollen Umgang mit den Dienstleistern kommen können. Man wird sich gegenseitig Fehler vorwerfen, statt sie gemeinsam aus der Welt zu schaffen. Die wichtigste Veränderung für die IT besteht aber wohl darin, dass sie von Entwicklern und Betreuern einer IT-Infrastruktur und den darauf aufbauenden Applikationen zu Managern von Dienstleistern und Verträgen werden. Das ist zwar ein schleichender Prozess, dennoch muss man sich als Unternehmer über dessen Konsequenzen im Klaren sein.

Erfolgreiche Unternehmen werden in Zukunft stärker auf IT setzen, um ihre Prozesse zu automatisieren oder bereits teilautomatisierte Prozesse effizienter zu machen. Wer diesem Trend nicht folgt, verliert an Wettbewerbsfähigkeit – in seinem lokalen Markt, vor allem aber international. Die gute Nachricht soll allerdings nicht verschwiegen werden. IT wird preiswerter, flexibler und zumindest aus Anwendersicht auch einfacher. Dafür sorgen die zunehmend entstehenden Dienstleistungsangebote, die auch für Mittelständler erschwinglich werden. Der wichtigste Trend dabei ist Software as a Service. Anwendungssoftware inklusive wichtiger Dienstleistungen wird über das Internet geliefert und befreit die Unternehmen vom zeit- und geldaufwendigen IT-Betrieb.

Cloud Computing: Die Wolken lichten sich

Die Wetteraussichten, die der *Spiegel* jüngst verbreitete, klangen für IT-Profis alles andere als erfreulich: „Deutschland weitgehend wolkenlos", unkte das Nachrichtenmagazin in seiner Online-Ausgabe. Und stürzte die Branche damit in ein Tief. Cloud Computing, „einer der heißesten Modebegriffe der letzten zwei Jahre", so das Blatt, gelte zwar weltweit als Zukunftsgeschäft. Ausgerechnet bei deutschen Managern und IT-Profis überwiege dagegen die Scheu vor dem Neuen.

Einer IDC-Studie zufolge sagen 89 Prozent der befragten Entscheider, dass Cloud Computing die Praxistauglichkeit erst noch bestehen müsse. Der Verfasser der Studie, Matthias Kraus von IDC, wird mit den Worten zitiert: „Viele Anwender können sich unter dem Begriff überhaupt nichts vorstellen."

Das ist kaum verwunderlich angesichts des geradezu babylonischen Wirrwarrs an Fachbegriffen, die durch die Fachwelt geistern. „Grid Computing", „Edge Computing", „Hosted Computing" und sogar „Organic Computing" lauten sie, je nach Hersteller, dazu solche Zungenbrecher wie „SaaS" („Software as a Service"), „PaaS" („Platform as a Service"), „On Demand Computing" oder „P2P Computing". Selbst das gute, alte „ASP" („Application Service Providing") feiert noch fröhliche Urständ in den Werbebroschüren und Fachaufsätzen der Experten. Der Manager versteht da nur noch Bahnhof.

Analysten überbieten sich ebenfalls mit Definitionsversuchen, die eher zur allgemeinen Verwirrung beitragen. Forrester spricht von einem „Pool aus abstrahierter, hoch skalierbarer und verwalteter IT-Infrastruktur, die Kundenanwendungen vorhält und nach Verbrauch abgerechnet wird". Gartner kontert mit dem „Bereitstellen skalierbarer IT-Services über das Internet für eine potenziell große Zahl externer Kunden". Die Analysten von Kuppinger Cole + Partner mit ihrem Schwerpunkt im Bereich der digitalen Identität und des Identity Management haben ihre eigene Definition von Cloud Computing, die nach ihrer Meinung klarer umreißt, worum es aus Sicht der Anwenderunternehmen eigentlich geht, nämlich: „Cloud Computing ist die kontrollierte und sichere Bereitstellung und Nutzung von definierten Services unterschiedlicher Provider, extern wie intern, wobei der Wechsel zwischen den Providern einfach sein muss. Cloud Management und Cloud Governance auf der Grundlage von gesicherten digitalen Informationen sind hier der Schlüssel."

In Wahrheit ist die Sache einfach – und komplex zugleich. Die IT ist nämlich im Begriff, sich selber neu zu erfinden. Das wird umwälzende Folgen haben für Unternehmen, aber auch für den privaten Computerbenutzer. Statt Daten auf der Festplatte oder im unternehmenseigenen Rechenzentrum zu speichern, werden Dokumente, E-Mails und andere Daten künftig online abgelegt, sprich in der Cloud. Statt teure Softwarepakete, deren Funktionen die meisten User nur zu einem kleinen Teil voll ausnutzen, zu kaufen und auf den eigenen Rechnern zu installieren, lädt man sich bei Bedarf nur die Anwendung herunter, die man gerade benötigt, um beispielsweise einen Brief zu schreiben oder eine Präsentation zu erstellen.

Tatsächlich nutzen heute schon Millionen von Menschen jeden Tag Cloud-Technologie, etwa wenn sie ihre Urlaubsbilder bei Flickr abspeichern oder ihre E-Mails über Google Mail oder Microsofts Hotmail senden und empfangen. Eigentlich nichts Neues also? Doch, denn in der letzten Konsequenz bedeutet Cloud Computing, dass viele gerade kleine und mittlere Unternehmen in den kommenden Jahren dazu übergehen werden, ihre Firmen-IT aufzugeben und sich ganz auf die Cloud zu verlassen, weil es billiger und effizienter ist, als sich selber um Aufbau, Betrieb und Wartung komplizierter Computersysteme im Unternehmen zu kümmern. Denn die selten ausgesprochene Wahrheit ist: Die meisten Unternehmen verstehen sehr wenig von IT – es ist ja auch nicht ihre Kernkompetenz. Viel sinnvoller wäre es, das Ganze auszulagern und von Profis erledigen zu lassen. Kein Unternehmen betreibt heute noch ein eigenes Kraftwerk, sondern bezieht seinen Strom aus der Steckdose. (Nebenbei bemerkt: In den Frühzeiten der Industrialisierung war es durchaus üblich, dass Unternehmen ihre eigene Energie produzierten, weil es noch keine öffentlichen Stromnetze gab.) Und kein Unternehmen trägt selbst seine Briefe aus: Man verlässt sich seit Jahrhunderten auf die Deutsche Post.

Cloud Computing wird vor allem kleinen Firmen und innovativen Gründerunternehmen deutliche Wettbewerbsvorteile bescheren. Zu Zeiten der Dotcom-Blase musste ein junges Unternehmen einen Großteil des soeben eingesammelten Startkapitals darauf verwenden, teure Server und Speichermedien anzuschaffen. Hatte man Erfolg, war sehr schnell die Leistungsgrenze der bestehenden IT-Infrastruktur erreicht, also musste man noch mehr Geld ausgeben für noch größere Computersysteme. Und wer Saisonspitzen ausgleichen muss, etwa im Weihnachtsgeschäft, der muss eine dafür ausgelegte IT vorhalten, die den Rest des Jahres nur mit halber Kraft läuft und dabei kräftig Geld vernichtet.

In einer Welt, die ihre Rechenleistung aus der Cloud bezieht, genügt es, bei Bedarf einfach noch ein paar Server mehr beim Dienstleister anzumieten. Das Eigenkapital kann ins Kerngeschäft fließen, also in die Produktentwicklung, in den Vertrieb oder ins Marketing. Außerdem verwandelt das Unternehmen Fixkosten in variable Kosten, muss also nicht mehr die für die IT vorgestreckten Mittel über mehrere Jahre hinweg abschreiben, sondern kann die Ausgaben sofort als Betriebskosten steuerlich geltend machen.

Für diese Art von Entlastung werden Unternehmen bereit sein zu bezahlen, also geht es bei Cloud Computing am Ende des Tages auch um sehr viel Geld für die Anbieter und Betreiber von Anwendungen und Dienstleistungen, die in Zukunft nicht mehr auf dem eigenen, sondern auf fremden Rechnersystemen laufen werden – in der Cloud eben.

Der Ausdruck „Cloud" ist ein typisches Techie-Wort und leitet sich von der Gewohnheit der Computerfachleute ab, in Netzwerkdiagrammen die Stelle, wo man die übersichtliche Welt der Firmen-IT verlässt und das Niemandsland des Internets betritt, als eine diffuse Wolke darzustellen. Ein bisschen erinnert das an alte Seekarten, wo weiße Flecken ein Hinweis darauf sind, dass noch kein Forscher bis dorthin vorgedrungen war. Häufig versahen die Kartografen solche Blindstellen mit Warnhinweisen, nach dem Motto: „Izzo sind Seeungeheuer!" Anders ausgedrückt: Bis hierher und nicht weiter, lieber Reisende. Und so ähnlich ist es auch mit Cloud Computing, wo nach Ansicht vieler ITler, aber auch von Managern ungeahnte Gefahren lauern.

Sicherheitsbedenken stehen denn auch bei jeder Umfrage zum Thema Cloud an erster Stelle. 49 Prozent der Unternehmen, die im Rahmen einer Studie des japanischen Telekomriesen NTT in Europa befragt wurden, haben beim Thema Cloud ausgeprägte Sicherheitsbedenken, 44 halten das Konzept gar für „unausgereift", 40 Prozent monieren „marginale Zuverlässigkeit", und 67 Prozent der CIOs und CFOs britischer Unternehmen lehnen laut NTT Cloud-Lösungen ganz ab.

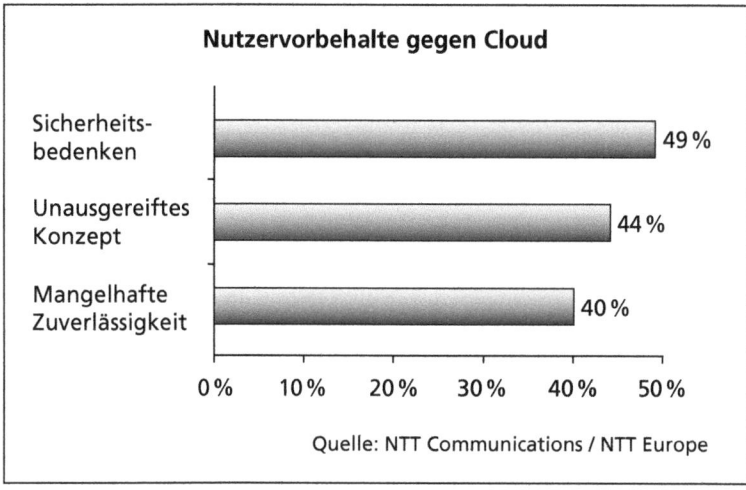

Die weitverbreiteten Sicherheitsbedenken haben ihre Ursache in einer allzu menschlichen Angst vor allem Unbekannten. Und tatsächlich tun sich Cloud-Anbieter schwer, die wohl einfachste aller Fragen von potenziellen Kunden zu beantworten, nämlich: „Wo sind meine Daten?" Die Antwort: „In der Cloud, natürlich!" befriedigt nicht wirklich, denn bislang war der Unternehmer gewohnt, selber die Kontrolle über seine IT auszuüben.

Dazu kommt, dass CIOs und CFOs sich gerade jetzt am Ausgang der letzten Wirtschaftskrise verstärktem Druck von Gesetzgebern und Aufsichtsbehörden ausgesetzt sehen, den Sicherheitsnachweis für ihre IT-Systeme zu erbringen. Viele Regularien wie SOX und HIPAA in den USA oder die Europäische Richtlinie für Wirtschaftsprüfer drohen mit empfindlichen Strafen bei selbst verschuldeten Schäden durch ungenügende Sicherung von Daten und Geschäftsprozessen. „C-Ebenen-Manager können dafür ins Gefängnis wandern", warnen die Experten von F5 Network, und schlussfolgern daraus: „CIOs wissen, dass sie ihre eigenen Rechenzentren im Griff haben, und sind deshalb der Cloud gegenüber argwöhnisch."

Wie sicher ist die Wolken-IT?

Noch müssen die meisten Anwender also erst vom Nutzen und der Sicherheit von Cloud Computing überzeugt werden. Die Branche steht deshalb in den kommenden Jahren vor einer schweren Aufgabe.

Vollends in den Kinderschuhen steckt das ganze Thema Cloud Governance. Angesichts der anhaltenden Sicherheitsbedenken der Unternehmer und Manager ist dies jedoch absolut unabdingbar, wenn sich das Cloud-Modell auf breiter Front und vor allem im Mittelstand durchsetzen soll.

Heute ähnelt die Wolken-IT eher einer Sammlung abgezäunter Gärten: Als Kunde von Amazon, Google oder Microsoft ist man mehr oder weniger in deren Systemlandschaft gefangen. In Zukunft werden Kunden zunehmend die offene Nutzung unterschiedlicher Cloud-Angebote verschiedener Betreiber fordern. Die Identifizierung von Benutzern und die Steuerung von Berechtigungen über verschiedene Cloud Services hinweg ist bisher aber nur in den Grundzügen gelöst. Zwar gibt es eine wachsende Anzahl von Anwendungen, die auf Standards wie SAML (Security Assertion Markup Language) basieren und die es erlauben, die Authentifizierung der Benutzer von deren Autorisierung zu trennen. In der Praxis bedeutet das die Fähigkeit zu steuern, wer etwas mit welchem System machen darf. Das mag innerhalb des eigenen Unternehmens noch ganz gut funktionieren, aber was ist, wenn man mit einem externen Dienstleister zusammenarbeitet – oder sogar mit mehreren? Ungelöst wie auch das Problem der Abrechnung über mehrere Betreiber hinweg. Portable Anwendungen sowie das Vermeiden von „Provider Lock-in" sind jedoch unabdingbare Voraussetzungen für den langfristigen wirtschaftlichen Erfolg des Cloud-Modells.

Cloud Governance, also das Auditieren und Monitoring von erbrachten Services, wird deshalb im Unternehmen 2020 eine zentrale Rolle spielen. Hier lässt sich eine Reihe von Forderungen ableiten, die von der Providerseite noch zu erbringen sind:

- Standardbasierte Bewertung von Risiken in der Cloud,
- Auditing über Systemgrenzen hinweg,
- Identifizierung von Benutzung, Steuerung von Berechtigungen über verschiedene Cloud Services hinweg.

Womöglich werden sich in den nächsten Jahren spezialisierte Dienstleister herausbilden, die einzelne oder alle Funktionen dieser Art im Kundenauftrag erbringen werden. Das Stichwort hier lautet: „Governance as a Service". Ob und inwieweit die Cloud-Provider selbst diese Aufgabe übernehmen können und wollen, bleibt abzuwarten. Novell setzt mit seinem als „Cloud Security Service" (CSS) vermarkteten Produktportfolio für Provider auf die komplette Transparenz von Cloud-gestützten Transaktionen und Prozessen. Das größte Problem sei, zu erkennen, was derjenige auf der anderen Seite mit meinen Daten macht, heißt es bei Novell. CSS enthält unter anderem Komponenten („Cloud Security Broker"), die auf der Grundlage von Identity-Federation-Technologie für den Austausch von Rollen, Richtlinien und Workflows sorgen. Damit können beispielsweise unterschiedliche SaaS-Anbieter eine gemeinsame Infrastruktur nutzen, ohne dass jeder seinen eigenen Authentifizierungsmechanismus betreiben muss. Novell verweist darauf, dass CSS nicht nur einfach irgendwelche User-Daten zum SaaS-Provider schiebt, sondern diesen ins Managementsystem einbindet.

Ohne wirkungsvolle Governance bleibt Cloud Computing für die meisten Anwender ein Abenteuer mit ungewissem Ausgang, quasi ein Blindflug durch die Wolke. Das heißt nicht, dass Unternehmen den Schritt in Richtung Cloud Computing scheuen sollten. Im Gegenteil: Cloud-basierte Services versprechen eine Reihe von wichtigen Vorteilen, nicht zuletzt die der konsequenten Kostensenkung, wie zahllose Beispiele vor allem großer Unternehmen mit IT-Outsourcing in der Vergangenheit bewiesen haben. Der Unterschied: Jetzt kann jedes Unternehmen davon profitieren, auch kleine und mittlere. Es wäre jedoch fatal, wenn aufgrund fehlender Standards und mangelnder Governance das ohnehin von Misstrauen geprägte Verhältnis mittelständischer Kunden zum

Thema Cloud auch noch durch womöglich spektakuläre Sicherheits-GAUs beschädigt werden würde. Wenn es in der IT-Security eine wichtige Lektion gibt, dann diese: Nichts ist so schwer wiederherzustellen wie verlorenes Vertrauen. Und wer einmal lügt, dem Kunden also falsche Sicherheitsversprechen macht, dem traut man auch in Zukunft nicht.

Manager und Entscheider im Unternehmen 2020 sollten sich eine Reihe von Fragen stellen, bevor sie zum Wolken-Flug aufbrechen, zum Beispiel:

- Was bringt Cloud Computing für unser Unternehmen wirklich? Was gibt es neben kurzfristigen Kostenvorteilen noch für nachhaltigen Nutzen? Und nicht außer Acht gelassen werden sollte die Frage, was bei einer etwaigen Übernahme oder Fusion passiert, wenn womöglich unterschiedliche Cloud-Konzepte unternehmensintern aufeinanderstoßen. Davon könnte nicht zuletzt auch der Wert der Firma abhängen.
- Welche Cloud-Strategie ist für unser Unternehmen die richtige? Sollen wir klein einsteigen und wachsen, oder gleich den großen Sprung ins kalte Wasser wagen? Muss ich mich ganz entscheiden, oder kann ich Cloud Computing selektiv für einzelne IT-Aufgaben verwenden und ansonsten weitermachen wie bisher? Gibt es überhaupt Möglichkeiten, Cloud Computing sozusagen erst einmal auszuprobieren, bevor wir uns ganz dafür entscheiden? Cloud-Provider müssen auf diese Fragen gute Antworten parat haben, sonst kommen sie als Partner nicht infrage.
- Was sagen unsere Wirtschaftsprüfer? Und was fast noch wichtiger ist: Was sagen unsere Kunden? Fühlen die sich wohl bei dem Gedanken, dass wir mit ihren Daten Cloud Computing betreiben? Unter Umständen sollte eine passende Kundenargumentation von vornherein Teil der Implementierungsstrategie sein.
- Binde ich mich an einen bestimmten Provider oder bin ich frei, zwischen Providern zu wechseln? Hier ist die Industrie gefordert, passende Lösungen zu finden und anzubieten, denn

langfristig werden vor allem mittelständische Anwenderunternehmen angesichts einer wachsenden Zahl attraktiver Produkte und Services im Cloud- und SaaS-Umfeld kaum bereit sein, sich ewig an ein und denselben Provider zu binden.

Vor allem ist es wichtig, dass Unternehmen in den nächsten Jahren nicht nur über Cloud Computing, sondern auch über das Thema „Cloud IT" nachdenken. Die setzt neue Organisationsformen und neue Ansätze in Sicherheit, Identity Management, GRC (Governance, Risk Management & Compliance) sowie Business Process Development & Management voraus und erzwingt damit eine völlig neue IT-Kultur im Unternehmen.

Cloud IT ist ein ganz neues Spiel, und im Unternehmen 2020 kommt keiner daran vorbei. Das gilt vor allem für kleinere und mittlere Firmen, die sich von Cloud-Ansätzen echte Wettbewerbsvorteile auch gegenüber großen, multinationalen Konzernen versprechen können. Cloud, so unsere Prognose, wird vor allem gut sein für den Mittelstand!

KAPITEL 8

Vertrauen gegen Kontrolle

Identitätsmanagement:
Das digitale Ich – und die Folgen

Die Babys von morgen werden eine eigene Internet-Adresse bekommen. So jedenfalls stellt sich das Wendy Hall von der Southampton University vor. Laut Hall wird jedes Neugeborene in Zukunft irgendeine Form von digitaler Identität bekommen, die später mitwachsen und seine Entwicklung vom Kind zum Erwachsenen widerspiegeln wird. Hall verwendet dafür das Kürzel „URI" (für „Universal Resource Identity"), was eine durchaus beabsichtigte Ähnlichkeit hat mit dem Begriff „Universal Resource Locator" oder URL, wie die Internet-Adresse von Webseiten unter Fachleuten heißt.

Die digitale Identität soll es möglich machen, alles zu speichern, was der Mensch online tut. So entstünde im Laufe der Zeit eine Art digitale Lebensakte, in der zum Beispiel sämtliche amtlichen Dokumente wie Geburtsurkunde, Schulzeugnisse, Führerschein, Heiratsurkunde oder Testament aufbewahrt würden, dazu Familienfotos, Urlaubsvideos und andere persönliche Erinnerungen, sofern sie in digitaler Form vorliegen. Diese Akte oder Teile davon sollte der Mensch später sogar an seine Nachkommen vererben können, die dann vermutlich an langen Winterabenden darin blättern sollen („Guck mal, das ist Opa beim Internetsurfen!").

Der geneigte Leser wird sich im ersten Moment sicher unwohl fühlen bei dem Gedanken, jedes Mal, wenn er online geht, einen „digitalen Fußabdruck" zu hinterlassen. Er sollte sich aber bewusst sein, dass er das auch heute schon tut. Der Unterschied ist nur, dass er es in der Regel gar nicht mitbekommt. Finanzagenturen berechnen routinemäßig und unbemerkt für jeden Bundesbürger einen

„Credit Score", den Banken benutzen, um die Kreditwürdigkeit ihrer privaten und gewerblichen Kunden zu beurteilen beziehungsweise das Risiko eines Kreditausfalls abzuschätzen. In diese individuelle „Bonitätsnote" fließen Angaben über bisher erhaltene Darlehen, die Zahlungswilligkeit sowie soziodemografische Angaben wie beispielsweise über den Wohnort ein: Leben in der Straße besonders viele zahlungssäumige Menschen? Wie hoch ist die Kriminalitätsrate im Viertel?

„Profiling", ursprünglich ein Begriff aus der Kriminalistik („Täterprofile"), gehört inzwischen zum kleinen Einmaleins des Online-Marketings, bei dem Kunden beim Einkauf per Internet intensiv beobachtet werden, um Vorlieben und Abneigungen zu erkennen. Später können diese Kunden gezielt mit Angeboten angesprochen werden, die genau zu ihrem gespeicherten Profil passen, was die Wahrscheinlichkeit weiterer Käufe stark erhöht. Als Paradebeispiel gilt hier die Firma Amazon, die Millionen von Kundenprofilen vorhält und wiederkehrende Besucher stets mit ganz persönlichen Empfehlungen begrüßt.

Große Warenhausketten sammeln seit Jahren mithilfe von Kundenkarten und anderen Kundenbindungssystemen persönliche Daten über Tausende von Kunden. Durch die Analyse der Warenkörbe einzelner Kundensegmente lässt sich für fast jede Produktkategorie ermitteln, wie groß der Einfluss des Preises auf das Gesamtkaufverhalten ist. Zum Beispiel hat es sich herausgestellt, dass der Preis von Babywindeln bei jungen Familien mit niedrigem Einkommen einen erheblichen Einfluss auf die Einkaufsgewohnheiten haben kann. Indem man den Preis für Pampers & Co. senkt, kann man in diesem Kundensegment den Gesamtumsatz deutlich erhöhen. Diese Erkenntnisse teilen die Handelsriesen regelmäßig mit ihren Lieferanten, die dadurch in der Lage sind, ihr Angebot besser auf die tatsächliche Nachfrage in den einzelnen Märkten abzustimmen.

Bei Callcentern entscheidet häufig der Computer anhand der Scoring-Ergebnisse, also zum Beispiel der bisher getätigten Umsätze sowie der Bonität des Kunden, in welcher Reihenfolge Anrufer in der Warteschlange als Nächstes bedient werden.

Gerade die Callcenter sind nun in Deutschland stark in Verruf gekommen, als herauskam, dass Mitarbeiter dubioser Callcenter Kundendaten, die beim Abschluss von Handy- und anderen Telekommunikationsverträgen, bei Bestellungen im Versandhandel oder im Online-Laden oder bei der Teilnahme an Lotterien und anderen Glücksspielen erhoben werden, beim sogenannten Telefonmarketing nutzen, um wildfremde Menschen anzurufen und mit ihren Werbebotschaften vollzuquatschen.

Das wäre schlimm genug, denn nach geltendem deutschem Recht ist „kaltes" Telefonmarketing eigentlich verboten, wenn der Angerufene der Aktion nicht explizit zugestimmt hat. Zum Skandal wurde der Fall, nachdem bekannt wurde, dass diese Daten von den Callcentern selbst oder den erhebenden Unternehmen professionellen Adresshändlern sowie anderen Interessierten und inzwischen sogar im Internet zum Kauf angeboten wurden. Dabei soll es sich um die Daten von nicht weniger als 20 Millionen (!) Haushalten handeln.

Wer schützt uns vor unseren Beschützern?

Dem aufmerksamen Leser wird aufgefallen sein, dass wir bisher nur über das Sammeln digitaler Daten durch Unternehmen der Wirtschaft gesprochen haben. Was der Staat in seiner ausufernden Sammelwut alles für persönliche Informationen zusammengetragen hat oder noch zusammentragen wird, weiß niemand – geschweige denn, was außer Kontrolle geratene Bürokraten eines Tages damit anstellen könnten. Viele – und dazu zählt sich der Autor dieser Zeilen ausdrücklich – haben mehr Angst vor unseren staatlichen „Beschützern" als vor den Datensammlern in den Konzernen, die wenigstens noch dem Regulativ des Marktes zu gehorchen haben. Auf der Jahresversammlung 2008 der „Initiative D21" hatte ich die Ehre und das Vergnügen, eine Keynote halten zu dürfen, und habe dabei versucht, vor dem Hintergrund der damals hochschäumenden Debatte über das neue BKA-Gesetz und die Bespitzelung im Internet den Unterschied zwischen Online-Überwachung und Telefonabhören zu erklären. Das Internet, so meine Meinung, ist mehr als nur ein Kommunikationsmittel wie das Telefon – mit dem übrigens heute bekanntlich überall und jederzeit und in Zukunft leider auch im Flugzeug lautstark und unüberhörbar kommuniziert wird. Zum Überwachen genügt in vielen Fällen bereits ein einfaches Diktiergerät. Die Welt hinter dem Bildschirm ist leiser und intimer. Hier einzudringen ist nicht mit Telefonüberwachung vergleichbar, sondern mit einer Hausdurchsuchung, vor die der Gesetzgeber und die Gerichte mit Recht viel höhere Hürden setzen als beim reinen Telefonverkehr.

Die Online-Durchsuchung geht sogar noch einen ganzen Schritt weiter. Sie ist mit einer Leibesvisitation zu vergleichen – nur dringt derjenige, der mich im Internet beobachtet, nicht nur in meine Taschen, sondern unter meine Haut und bis in mein Gehirn vor.

Spätestens hier vereinigt sich das digitale Ich mit meinem „analogen" Gefühls-, Berufs- und Privatleben. Es ist, als würden die Online-Ermittler in mein geheimstes Tagebuch blicken. Beim Thema Online-Durchsuchung geht es also um das höchste Gut, das unsere Gesellschaft – und unsere Verfassung – kennt: Es geht um unsere Menschenwürde. Und die ist laut Artikel 1 des Grundgesetzes unantastbar.

Hierzu zählt auch das Recht auf Anonymität. In der Welt hinter dem Bildschirm sind die Spielregeln bekanntlich ein bisschen anders. Man kann sich dort zum Beispiel wunderbar verstellen, und deshalb muss man auch höllisch aufpassen, etwa in einem Chatroom oder einem Online-Forum, denn die charmante junge Dame, mit der Sie flirten, könnte womöglich ein älterer Herr aus Hamburg sein oder eine Horde Neuntklässler, die sich gerade vor Lachen auf dem Boden wälzen.

Diese Anonymität des Internets ist für viele Menschen wichtig, weil es sie schützt, nicht nur, wenn sie Verfolgung fürchten wie in China. Hierzulande bleiben viele gerne anonym, weil sie sich vor der Neugier der Firmen schützen wollen, die bekanntlich (siehe oben) nur ihr Bestes wollen – und davon so viel wie möglich.

Betreiber von Webshops wissen heute schon, wie viele Menschen beim Ausfüllen der Anmeldung ganz bewusst einen falschen

Namen angeben. Nun, wenn man sie von vornherein zwingt, ihre persönlichen Daten preiszugeben, sich sozusagen nackt auszuziehen, bevor sie überhaupt mitmachen dürfen, dann darf man sich auch nicht wundern.

Natürlich ist es für eine Online-Transaktion wichtig zu wissen, wer der andere ist. Aber muss ich wirklich mein Geburtsdatum verraten, nur damit ich im Internet etwas ansehen darf, bei dem es zufällig eine Mindestaltersvorschrift gibt? Würde es nicht genügen, wenn jemand bestätigen würde, dass ich volljährig bin? Muss ich wirklich jedes Mal meine Kreditkartennummer verraten, um online etwas einzukaufen? Warum kann ich nicht ebenso anonym auf Shopping-Tour gehen, wie ich es mit Bargeld im richtigen Leben kann?

Microsoft hat mit dem Betriebssystem Vista ein Verfahren namens CardSpace eingeführt, das das Problem der Sammelwut der Online-Anbieter lösen könnte. Ähnliche Systeme, die sogar erstaunlicherweise mit dem von Microsoft kompatibel sind, gibt es auch in der Open Source Community, wo sie unter dem Namen „OpenID" laufen. Solche Systeme sehen vor, dass beide – Händler und Kunde – bei Bedarf mit einem vertrauenswürdigen Dritten zusammenarbeiten können, der die entsprechenden Daten kennt und der beispielsweise in meinem Auftrag die Bezahlung über mein Kreditkartenkonto vornimmt. Anschließend schickt er dem Händler die lapidare Mitteilung: „Zahlung erfolgt." Mehr will der doch eigentlich gar nicht wissen, nämlich ob das Geld unterwegs ist. Meine Kartennummer ist ihm unwichtig.

Das heißt, sein Marketingchef will schon mehr wissen, denn der hat gerade ein teures CRM-System angeschafft, um Kundenprofile zu erstellen. Nun, die Daten soll er von mir aus bekommen – aber nur, wenn er mir dafür etwas gibt. Einen kleinen Rabatt, zum Beispiel: persönliche Daten als Handelsware? Warum nicht? Das wäre wenigstens offen und ehrlich.

In den nächsten Jahren wird sich eine neue Geschäftsgelegenheit auftun für digitale Identitätsmakler, wie sie im Microsoft-System ebenso wie bei OpenID vorgesehen sind. Das können zum Beispiel die Trust Center sein, die früher mal geschaffen wurden, um die sogenannten digitalen Signaturen zu verwalten, die der Gesetzgeber zwar mal beschlossen hat, die aber leider keiner haben wollte, weil sie zu kompliziert, zu teuer und zu bürokratisch waren. Oder die Deutsche Post könnte ihren „Postident"-Service aufs Internet ausweiten. Mitmachen könnten viele. Es muss nur jemand organisieren.

Es gäbe allerdings auch eine ganz andere Alternative: Wir gewöhnen uns einfach daran, dass nichts mehr geheim ist. Datenschutz ist ohnehin so wie die Sache mit des Königs neuen Kleidern: Wir glauben alle, dass wir angezogen sind, weil unsere persönlichen Daten geheim sind. In Wirklichkeit stehen wir alle schon splitternackt da.

Apropos splitternackt: Als der ich vor Jahren mit Frau und Tochter nach München zog, sind wir an einem schönen Sommertag zum Picknick an die Isar gegangen. Wir waren die Einzigen dort, die Badesachen trugen. Irgendwann kamen wir uns einfach dämlich vor und haben sie ausgezogen. Das war nur ein paar Minuten lang unangenehm, danach war es uns egal ...

Allerdings: Diese radikale Offenheit darf dann auch keine Einbahnstraße sein. Die Gegenseite – Wirtschaft, Behörden – muss notfalls gezwungen werden, offenzulegen, **was** sie über uns wissen. Dann herrscht Waffengleichheit.

Das ist auch der Reiz des anfangs erwähnten URI-Konzepts von Wendy Hall, nämlich dass es zwingt, mit offenen Karten zu spielen. Die User können nämlich jederzeit feststellen, welche Informationen gesammelt und gespeichert worden sind und von wem. Und sie behalten die Kontrolle darüber, wie sie verwendet werden.

„Die Leute merken langsam, wie leicht es ist, ihre Identität zu klauen", sagte Hall in einem Interview der *New York Times*. Es sei wichtig zu wissen, welche digitalen Spuren wir tagtäglich hinterlassen, und sie ordentlich zu sichern. „Stellen Sie es sich vor wie eine Bank, zu der Sie Ihr Geld hinbringen, damit es sicher ist. Unsere digitalen Vermögenswerte sind heute genauso wertvoll wie unsere Finanzwerte und müssten mit der gleichen Sorgfalt geschützt werden."

Sie hat recht. Doch andererseits wird der Mensch in einer vernetzten Welt zunehmend über seine digitale Identität definiert. Darin liegt eine der größten potenziellen Chancen für Dienstleister, die uns dabei helfen werden, unsere digitale Lebensakte zu pflegen, auf dem neuesten Stand zu halten und vor unerwünschtem Zugriff zu schützen.

Die digitale Identität wirft ähnlich schwerwiegende und kontroverse ethische Fragen auf wie die Stammzellenforschung mit menschlichen Embryonen. In beiden Fällen bedarf es eines gesamtgesellschaftlichen Konsenses, und in beiden ist der Staat gefordert, einen regulatorischen Rahmen zu schaffen, um Wildwuchs und Missbrauch möglichst einzudämmen. Da sich aber andererseits staatliche Stellen selbst bislang häufig als wenig vertrauenswürdig erwiesen haben, sind nichtstaatliche Aufsichtsgremien zwingend erforderlich, ähnlich der britischen Human Fertilisation and Embryology Authority, die in besonders kniffeligen Fragen das letzte Wort haben.

„So wie ein Embryo potenziell ein menschliches Leben ist, so wird die digitale Identität immer mehr ein Teil von uns sein", sagt Hall. Es geht um so elementare Dinge wie Gesundheitsinformationen, Ausbildungsnachweise, Besitzurkunden und nicht zuletzt um emotional befrachtete Dinge, die an unser ureigenes Innere rühren. Die digitale Identität – das sind wir selbst! So wie wir den Staat als Garant unserer körperlichen Unversehrtheit sehen, so werden wir in Zukunft auch das Recht auf Schutz unseres digitalen Ichs erwarten und verlangen.

Aktenzeichen Internet: Der Identitätenklau geht um!

Den 30. September 2008 werden die Mitarbeiter des Hamburger Online-Unternehmens Kartenhaus mit Sicherheit nie vergessen. Das war der Tag, an dem die Kundendaten plötzlich weg waren. Hacker waren ins System eingebrochen und hatten Kreditkartennummern und Rechnungsanschriften von 66 000 Bundesbürgern gestohlen, die bei der deutschen Tochter des weltweiten Ticketmaster-Konzerns gespeichert worden waren.

Seitdem steht das Unternehmen am Pranger. Die Presse und das Fernsehen griffen den Fall auf, wütende Kunden überschwemmten die Mitarbeiter in der Telefonzentrale mit Anrufen. Die Geschäftsleitung musste sich online outen („Wir möchten uns für eventuell entstehende Unannehmlichkeiten entschuldigen …") und besorgten Kunden anbieten, ihre Daten vorsorglich zu löschen. „Für Kartenhaus war 9/30 so wie 9/11 für New York– nämlich der Super-GAU", meinte ein Insider.

Es ist so weit: „Identity Theft", der Diebstahl digitaler Identitäten, hat endgültig auch Deutschland erreicht. Bislang kannten die meisten deutschen Unternehmen das Thema nur aus Schlagzeilen über spektakuläre Fälle in den USA, beispielsweise als ein 35-jähriger Helpdesk-Mitarbeiter eines Online-Shops in New York zwei Jahre lang die Kreditkartennummern von Kunden aufschrieb und an die Russenmafia weiterleitete. Oder als es im Mai 2006 anonymen Hackern gelang, die Krankenversicherungsdaten von mehr als 14 000 Mitarbeitern des ansonsten hochsicheren Pentagons, dem Sitz des US-Verteidigungsministeriums, per Internet zu klauen.

In Wirklichkeit gehört der Diebstahl digitaler Identitäten auch in Deutschland längst zum kriminellen Alltag. Symantec, ein Anbieter von Sicherheitssoftware für PCs und Server, behauptete im Herbst 2007, verdeckte Ermittler ihres Hauses hätten auch im deutschen Internet mehrere Auktionen-Websites entdeckt und der Polizei gemeldet, in denen die persönlichen Daten von Online-Kunden meistbietend verscherbelt wurden. Der gängige Preis für eine Kreditkartennummer betrug dort angeblich gerade mal 50 Cent.

„Sicherheit im E-Commerce ist vor allem eine Frage der Sicherheit der Kundendaten", sagt Markus Schaffrin, Fachbereichsleiter E-Business beim Branchenverband eco in Köln. Doch leider sei es damit gerade im Mittelstand oft schlecht bestellt. „Viele Chefs glauben, nur weil sie eine Firewall haben, seien sie sicher", bemängelt er. Doch die nütze bei Online-Transaktionen übers offene Internet oft gar nichts. Außerdem seien viele Firewalls schlecht installiert oder falsch eingestellt.

Gegen Angriffe von Profi-Hackern, wie sie in den kommenden Jahren zu erwarten sind, ist ohnehin keine Firewall gefeit. Georg Magg von der IT-Sicherheitsfirma Integralis AG in Ismaning bei München glaubt, das Problem in der wachsenden Vernetzung zu erkennen. „Immer mehr kleine und mittlere Unternehmen gehen heute dazu über, ihren Partnern, Lieferanten und Kunden den direkten Zugriff auf ihre internen Systeme und Prozesse über das Web zuzulassen", meint er. Während Online-Shops oder Internet-Kataloge früher meistens auf separaten Rechnern liefen, ist die Integration mit der „eigentlichen" Firmen-IT in der Regel heute längst vollzogen. Der Browser ist oft nur ein Zugangsportal zum Bestellsystem, zum Beispiel zu den Anwendungen von SAP, Oracle oder Microsoft Navision, die im Hintergrund laufen und in denen alle Daten gespeichert sind, auch die der Kunden.

Im Zuge der wachsenden Vernetzung der Wirtschaft wird der Zugriff auf diese Kernsysteme immer einfacher, denn sie sollen ja von einer Vielzahl von Menschen – Außendienstler, Partner, Berater – per Internet genutzt werden können, um Zeit und Kosten zu sparen. „Wenn Sie aber einen Partner direkt auf Ihr Allerheiligstes zugreifen lassen, dann wollen Sie ziemlich sicher sein, dass es auch wirklich der Partner ist", beschwört Maurer.

Das Gleiche gilt, wenn der Zugang zu den Systemen für Online-Kunden aufgemacht wird. Und hier ist die Gefahr denn auch am größten: „Webanwendungen sind sehr verwundbar", behauptet Andreas Wiegenstein von der Heidelberger Sicherheitsfirma Virtual Forge. Auch er ist überzeugt: „Bisher gebräuchliche Sicherheitsmechanismen wie Firewalls, Virenscanner und Intrusion-Detection-Software sind nach wie vor wichtig, aber sie reichen längst nicht mehr aus, denn sie sind wirkungslos bei Angriffen auf die Anwendungen selbst."

Das liegt daran, dass Hacker immer raffiniertere Methoden gefunden haben, um Anwendungen wie Webshops für ihre Zwecke zu missbrauchen. Die beiden derzeit beliebtesten Angriffsvarianten sind:

- **Cross Site Scripting**: Hier wird eine Schwachstelle, meist ein Programmierfehler, ausgenutzt, um die Anwendung von außen zu verändern. So kann der Hacker beispielsweise unbemerkt einen Link setzen, der zu seiner eigenen Website führt und die genauso aussieht wie die des Online-Anbieters. Folgt ihr der Kunde und gibt dort in gutem Glauben seine Identitätsdaten ein, sind sie weg – und der Kunde ist der Dumme!
- **SQL Injection**: Auch hier nutzt der Hacker einen Programmierfehler aus, um über die Anwendung, die den Zugriff auf die Datenbank des Anbieters regelt, eigene Datenbankbefehle einzuschleusen. Sein Ziel ist es dabei, Daten in seinem Sinne zu verändern oder, schlimmer noch, die Kontrolle über den Server zu übernehmen, um beispielsweise die komplette Kundendatei „abzusaugen".

„Ein typischer mittelständischer Unternehmer hat doch keine Ahnung, was seine Programmierer machen", glaubt Wiegenstein. „Wie denn auch: Sein Job ist es ja, das Unternehmen zu führen, nicht Code zu schreiben." Da kleinere Unternehmen in aller Regel keine eigenen Softwareentwickler beschäftigen, wird der Job meist an eine externe Programmierfirma vergeben.

Im schriftlichen Auftrag stehen dann die Dinge drin, um die es dem Unternehmen vor allem geht wie die Menge der im elektronischen Schaufenster angebotenen Artikel, die Zahl der gleichzeitig möglichen Bestellungen oder Angaben über die benötigte Bandbreite. „Von Sicherheit steht da fast nie etwas drin", beklagt Wiegenstein. Dabei wäre es seiner Meinung nach ein Leichtes, einen entsprechenden Passus in den Vertrag zu schreiben: „Der Dienstleister soll sich eben dazu verpflichten, die Anwendung sicher zu machen. Und wenn etwas schiefgeht, dann soll er haften – ganz einfach!"

Da aber auch der penibelste Programmierer trotzdem noch Fehler machen kann, rät Wiegenstein dazu, das neue Shopsystem von einer unabhängigen Sicherheitsfirma überprüfen zu lassen. „Die sollen das tun, was ein guter Hacker auch tut. Kommen sie rein, ist etwas faul an dem System. Wenn nicht, dann hat der Unternehmer wenigstens Gewissheit, dass sein System halbwegs sicher ist." Allerdings: 100-prozentige Sicherheit, so Wiegenstein, kann es bei einem so komplexen Produkt wie einer Softwareanwendung niemals geben. Das Ziel lautet deshalb seiner Meinung nach: „Das Restrisiko so gering wie möglich halten."

Doch unsauberer Code ist leider nur eine von vielen Sicherheitsbedrohungen, mit denen sich der Mittelständler beim Aufbruch ins Internet-Zeitalter herumzuschlagen hat. „Vertraulichkeit der Kundendaten ist das eine", sagt Matthias Gärtner vom Bundesamt für Sicherheit in der Informationstechnik (BSI) in Bonn. Für ihn zählen Aspekte wie Integrität und Verfügbarkeit mindestens ebenso dazu. „Wenn Sie erst nach drei Monaten feststellen, dass jemand etwas in Ihrem SAP-System verändert hat, dann haben Sie ein Integritätsproblem – unter anderem", sagt er. Und wenn es einem Hacker gelingt, den Server abstürzen zu lassen, auf dem die Shopsoftware läuft, dann ist es ohnehin aus mit dem Online-Geschäft.

Lassen Sie Sicherheitsprofis ran!

Für immer mehr mittelständische Unternehmen stellt sich angesichts wachsender Bedrohungen und immer komplexerer Sicherheitsanforderungen ohnehin die Grundsatzfrage: Weiterhin selber machen oder lieber das Ganze außer Haus geben? „Vor ein paar Jahren hat man sich eine Shopsoftware gekauft, hat sie konfigurieren lassen und den Server irgendwo in den Keller gestellt", erinnert sich Andreas Maurer vom Serviceprovider 1&1 Internet in Montabaur. „Als die Bedeutung des Online-Handels größer wurde, kam vielleicht noch eine Firewall hinzu, und man hat wenigstens ein Schloss an die Tür zum Computerraum gemacht, aber ansonsten passierte in Sachen Sicherheit nicht sehr viel."

In den kommenden Jahren ist gerade beim Mittelstand ein deutlicher Trend zu erwarten in Richtung sogenanntes „Hosting". Das Wort, das sich vom englischen Wort für Gastgeber („host") ableitet, bezeichnet das Angebot eines Dienstleisters, beispielsweise das E-Commerce-Angebot des Online-Anbieters bei sich zu betreiben. Manager und Unternehmer haben dann die Qual der Wahl:

Dedicated Server Hosting: Der Server des Auftraggebers steht im abgesicherten Rechenzentrum des Dienstleisters, wird aber weiterhin vom Ladenbesitzer selbst gepflegt und gewartet. So ist üblicherweise die Datensicherung („Back-up") weiterhin die Aufgabe des Kunden.

Colocation Server Hosting: Der Auftraggeber mietet sich sozusagen auf einem Rechnersystem des Dienstleisters ein und erhält von diesem einen Platz („Partition") für seine Anwendungen und Daten auf einem großen Server zugewiesen. In diesem Fall übernimmt in der Regel die Servicefirma Wartung und Sicherung der Kundendaten.

In beiden Fällen hat sich das Unternehmen selbst um die benötigte Shopsoftware zu kümmern. Es kann sie beispielsweise von einem Anbieter wie Intrashop oder Openshop kaufen oder kostenlos als Open-Source-Lösung wie PHP-Shop oder Interchange aus dem Internet herunterladen. Die notwendige Anpassung übernimmt entweder eine Drittfirma oder der Hosting-Provider, falls er dafür über die notwendigen Kompetenzen und Kapazitäten verfügt.

Die dritte Alternative besteht darin, sich komplett von seiner E-Commerce-Anwendung zu trennen und nur noch einen Mietshop zu betreiben. Immer mehr kleine und mittlere Unternehmen werden sich auf Dauer für diese Lösung entscheiden, weil sie gerade bei ihnen Sinn macht. Hosting-Spezialisten wie 1&1 oder Strato in Berlin haben denn auch eine Menge Vorteile zu bieten:

- ein redundantes Netzwerk und mehrfache Hochgeschwindigkeitsanbindungen ans Internet (Maurer: „damit Ihr Shopsystem nicht vom Netz geht, wenn nebenan ein Bagger versehentlich die Leitung kappt"),
- ein hochsicheres Rechenzentrum mit scharfer Zutrittskontrolle, zahlreichen Überwachungskameras und professioneller Netzwerksicherheit,
- ein Höchstmaß an Datensicherheit vor allem für die kritischen Kunden- und Bestelldaten.

„Daten sicher aufzubewahren ist schließlich unser Brot-und-Butter-Geschäft", behauptet Maurer. Darüber hinaus bieten professionelle Hosting-Provider aber auch ausgeklügelte Methoden, um Unternehmen vor Verdienstausfall und Betrug zu sichern, beispielsweise durch eigene Schnittstellen zu den Kreditkartenfirmen oder eine automatische Adressenverifizierung bei Online-Bestellungen, um sicherzugehen, dass der Besteller auch wirklich der ist, der er zu sein vorgibt.

Wer ganz auf Nummer sicher gehen oder nur ein begrenztes Sortiment per Internet anbieten will, der kann natürlich auch ganz auf ein eigenes Shopsystem verzichten und sich bei einem Marktplatzbetreiber wie Yatego (www.yatego.com) oder my-eShop (www.my-eshop.de) einmieten. Auch als „Power Seller" im Online-Auktionsforum eBay kann er sich in Sicherheit wiegen – doch auch die kann sich womöglich als trügerisch herausstellen.

Im Oktober 2005 verschaffte sich ein Online-Gauner mithilfe eines geknackten Passworts Zugang zum Konto des 67-jährigen eBay-Kunden Horst Lukas aus dem Sauerland und ging anschließend unter dessen Namen auf Einkaufstour. Innerhalb von wenigen Tagen hatte er auf Rechnung des Rentners Waren im Wert von 400 000 Euro bestellt. Das Opfer war zum Schluss mit den Nerven am Ende: „Ich bekomme dauernd Anrufe und werde übel beschimpft", klagte er einem Reporter. Das sei im Übrigen mit Sicherheit das letzte Mal, dass er online etwas einkaufen werde: „Ich kann mir das nicht leisten. Ich habe schließlich einen guten Namen zu verlieren ..."

Die Zeit ist reif für die digitale Unterschrift

Wenn Geschäftsleute auch im Internet mit ihrem guten Namen für Bestellungen oder Zahlungen geradestehen könnten, wäre manches einfacher. Technisch und rechtlich sind die Voraussetzungen für den massenweisen Einsatz von sogenannten digitalen Signaturen längst gegeben – aber in der Praxis hakt es noch. Das könnte sich aber jetzt dank neuer Gesetzesvorgaben ändern.

Es kommt nicht oft vor, dass Deutschland in Online-Dingen ein globaler Vorreiter ist. Immerhin ist das Internet eine amerikanische Erfindung, und die meisten Meilensteine werden dort gesetzt. Aber einmal, nämlich im Jahre 1997, hatten die Deutschen die Nase ausnahmsweise ganz vorne: Am 22. Juli erließ der Bundestag das weltweit erste Gesetz über rechtsverbindliche Unterschriften für digitale Dokumente.

Der Jubel war damals groß. Deutschland habe „die Voraussetzung für Rechtssicherheit im elektronischen Schriftverkehr geschafft", verkündete der damalige Bundeswirtschaftsminister Dr. Werner Müller (parteilos) stolz. Wirtschaft und Branchenverbände malten gemeinsam ein rosiges Bild der digitalen Zukunft. Statt Unsicherheit und Wildwuchs sollte es beim E-Commerce und E-Business in Zukunft so gesittet zugehen wie im traditionellen Geschäftsverkehr, wo ordentliche Kaufleute mit ihrem guten Namen und ihrer Unterschrift für Seriosität und Zuverlässigkeit bürgen.

13 Jahre sind ins Land gegangen, und es ist inzwischen viel über digitale Signaturen geredet und geschrieben worden. Doch im praktischen Alltag ist davon nichts zu spüren, seufzt Martin Lindemann, Geschäftsführer der Kreishandwerkerschaft Mettmann bei Düsseldorf: „Heute steht zwar in jedem noch so kleinen Betrieb ein Computer, und die Internet-Nutzung ist weitverbreitet, aber digital unterschreiben tut keiner." Das ist für ihn einer der Hauptgründe dafür, dass sich gerade Kleinbetriebe und Handwerker in Deutschland schwer damit tun, die Möglichkeiten des Internets für ihr Geschäft zu nutzen: „Es fehlt das Vertrauen – und Vertrauen ist die Voraussetzung für erfolgreiches Wirtschaften."

Wer Schuld hat daran, dass die elektronische Unterschrift nur zögernd vorankommt, ist kaum noch auszumachen. „Im Grunde ist es ein Huhn-Ei-Problem", behauptet Daniela Hammami vom Kölner Schawe-Verlag. Das Unternehmen betreibt die Vergabeplattform „ELViS", über die Handwerker, Dienstleister oder Gewerbetreibende Angebote abgeben und sich an öffentlichen Ausschreibungen beteiligen können – vorausgesetzt, sie verfügen über eine elektronische Unterschrift. „Als niemand eine Signatur hatte, lohnte es sich nicht, Angebote zu schaffen. Und solange es keine Angebote gab, machte sich niemand die Mühe, eine Signatur zu beantragen", so die Rheinländerin.

Das Problem waren bisher die Milliardenkosten für die flächendeckende Ausgabe von digitalen Signaturen: Politik, Verwaltung, Wirtschaft und Banken schoben sich deshalb jahrelang gegenseitig den Schwarzen Peter zu. „Eigentlich wäre die Ausgabe digitaler Signaturen im Internet-Zeitalter eine Hoheitsaufgabe des Staates, so wie die Ausgabe von Pässen und Personalausweisen", glaubt beispielsweise der Stuttgarter Analyst Martin Kuppinger. Eine neue Chance dazu hätte seiner Meinung nach der angekündigte neue digitale Personalausweis im Scheckkartenformat geboten, der ab 1. November 2010 den bisherigen Ausweis ablösen und zumindest die technischen Voraussetzungen für die Aufnahme einer elektronischen Signatur erfüllen wird.

Doch der Bund scheut bis heute die Kosten für die flächendeckende Ausgabe von E-Signaturen. Stattdessen sollen Firmen und Privatpersonen ihre elektronische Unterschrift wie bisher bei einem der von der Bundesnetzagentur in Bonn zugelassenen „Trust Center" beantragen.

Dabei besteht sowohl in der Wirtschaft als auch in der öffentlichen Verwaltung ein großer Bedarf nach einem System, mit dem sich Kunden oder Bürger im Internet zweifelsfrei ausweisen und rechtskräftige Geschäfte tätigen können. Auf dem Spiel stehen potenzielle volkswirtschaftliche Einsparungen in Milliardenhöhe, wenn beispielsweise der Bürger seine Behördengänge per Internet erledigen oder Firmen rechtsverbindliche Geschäfte online abschließen könnten.

In jüngster Zeit ist allerdings an verschiedenen Fronten Bewegung in die Szene gekommen. Treibende Kräfte sind einerseits die öffentliche Verwaltung, andererseits die Finanzindustrie, allerdings weniger im Endkundengeschäft (Homebanking) als vielmehr im B2B-Bereich.

So hat die Bundesregierung am 9. März 2005 die Eckpunkte für eine gemeinsame „eCard"-Strategie beschlossen. Sie sieht vor, dass Bürger und Unternehmen Zug um Zug mit signaturfähigen Karten ausgestattet und dann per Gesetz oder Verordnung dazu gezwungen werden sollen, sie auch zu benützen. So gehören zur eCard-Strategie zum Beispiel:

- Die elektronische Gesundheitskarte (eGK), mit der sich Patienten in Zukunft gegenüber Ärzten, Kliniken und Krankenkassen ausweisen und die helfen soll, die Kostenexplosion im Gesundheitswesen zu bremsen. Die Einführung, die ursprünglich für 2006 vorgesehen war, hat sich allerdings mehrfach verzögert und ist nach Ansicht von Beobachtern nicht vor 2010 zu erwarten.
- Die elektronische Steuererklärung (ELSTER), mit der Firmen ihre Lohnsteueranmeldungen und Umsatzsteuer-Voranmeldungen sowie die Lohnbescheinigungen ihrer Arbeitnehmer elektronisch abgeben können. Das funktioniert zwar bislang auch ohne Signatur (was Datenschützer heftig kritisieren). Seit dem Kalenderjahr 2009 werden aber beispielsweise Lohnsteuerbescheinigungen von Arbeitslöhnen vom Finanzamt nur noch mit elektronischem Zertifikat akzeptiert.
- Der elektronische Einkommensnachweis (ELENA), früher auch als „JobCard" bezeichnet, wird seit 2009 schrittweise eingeführt und ab 2012 verpflichtend für sechs Bescheinigungen gelten, nämlich Bundeselterngeld, Arbeitsbescheinigung nach Ende des Arbeitsverhältnisses, Nebeneinkommensbescheinigung, Bescheinigung über geringfügige Beschäftigung, Bescheinigung nach dem Wohnraumförderungsgesetz und Fehlbelegungsabgabe. In der zweiten Ausbaustufe soll beispielsweise die Kindergeldabrechnung hinzukommen.

Spätestens in ein paar Jahren, wenn das alles Wirklichkeit geworden ist, wird jedes deutsche Unternehmen gezwungen sein, sich eine oder mehrere digitale Zertifikate nach dem Signaturgesetz zuzulegen. Viele mittelständische Firmen sind aber heute schon aktiv, denn es gibt bereits eine Reihe von Anwendungen, bei denen ohne elektronische Unterschrift gar nichts läuft:

- Bis zu 60 Prozent können kleine und mittlere Unternehmen sparen, wenn sie statt wie bisher auf Papier ihre Rechnungen per Internet versenden. Das behauptet Stefan Tittel von der Starnberger Firma Crossgate. Er ist überzeugt: „Dem E-Invoicing gehört die Zukunft." Elektronischer Rechnungsversand ist nicht nur günstiger als Porto, schneller als Papier und sicherer als im Aktenschrank, sondern auch innerhalb kürzester Zeit möglich. Zusammen mit der Münchner BayernLB hat Crossgate eine Lösung für kleine und mittlere Unternehmen aufgebaut, über die der elektronische Rechnungsversand mit mehr als 75 000 Geschäftspartnern möglich ist. Schlüssel dazu ist der Einsatz der qualifizierten digitalen Signatur, die eine sichere und rechtsverbindliche Abwicklung garantiert.
- Ähnlich dramatische Kostensenkungen lassen sich nach Ansicht von Udo Kaethner, E-Commerce-Berater der Handwerkskammer Lüneburg-Stade, durch elektronischen Rechnungsversand erzielen. Hauptvorteil aus seiner Sicht: Wer bis neun Uhr früh den Antrag mit digitaler Unterschrift per Internet beim Mahngericht abgibt, bekommt noch am gleichen Tag den rechtsgültigen Mahnbescheid per E-Mail zurück – statt erst in drei oder vier Wochen. Da die Fristen dadurch früher zu laufen anfangen, sei alleine der Zinsgewinn schon so hoch, dass sich die Anschaffung einer digitalen Signatur bereits nach einem einzigen Mahnbescheid rechne.
- Bereits heute stehen über das Internet-Angebot www.bund.de mehr als 350 Behördenformulare im PDF-Format zum Download bereit. In Ermangelung einer funktionierenden und anerkannten Form der digitalen Unterschrift müssen diese bislang ausgedruckt, händisch unterschrieben und per Post verschickt

sowie bei der Behörde wieder eingescannt werden. Das ist umständlich, zeitaufwendig und fehleranfällig. Das von Adobe angebotene Format „intelligent PDF", das auf der Lösung der deutsch-schweizerischen Firma OpenLimit basiert, löst dieses Problem, indem es elektronisch signierbare Formulare zur Verfügung stellt, die von Ämtern und Regierungsstellen anstelle von Papierformularen akzeptiert werden.

- Ab Oktober 2010 haben laut einem Stufenplan der Bundesregierung, der bereits 2005 verabschiedet wurde, sämtliche Vergabeverfahren der öffentlichen Hand elektronisch zu erfolgen. Damit ist jedes Unternehmen bis hinunter zum kleinen Handwerksbetrieb, das sich an einer öffentlichen Ausschreibung auf Bundes-, Landes- oder kommunaler Ebene beteiligen möchte, gezwungen, sich eine qualifizierte digitale Signatur zuzulegen.

„Der Mittelstand hat mit der digitalen Signatur in Zukunft gute Karten", glaubt Martin Lindemann. Der Handwerksfunktionär ist überzeugt: „Sowohl E-Vergabe als auch E-Billing werden in den nächsten Jahren einen Boom erleben – genauso wie die anderen Prozesse, die im Internet stattfinden, zum Beispiel Anwendungen im behördlichen Umfeld, die bislang auf Papier stattfanden." Dazu zählen in vielen Orten Deutschlands schon das Anmelden von Firmenfahrzeugen, Handelsregistereinträge, die Kommunikation mit Amtsgerichten oder die Abgabe der digitalen Steuererklärung, die alle die elektronische Signatur als digitalen „Ausweis" voraussetzen. „Es hat zwar lange gedauert", so Lindemann, „aber die Zeit ist jetzt reif für die elektronische Unterschrift."

Was hat IT-Sicherheit mit Basel II zu tun?

Nur Unternehmen, die auf einem soliden Fundament stehen, erhalten in Zeiten von Basel II ein positives Banken-Rating und damit günstige Zinskonditionen. Dabei rückt die Unternehmens-IT immer mehr ins Licht der Prüfer, denn sie bilden heute oft die Grundlage für Geschäftsprozesse und Kundenbeziehungen. IT-Sicherheit hat im Unternehmen 2020 weniger mit Technik und mehr mit dem eigentlichen Geschäft zu tun. Denn eines ist klar: Wenn in einem vernetzten Unternehmen die Computer ausfallen, ist es nur eine Frage der Zeit, bis der Chef zum Konkursrichter gehen kann.

IT-Risiken müssen im Unternehmen 2020 zunehmend als Teil des allgemeinen Geschäftsrisikos erkannt und verstanden werden. Schließlich geht es bei der Bonitätsprüfung ja um das Ausfallrisiko eines Kredits. Neben den klassischen Eckpunkten (Vermögen, Umsatz, Gewinn) spielt die Ausfallsicherheit der EDV deshalb bei der Beurteilung eine immer wichtigere Rolle.

Hacker und Viren sind dabei nur das eine. Für die Ratingprüfer sind ganz andere Risikoszenarien relevant:

- Wie hoch ist der Schaden durch Missbrauch der IT durch interne oder externe Mitarbeiter, etwa durch Weitergabe von vertraulichen Firmendaten?
- Wie teuer kommt einer Firma die Geschäftsunterbrechung durch Computerausfall zu stehen, etwa im Vertrieb oder in der Produktion?
- Welche Schadensersatzforderungen sind zu erwarten aufgrund einer unsicheren IT?

Je mehr ein Unternehmen für seine Geschäftsabläufe auf eine funktionierende IT angewiesen ist, desto mehr Gewicht haben solche Maßnahmen bei der Ratingprüfung. Bei Online-Unternehmen, die zu 100 Prozent vom Funktionieren ihrer Computersysteme abhängen, mag die Relevanz höher sein als bei klassischen Einzelhändlern oder Produktionsbetrieben. Analysten und Kreditinstitute arbeiten heute mit branchenspezifischen Risikoprofilen. „Ein

Kreditnehmer wird einer bestimmten Branche zugeordnet und muss in der Folge beweisen, dass er im Branchenvergleich überdurchschnittliche Schutzmaßnahmen ergriffen hat, wenn er ein günstigeres Rating haben will", sagt Dr. Christoph Capellaro vom Wirtschaftsprüfer Ernst & Young in München.

Allerdings sind die Prüfer selbst oft überfordert, wenn es um komplexe Technik und ausgefeilte Schutzmaßnahmen geht. Die wenigsten Geldinstitute oder Ratingagenturen haben deshalb bislang formelle Ratingkriterien für EDV-Systeme festgelegt, wie Susanne Lehnert von Standard & Poor's in Frankfurt zugibt. Dafür seien die Prüfer aber angehalten, sich beim Besuch vor Ort einen durchaus subjektiven Eindruck von den Bemühungen des zu prüfenden Unternehmens auf diesem Gebiet zu verschaffen. „Der fließt dann in die Gesamtbeurteilung ein", behauptet sie.

„Für das Finanzinstitut ist eine Kreditvergabe letztendlich eine Form von Investment", meint Robert Kaltenböck, Abteilungsleiter IT-Consulting beim Systemhaus der DSV-Gruppe (Deutschen Sparkassenverlag). Eine Investition vor allem in IT-lastige Unternehmen sei dann rentabel, wenn das Unternehmen neben den betriebswirtschaftlichen Voraussetzungen auch eine Reihe von IT-Kriterien erfüllt, zum Beispiel:

- Die Geschäftsprozesse des Kerngeschäfts werden durch die eingesetzte IT optimal unterstützt.
- Die IT-Applikationen entsprechen den branchenüblichen Standards und sind auf dem neuesten Stand der Technik.
- Die IT-Infrastruktur ist robust und geeignet ausgelegt, um das aktuelle Transaktionsvolumen zu bewältigen, und flexibel genug, um auch künftigen Anforderungen gerecht zu werden.
- Die Prozesse im IT-Betrieb sind wirksam und kosteneffizient.
- Die Verantwortlichkeiten in der IT sind klar geregelt.

Vielen Firmen fällt angesichts eines solch komplexen Kriterienkatalogs der Nachweis ausreichender Vorsorge verständlicherweise schwer. Eine Möglichkeit, um Transparenz hinsichtlich der Sicherheitseigenschaften von IT-Produkten zu schaffen, ist die Prüfung und Bewertung der verwendeten IT-Systeme durch unabhängige Prüfstellen. Auch wenn die Bank oder Sparkasse ein solches Gütesiegel nicht konkret angefordert hat, so macht es doch beim Prüfungsgespräch mächtig Eindruck, wenn das Unternehmen ihn vorlegen kann.

Einen guten Ansatz für einen solchen vorbeugenden Sicherheitsnachweis bietet nach Ansicht von Matthias Gärtner vom Bundesamt für Sicherheit in der Informationstechnik (BSI) das in seinem Haus entwickelte „IT-Grundschutz-Handbuch". Es enthält genaue Kriterien und Checklisten, anhand derer Unternehmen ihre IT-Systeme auf mögliche Sicherheitsmängel abklopfen können. Vom BSI akkreditierte Prüfstellen können verschiedene Stufen der Zertifizierung anbieten, angefangen bei den sogenannten Auditor-Testaten „IT-Grundschutz Einstiegsstufe" und „IT-Grundschutz Aufbaustufe" bis hin zur vollwertigen internationalen Zertifizierungsnorm für Informationssicherheitsmanagementsysteme (ISO 27001). Manche Prüfer bieten auch Softwaretools an, mit deren Hilfe Unternehmen eine Selbstprüfung vornehmen können, auf deren Grundlage dann ein Testat beantragt werden kann.

Solcher Aufwand mag zunächst groß erscheinen, kann sich aber am Ende gleich mehrfach auszahlen, wie der Ratingspezialist Udo Sturm aus dem thüringischen Elgersburg meint: „Sich ein Bild über den Stand seiner IT-Sicherheit zu machen ist ohnehin im Interesse jedes Unternehmers. Das Ratingergebnis sollte für ihn eigentlich nur ein Abfallprodukt sein."

Wie man digitale Identitäten erfolgreich verwaltet

Mit der wachsenden Nutzung von Informationstechnologien für wirtschaftliche, private und staatliche Aktivitäten ist die digitale Identität in den Blickpunkt gerückt. Ohne diese funktionieren rechtsgültige elektronische Bestellungen beim Lieferanten, Auktionen bei eBay oder Online-Anträge bei Behörden ebenso wie ein zukünftiger Gesundheitspass nicht.

Mit den digitalen Identitäten gewinnen aber auch die Verfahren und Technologien für deren Verwaltung, also das Identity Management, immer mehr an Bedeutung. Identity Management ist aber nicht nur ein lästiges „Muss", sondern kann auch die Basis für Kostensenkungen im Verwaltungsbereich bilden.

Identity Management lässt sich nicht auf ein Produkt reduzieren. Es erfordert vielmehr Verfahren und Technologien, die digitale Identitäten in Prozessen und Anwendungen integrieren und dort nutzbar machen. Dazu gehören die sichere, zentrale oder dezentrale Speicherung von digitalen Identitäten, die Integration dieser Identitäten und Prozesse, die eine Identität über den gesamten Lebenszyklus verwalten.

Identity Management umfasst die Speicherung von digitalen Identitäten in Verzeichnissen, aber das ist genau das Problem, das viele Unternehmen heute haben: Fast jede Anwendung verfügt über ein eigenes Benutzerverzeichnis, zum Teil mit einer ganz eigenen Syntax. Mal heißt ein Benutzer beispielsweise „Heiner Müller", mal „Heiner Mueller" oder „mueller, heiner". Datenfelder tragen willkürlich vom Programmierer vergebene Namen, was einen sinnvollen Abgleich zwischen unterschiedlichen Verzeichnissen mehr oder weniger unmöglich macht. Und da die betroffene Fachabteilung im Unternehmen meistens für die Datenpflege in der Anwendung zuständig ist, sind die Angaben – sagen wir's freundlich – unterschiedlich aktuell. Unfreundlich gesagt: In den meisten deutschen Unternehmen herrscht pures Chaos in den Verzeichnissen!

Modernes Identity Management bietet eine Reihe von Lösungen für dieses Problem, das Unternehmen jährlich Unsummen kostet und viele digitale Geschäftsprozesse blockiert. Sogenannte „Meta Directory"-Dienste können Identitäten aus verschiedenen Anwendungen und Verzeichnissen zusammenführen und intelligent abgleichen. „Virtual Directories" stellen dynamische Zusammenfassungen aus verschiedenen Verzeichnissen bereit. Access-Management- und Web-Access-Management-Lösungen steuern die Zugriffsberechtigungen auf interne Anwendungen und beim Zugriff über das Web. Authentifizierungstechnologien sorgen für eine sichere Anmeldung von Benutzern und die Überprüfung der digitalen Identität, sei es über digitale Zertifikate, mit Kombinationen von Benutzernamen und Kennwörtern oder auch mit biometrischen Verfahren wie der Fingerabdruckerkennung.

Mithilfe von sogenanntem E-Provisioning lassen sich Prozesse abbilden, mit denen Identitäten in allen erforderlichen Verzeichnissen automatisch angelegt, bei Änderungen auch überall angepasst und bei Bedarf wieder entfernt werden. Kennwortmanagement und Single Sign-on sorgen schließlich dafür, dass zumindest die Kennwörter in allen angeschlossenen Systemen gleich sind oder sogar nur eine digitale Identität für den Zugriff auf viele Systeme benötigt wird.

Hinter dem Begriff des Identity Management steht also ein ganzer Bauchladen voller Technologien, aus dem sich das Unternehmen 2020 bedienen kann und muss. Die Bausteine müssen aber richtig zusammenpassen, damit sich ein stimmiges – effizientes wie effektives – Gesamtbild ergibt. Effektivität bedeutet dabei beispielsweise, dass Sicherheit und Zuverlässigkeit gewährleistet sein müssen. Effizienz heißt vor allem, dass das Ganze administrierbar bleiben muss, dass die Kosten nicht aus dem Ruder laufen dürfen – und dass der Nutzer damit zurechtkommen muss.

Identity Management ist in erster Linie eine „enabling technology", also eine Technik, die viele andere Anwendungen überhaupt erst möglich macht. Ohne Identity Management gibt es keinen sicheren Zugriff auf interne Anwendungen in Unternehmen und Behörden, keine sicheren elektronischen Beschaffungsprozesse und keine Möglichkeit, Kaufprozesse oder Anträge des Bürgers online sicher und vertraulich zu bearbeiten.

Identity Management spart viel Geld, und zwar in zweierlei Hinsicht. Zum einen bietet es vor allem für interne Prozesse erhebliche Einsparungspotenziale. Zum anderen können durch Identity Management auch Kosten vermieden werden, wenn neue Anwendungen realisiert werden. Denn ob man eine digitale Identität einmal oder mehrfach verwaltet und wie man sie verwaltet, macht einen enormen Unterschied. Der Nutzer hat keine Lust, immer mehr digitale Identitäten zu verwalten, sich beispielsweise viele unterschiedliche Kombinationen von Benutzername und Passwort zu merken, die er außerdem in mehr oder weniger regelmäßigen

Abständen ändern muss oder soll. Genauso ist es unsinnig, diese reale Identität auf viele digitale Identitäten abzubilden und sie mehrfach zu verwalten. Identity Management ist die Basis, um das effizienter zu machen.

Ein wichtiger Einsatzbereich des Identity Management liegt damit in der effizienteren Gestaltung interner Anwendungen. Mitarbeiter sollten eine einzige digitale Identität für den Zugriff auf alle Anwendungen haben. Um dieses Ziel zu erreichen, gibt es verschiedene Ansätze, zum Beispiel der Abgleich von Identitätsdaten über Meta-Directory-Dienste, aber auch durch sogenanntes Single Sign-on, das den Zugang des Mitarbeiters zu unterschiedlichen Anwendungen zentral und automatisch verwaltet.

Gerade in diesem Bereich liegen auch erhebliche Einsparungspotenziale. Hat ein Mitarbeiter sein Passwort vergessen, wird das Zurücksetzen durch den IT-Support teuer: Zwischen 50 und 100 Euro gibt ein durchschnittliches Unternehmen laut einer Analyse der Gartner-Gruppe heute pro Mitarbeiter und Jahr alleine für Passwortmanagement aus. Bis zu 80 Prozent der Helpdesk-Kosten für die Beseitigung von Kennwortproblemen lassen sich durch sogenanntes „Password Self-Reset" sparen, indem der Benutzer in die Lage versetzt wird, sein Passwort selbst zurückzusetzen, etwa durch Beantwortung einer Sicherheitsfrage („Mädchenname der Mutter"), oder indem er sich mittels Smartcard oder Fingerabdruck legitimiert.

Identity Management und der Umgang mit digitalen Identitäten werden in den nächsten Jahren ganz oben auf der Agenda stehen. Wenn nicht, dann stehen die Chancen schlecht, effektive und effiziente Geschäftsprozesse aufzusetzen, ohne die es um die Wettbewerbsfähigkeit des Unternehmens 2020 ziemlich schlecht bestellt sein wird.

KAPITEL 9
Mitarbeiterführung 2020

Nur der flexible Personaler überlebt

Es gibt keinen vernünftigen Grund anzunehmen, dass die Vernetzung vor dem Personalwesen haltmachen wird. So wie sich Kundenbeziehungen und Vertrieb durch das Internet verändert haben, werde sich der Personalbereich im Unternehmen 2020 an die neuen Gegebenheiten anpassen müssen, um den Gesamterfolg nicht zu gefährden.

Die Möglichkeiten des Customer Relationship Management sind ja auch zum Teil direkt übertragbar auf das Personalwesen. Viele amerikanische Unternehmen schalten schon keine Anzeigen mehr, sondern sammeln Informationen über Mitarbeiter und potenzielle Bewerber, die ihre Websites besuchen. Wenn dann eine Stelle zu besetzen ist, schauen die zunächst in ihrem Pool nach, ob was Passendes dabei ist. Recherche statt Ausschreibung: Das Ergebnis ist passgenauer, und man spart Kosten!

Deutschland steht vor einer neuen, großen Outsourcing-Welle. Das wissen auch die Personaler – aber sie verstehen nicht wirklich, was damit gemeint ist. Bei Outsourcing denken die meisten von ihnen höchstens an die Lohn- und Gehaltsabrechnung. Da gab es in der ersten Welle ein paar Kinderkrankheiten – Datensicherheit, technische Pannen. Die sind inzwischen überwunden. Und so kann jetzt die nächste Stufe gezündet werden: Reisekostenabrechnung, Kantinenverwaltung und Bewerbermanagement elektronisch abzuwickeln ist für einige auch kleinere Unternehmen heute nichts Besonderes mehr. Auch bei Zeiterfassung, Weiterbildungsmanagement und Weiterbildung (E-Learning) setzt sich die elektronische Unterstützung immer mehr durch.

Die digitale Arbeitsmittelausgabe

Doch wirklich spannend wird es erst, wenn sich auch in mittelständischen Unternehmen das sogenannte E-Provisioning durchzusetzen beginnt. In den nächsten zehn Jahren werden verstärkt vernetzte Computersysteme zum Einsatz kommen, die jeden neuen Mitarbeiter in kürzester Zeit mit allem versorgen, was er zum Arbeiten benötigt: digitale Arbeitsmittel wie E-Mail-Konto, Benutzername und Passwort für alle wichtigen IT-Anwendungen, Softwarelizenzen für die Bürosoftware, aber auch „analoge" Arbeitsmittel wie die Parkkarte, Büroschlüssel, Dienstwagen etc.

Das spart Zeit und Geld. Bis zu fünf Tage dauert es erfahrungsgemäß, bis ein neuer Mitarbeiter in einem größeren Unternehmen produktiv werden kann. Davor ist er mit sich selbst und mit dem Beschaffen der nötigen Arbeitsmittel und Genehmigungen beschäftigt. Intelligente Provisioning-Systeme erledigen das per Mausklick in Stunden oder sogar Minuten.

Fast noch interessanter für das Unternehmen: Der Vorgang funktioniert auch anders herum. Ein Mitarbeiter, der ausscheidet oder von einer Abteilung in eine andere versetzt wird, führt heute viel zu oft als „Karteileiche" ein gespenstiges Weiterleben, kann nach wie vor auf vertrauliche Daten und unternehmenskritische Systeme zugreifen. In vielen Unternehmen berichten Personaler und ITler vom sogenannten „Praktikanten-Syndrom": Studenten oder Lehrlinge werden nacheinander durch die einzelnen Abteilungen geschleust und bekommen als Erstes immer Zugang zu den Systemen. Klar: Sonst können sie ja auch nicht produktiv arbeiten. Da aber nur in den seltensten Fällen jemand daran denkt, die Konten wieder sperren zu lassen, wenn der hoffnungsvolle Jobneuling weitergezogen ist, hat dieser nach Abschluss seiner „Ehrenrunde" mehr Zugangsberechtigungen gesammelt als der Chef der Firma.

Es gibt Experten, die behaupten, dass dieses sogenannte „De-Provisioning" wichtiger sei als das eigentliche Provisioning. Und in der Tat ist die Vorstellung reizvoll, man könne per Mausklick alle „nichtaktiven" Mitarbeiter aus dem Unternehmen entfernen: ehemalige Beschäftigte, die in den Systemen und Verzeichnissen der Unternehmens-IT unverdrossen weiterleben und mitgeschleppt werden müssen. Das belastet die Systeme selbst und macht sie vor allem unsicher. Der Buchhalter, der im Zorn gegangen oder gefeuert worden ist, hat unter Umständen nach wie vor Zugang zu den Kernsystemen und kann dort aus Rache allerlei Schaden anrichten. De-Provisioning sorgt dafür, dass Mitarbeiter, die das Unternehmen verlassen, sozusagen an der Pforte sämtliche digitale Arbeitsmittel, also auch ihre Zugangsberechtigungen abgeben müssen.

Vor allem aber macht sich De-Provisioning von ganz alleine bezahlt. Software wird heute in aller Regel im Lizenzmodell vertrieben. Das heißt, dass der Arbeitgeber für jeden Mitarbeiter eine eigene Softwarelizenz erwerben muss. Bei großen ERP-Systemen wie SAP oder Datenbanken wie Oracle wird die Zahl der Benutzer einmal oder mehrmals im Jahr angepasst, die Lizenzgebühren können sich auch in mittelständischen Betrieben zu fünf- oder sechsstelligen Beträgen summieren.

Durch den Vorgang des De-Provisioning wird sofort offensichtlich, welche Softwarelizenzen im Unternehmen ungenutzt sind, also folglich auch zurückgegeben werden können. Die Einsparung, die sich daraus ergibt, ist mit etwas Glück höher als die Kosten für die Einführung einer Provisioning-Lösung. Der ROI (Return on Investment) ist also vom ersten Tag an erreicht. Solche „instant success stories" kann die IT nicht oft erzählen.

Entlassung per Mausklick ist schlechter Stil

Noch eine Anmerkung zum Thema De-Provisioning: Die *Bild*-Zeitung hat vor einiger Zeit auf der ersten Seite die reißerische Headline gebracht: „Entlassungen per Mausklick!" De-Provisioning macht es in der Tat möglich, die mit der Freistellung von Mitarbeitern verbundenen Verwaltungsabläufe weitgehend zu automatisieren. In Zeiten von Wirtschaftskrisen mag das für den einen oder anderen Anbieter ein naheliegendes Verkaufsargument sein – naheliegender jedenfalls als die Tatsache, dass man mit solchen Systemen neue Mitarbeiter schneller produktiv machen kann. Der Autor dieser Zeilen hatte wenige Wochen später die Aufgabe, in einem mehrtägigen Medientraining den deutschen Geschäftsführer eines führenden Provisioning-Anbieters auf ein anstehendes Fernsehinterview vorzubereiten, und wir kamen auch auf den Artikel in *Bild* zu sprechen. Der Manager wollte wissen, was er sagen solle, wenn der Reporter ihn frage, ob die Aussage stimme. Wir haben uns am Ende auf folgende Formulierung geeinigt: „Natürlich können Sie mit unserer Software Menschen per Mausklick entlassen. Die viel wichtigere Frage ist aber doch, ob Sie es auch tun sollten. Das ist vielleicht mehr eine Frage des Stils. Ich jedenfalls möchte einem Mitarbeiter in die Augen schauen, wenn ich ihn entlassen muss ..."

Personalentwicklung per Internet

Mit Dingen wie Provisioning hört die Entwicklung nicht auf. Der nächste große Schritt im Unternehmen 2020 wird die Vernetzung mit anderen Unternehmensbereichen sein. Das Stichwort hierzu lautet „Human Resource Management" (HRM), und es hat große Ähnlichkeit mit den heute schon in vielen Unternehmen existierenden Systemen für Customer Relationship Management (CRM), nur sozusagen mit umgedrehtem Fokus: Statt nach außen auf die Kunden blickt HRM nach innen auf die eigenen Mitarbeiter und hilft, diese zu beurteilen und zu führen.

HRM-Systeme werden in Zukunft ganz neue Funktionen im Personalwesen übernehmen und dort für einen ähnlichen Automatisierungsgrad sorgen wie an anderer Stelle im Betrieb, etwa in der Produktion oder im Vertrieb. Es wird um Dinge gehen wie Performance Management, also die Mitarbeiterbeurteilung, aber auch darum, festzustellen, ob im Unternehmen die richtige Mischung von Kompetenzen vorhanden ist („Workforce Analysis"), sowie um Nachfolgeplanung und Weiterentwicklung. All das wird miteinander und mit den anderen Unternehmensbereichen vernetzt und eröffnet neue Möglichkeiten der strategischen Planung.

So wie der Online-Buchladen kundenspezifische Kaufvorschläge elektronisch generiert und dem Kunden serviert, wird also künftig der neue Mitarbeiter durch elektronische Filter aus einem Pool bereits identifizierter Kandidaten ausgewählt, eingeladen und eingestellt. Diagnosetools, die eine genaue Einschätzung der Qualifikation von Mitarbeitern ermöglichen, gibt es heute schon, sie werden nur viel zu selten eingesetzt. Aber was ist mit der viel zitierten „Chemie"? Traditionalisten wenden ein, dass ein Personalleiter sein Unternehmen und die dort vorhandenen Mitarbeiter kennt und absehen kann, ob ein Kandidat in eine Abteilung passt – das können Diagnosetools nicht! Die Antwort darauf ist einfach: Selbst der beste Personaler wird besser, wenn er über intelligente Werkzeuge verfügt.

Der Personalbereich muss sich auf die Veränderungen durch Vernetzung einstellen. Es geht darum, Prozesse zu optimieren, die Unternehmensleistung durch die genauere Kenntnis der individuellen und Gruppenleistungen zu verbessern. Nutzen die Personalleiter die Möglichkeiten der Vernetzung nicht, um sich als strategischer Partner der Geschäftsleitung zu profilieren, dann werden auch sie von den Folgen der Vernetzung verdrängt werden.

Digital Natives finden und führen

Der klassische Mitarbeiter oder die klassische Führungskraft, die morgens um neun ins Büro kommt und abends um fünf Uhr heimgeht, ist im Zeitalter der totalen Vernetzung der Wirtschaft eindeutig ein Auslaufmodell. In Zukunft werden verschiedene Arbeitsmodelle gleichberechtigt nebeneinander existieren. Festangestellte, Pauschalisten, Freiberufler, die nur für die Dauer eines Projektes an Bord kommen, und Mitarbeiter anderer Unternehmen von Partnern oder Lieferanten oder auch von Kunden werden sich die Klinke in die Hand geben (oder sich von unterwegs per E-Mail melden). Kurz, die Organisationen werden künftig von relativ kleinen Kernmannschaften geführt, viele operative und administrative Tätigkeiten, sei es in Vertrieb, Marketing, Entwicklung oder auch der Produktion werden von Externen erledigt.

Deshalb müssen sich nicht nur die Personalabteilungen weiterentwickeln und sich auf die Aufgabe vorbereiten, externe Mitarbeiter reibungslos zu managen. Auch die Führungskräfte müssen lernen, freie Mitarbeiter zu managen, und die Arbeit eher in Projekten denken als in klassischer Manier. Das Thema Motivation nimmt ganz andere Dimensionen an und auch die fehlende Bindung der Kollegen zum Unternehmen oder den anderen Mitarbeitern könnte in solchen offenen Konstellationen problematisch werden.

Doch wenn die Annahme stimmt, dass Freiberuflichkeit zum Mainstream-Modell der Arbeitsverteilung gerät, sind nicht nur Management und Personalabteilung gefragt, sondern auch der Zugang und der Umgang mit den IT-Systemen eines Unternehmens müssen dafür gerüstet sein. Ähnliches gilt für das Facility Management. Ein Gebäude, in dem relativ häufig die Belegschaften wechseln, die auch noch in unterschiedlichen Projekten in unterschiedlicher Zusammensetzung zusammenarbeiten, muss viel flexibler konstruiert und eingerichtet werden. Räume müssen von der Größe her anpassbar sein, Verkabelung und IT-Infrastruktur müssen sich den verschiedenen Bedürfnissen ebenfalls anpassen. Hier kommen Konzepte wie Open Space und andere Ideen zur offenen und flexiblen Raumgestaltung zum Tragen. Gebäude und Räumlichkeiten flexibel zu gestalten ist zwar aufwendig, aber einmal gemacht ist diese Aufgabe mehr oder weniger erledigt.

In modernen Unternehmen arbeiten außer in der Produktion die meisten Mitarbeiter an Rechnern, also im internen, teilweise standort- oder sogar unternehmensübergreifenden Netz, tauschen Informationen aus, kollaborieren mit anderen an Dokumenten oder recherchieren im Internet. In heutigen Systemen ist es kompliziert, verschiedene Rollen und Berechtigungen für wechselnde Endgeräte und viele unter Umständen schnell wechselnde Mitarbeiter zu vergeben und auch wieder einzuziehen. Modernes Identity Management kann das zwar, ist aber in mittelständischen Unternehmen nicht sehr verbreitet. Das wird sich ändern müssen.

Ein fiktives Beispiel soll deutlich machen, vor welchen Herausforderungen Unternehmen stehen, um künftig die Ressource Personal (fest und frei) effektiv zu steuern.

> **Arbeitsalltag 2020**
>
> Dietmar Laban hat einen relativ stressigen Tag vor sich. Im Auftrag seines Unternehmens, der City Gold, ein schnell wachsender Suchmaschinenoptimierer mit angeschlossener Web-4.0-Beratung, muss er heute drei verschiedene Kunden besuchen.
>
> Beim ersten, gleich um neun, geht es darum, ein Anschlussprojekt in trockene Tücher zu bringen, das dem Kunden helfen soll, sich besser in Social Networks zu präsentieren. Dazu hat Dietmar gestern Abend eine Präsentation geschrieben, die er teilweise selbst erstellen musste und mit der offiziellen Firmenpräsentation zusammengeführt hat, die er vom Server von City Gold heruntergeladen hat. Das war wegen einiger Zugangsprobleme langwierig gewesen. Er hatte zunächst den Server zu überzeugen versucht, dass er als freier Projektmanager auf die internen Marketingmaterialien zugreifen darf. Doch offenbar hatte die Sicherheitssoftware irgendwelche Mucken, denn trotz Passwort und Irisscan, den er von seiner mobilen Einheit aus übertrug, erkannte der Server die Zugangsberechtigung nicht an. Er musste sich erst beim externen Security-Management melden, sein Superpasswort und noch einmal den Irisscan schicken, bevor er erneut eine zunächst provisorische Zugangsberechtigung erhielt. Er hatte erst gegen halb eins seine Folientastatur zusammengerollt und den Würfelprojektor, der ihm als Bildschirm und Recheneinheit dient, sorgfältig wieder eingepackt. Die Dinger sind immer noch extrem empfindlich gegen Erschütterungen.
>
> Also auf zum Kunden. Während ihn der Vorortzug in das Industrieviertel bringt, checkt er noch einmal seinen Internetkalender. Dank des superschnellen WLAN im Zug ist das kein Problem. Aha, am Vormittag gibt's keine Änderungen. Um 13.00 Uhr soll er beim nächsten Kunden aufschlagen, nur eine kleine Sache. Den Online-Marketiers und -Redakteuren kann er locker erklären, welche Unterschiede zwischen den

beiden vorherrschenden Suchmaschinen Bing (Microsoft) und Google bestehen und worauf sie achten müssen, wenn ihre Kampagnen und E-Commerce-Angebote dort möglichst gut gefunden werden sollen.

Dort wird er auch Birga treffen, ebenfalls eine freie Projektmanagerin von City Gold, die ihn angefordert hatte. Nun, mal sehen. Das sollte in einer Stunde erledigt sein. Damit bleibt ihm noch genügend Zeit, um von Bamberg nach Würzburg zu fahren und dort den letzten Termin des Tages wahrzunehmen. Das wird knifflig. Aber er wird ja im Zug noch genügend Zeit haben, sich vorzubereiten.

Obwohl die Security-Leute noch etwas verschlafen dreinschauen, machen sie ihren Job ordentlich. Der Körperscanner gibt grünes Licht. Von seinen vier USB-Sticks, die zusammen 400 Gigabyte speichern können, muss er sich an der Rezeption trennen, damit er keine Daten aus dem Unternehmen mitnehmen kann. Die I/O seines Würfels wird ebenfalls eingeschränkt, damit er keine Informationen aus dem Unternehmensnetz ziehen kann. Selbst an seine Digitalkamera denken sie. Auch sie muss er abgeben.

Nach diesem „Digital-Strip" führen ihn endlich die orangefarbenen Lichtpfeile zu seinem Ziel, einem erst heute Morgen aus drei Modulen zusammengeschobenen Besprechungsraum mit Projektionsflächen als Wände. Die Lichtpfeile sind wirklich pfiffig, denkt er, begegnen ihm in immer mehr Gebäuden. Dank eines RFID-Chips in seiner Besucherkarte weiß das Richtungssystem, wo im Gebäude sein Bestimmungsort ist, und leitet ihn dorthin. Wenn er von der vorgezeichneten Route abweicht, löst das einen stillen Alarm aus und das Wachpersonal schaut per Überwachungskamera unauffällig nach, wo er sich gerade befindet, und fordert ihn höflich, aber bestimmt auf, sich wieder auf den direkten Weg zu begeben. Dietmar findet das zwar lästig, sieht aber den Schutzbedarf des Unternehmens ein, das, um reibungslos zu funktionieren, viele freie Mitarbeiter benötigt, diesen aber aus verständlichen Gründen nicht rückhaltlos vertraut. Dazu war in der Vergangenheit zu viel Datendiebstahl gerade von Freien verübt worden, die sich etwas dazuverdienen wollten.

Dietmar erreicht das Besprechungsmodul, schließt seinen Würfel an das Surround-Projektionsfeld an, das seine Charts möglichst aufmerksamkeitsstark auf die Wände wirft. Dabei passt sich die Auflösung automatisch an seinen Würfel an und das System verfolgt zudem, wo er als Präsentator steht, und zeigt die Grafiken dort an, wo sie der Aufmerksamkeit seiner Zuhörer nicht entgehen können. Während seiner Präsentation kann er auf Nachfrage einzelne Charts zum Speichern im System des Kunden freigeben – natürlich mit digitalem Wasserzeichen versehen und deutlicher Herkunftsangabe, damit sein Kunde sie nicht als die eigenen ausgeben kann. Der Kunde darf sie nur anschauen oder – mit City-Gold-Logo versehen – in seinem eigenen internen Präsentationen verwenden. Außerhalb des Firmengebäudes dürfen die Charts nicht gezeigt werden. Wird dennoch versucht, die Slides in einer nicht autorisierten Umgebung zu zeigen, bleiben sie einfach schwarz. Cool!

Dietmar weiß natürlich, dass der Kunde seine Präsentation in Echtzeit bewertet. Die Evaluierung wird sowohl hier als auch bei City Gold in der Skill-Datenbank gespeichert. Er hat selbst auch Zugang zu seiner Akte im System des Kunden, aber wenn er eine ungünstige Bewertung ändern oder löschen will, muss er zuerst begründen, warum die Bewertung seiner Meinung nach falsch ist. Er kann auch kommentieren, welche äußeren Umstände zu dieser schlechten Bewertung geführt haben, aber er weiß, dass er das lieber nicht zu oft machen sollte.

Dietmar betrachtet jeden Kundenbesuch als eine Art Test, dessen Ergebnis in seinem Online-Zeugnis festgehalten wird. Neben den Kundenbeurteilungen wird dort auch mitverfolgt, welche Weiterbildungen er gemacht hat, über welche Qualifikationen und Zertifizierungen er verfügt und in welchen Projekten er sie einsetzen konnte. Die Eintragungen in der Skill-Datenbank entscheiden darüber, ob Dietmar gut bezahlte Jobs bekommt und regelmäßig eingesetzt wird. Neben City Gold dürfen noch einige andere Unternehmen, für die er ebenfalls schon direkt tätig war, die Datenbank einsehen. So ist seinen Auftraggebern jederzeit transparent, in welchen Projekten Dietmar in letzter Zeit mit welchen Aufgaben betraut wurde und ob er seine Sache gut gemacht hat.

Weitere Firmen haben ebenfalls um Zugang gebeten, aber Dietmar hat erst einmal abgelehnt. Er hat genug zu tun

> und möchte vermeiden, dass jeder die Details seines Profils sehen kann. Für Interessenten, die keinen Zugriff auf seine Einträge haben, hat er in verschiedenen sozialen Netzwerken Kurzprofile hinterlegt. Dort bestimmt er ganz allein, was über ihn zu lesen steht. Etwas unheimlich ist ihm diese Benotung schon, aber auf der anderen Seite bestimmt sie seinen momentanen Tagessatz. Und wenn seine Bewertungen stimmen, und zurzeit passen sie, dann braucht er über sein Honorar nicht zu diskutieren. Natürlich werden auch die Kunden bewertet, aber die Organisationen sitzen trotzdem meistens am längeren Hebel. Nur die am besten benoteten Freien können es sich leisten, Jobs abzulehnen. Trotzdem helfen diese Auskünfte, um die Besonderheiten von Kunden möglichst schon im Vorfeld eines Projektes kennenzulernen und auch die Manager, um die man am besten einen Bogen macht. Diese Informationen werden übrigens auch in den Interest Groups der Social Networks ausgetauscht. Wer eingeladen wird, darf lesen, muss aber auch verwendbare Informationen einspeisen. Das verlangt der Kodex.

Dieser Tagesauschnitt eines fiktiven Freelancers soll deutlich machen, wie sich die Arbeitsprozesse und die Organisation von Arbeit verändern, welche Herausforderungen auf die zunehmend freiberuflichen Arbeitskräfte zukommen, welchen sich aber auch die Unternehmen stellen müssen. Die Stichwörter in diesem Zusammenhang lauten zum Beispiel E-Recruitment, Gehalts- und Honorarabrechnung, Vertragsmanagement, Verfügbarkeit von Arbeitsplätzen, Motivation und Access/Identity Management, Projektmanagement und Innovationsmanagement.

Talente aus der Datenbank

Für einige dieser Herausforderungen existieren bereits vielversprechende Ansätze, andere haben die Unternehmen noch nicht adressiert. Im Bereich E-Recruitment hängt sehr viel von der Größe, der Marke und nicht zuletzt von dem Ort ab, für den die Unternehmen Arbeitskräfte benötigen. Große Unternehmen mit einer starken Marke in Metropolregionen werden die wenigsten Schwierigkeiten haben. Ihnen stehen verschiedene Möglichkeiten offen, über das Internet zu rekrutieren – mit eigenen Job-/Projektportalen, Präsenzen in den großen Social Networks und in berufsspezifischen Projektbörsen, die von Dritten betrieben werden. Ein Beispiel für eine solche Jobbörse im IT-Bereich ist Gulp (www.gulp.de), aber auch weniger technikaffine Zielgruppen finden sich in einschlägigen Jobbörsen adressiert. Das Handwerkerportal My Hammer (www.myhammer.com) zum Beispiel, vermittelt Handwerker. Und Social Networks wie Xing oder LinkedIn gelten unter Personaler-Profis und Headhuntern gleichermaßen als die wohl wichtigste Quelle überhaupt für neue Jobkandidaten: Sie werten die dort hinterlegten persönlichen Profile gezielt nach Ausbildungs- und Kompetenzkriterien aus und legen Listen von Menschen an, die sie bei Bedarf „kalt" ansprechen. Oder sie nehmen Kontakt über Online-Foren auf, wo man zunächst nur miteinander über gemeinsame Berufsthemen diskutiert und mit der Zeit ein immer engeres Vertrauensverhältnis aufbaut – um an irgendeiner Stelle einen dezenten Hinweis auf eine neue Karriereoption einfließen zu lassen.

Das setzt allerdings eine neue Art von Personalabteilung voraus; eine, in der die moderne Computertechnik und das Internet eine ebenso große Rolle spielen wie in den anderen Firmenabteilungen. Das setzt aber auch ein hohes Maß an Internet-Kompetenz und vernetztem Denken bei den Personalern voraus. Es geht zum einen darum, die eingehenden Bewerbungen schneller abzuarbeiten, als das heute der Fall ist. Bearbeitungszyklen zwischen zwei und fünf Wochen kann sich das Unternehmen 2020 nicht mehr leisten. Weder wird es den suchenden Fachabteilungen zumutbar sein, mehrere Wochen zu warten, bis die für ein Projekt nötigen Spezialisten an Bord sind, noch werden die Bewerber, die in der Regel keinen Job mehr suchen, sondern Aufträge, wochenlang auf eine Entscheidung warten wollen, nur weil das Unternehmen seine Prozesse nicht im Griff hat.

Dazu kommt, dass sich der Markt für qualifizierte Fachkräfte in den kommenden Jahren aufgrund der allgemeinen demografischen Entwicklung – Stichwort: Überalterung der Gesellschaft – mit Sicherheit verknappen wird. Um die Talentsuche zu beschleunigen, müssen sich Unternehmen deshalb unbedingt im Klaren darüber sein, welche Fähigkeiten zu jeder gegebenen Zeit im Unternehmen vorhanden sein müssen, welche davon in Projekten gebunden sind und welche zusätzlich von außen eingekauft werden müssen. Das klingt trivial, bereitet aber heute schon mittelständischen Unternehmen oft erhebliche Probleme. Es fehlt häufig an der nötigen organisatorischen Vorbereitung und den richtigen Tools. Beispielsweise führen Personalabteilungen zwar selbstverständlich Buch darüber, wie viele Mitarbeiter sie in welchen Funktionen beschäftigen, aber häufig fehlen für die Stellen genaue Aufgabenbeschreibungen und die nötigen Qualifikationsmerkmale.

Das nachzupflegen ist zwar mühsam, aber nicht unzumutbar. Wenn die nötigen Daten schon einmal erhoben werden, sollte man die Mitarbeiter außerdem nach ihren Fähigkeiten und Qualifikationen fragen, die sie nicht unbedingt für die Stelle benötigen. Das vervollständigt das Bild und erleichtert den Aufbau einer sogenannten Skill-Datenbank, in der die Mitarbeiterqualifikationen hinterlegt sind, genauso wie die Stellenbeschreibungen und die für jede beliebige Funktion mitzubringenden Fähigkeiten. (Unternehmer, die sich mit dem Aufbau einer solchen Datenbank beschäftigen, sollten unbedingt daran denken, sie mit dem Betriebsrat abzustimmen.) Mit dieser simplen Maßnahme erhalten die Unternehmen einen Überblick über das vorhandene Knowhow und die Qualifikationen, die zumindest für die Planstellen benötigt werden.

Das beschleunigt den Rekrutierungsprozess schon allein durch den Verzicht auf das Pingpong zwischen Personal- und Fachabteilung. Insbesondere gilt das dann, wenn Führungskräfte genötigt werden, ihre Personal- und Qualifikationsanforderungen in die Datenbank einzugeben. Damit erweitert sich der Funktionsumfang bereits um die benötigten Qualifikationen und die Personalabteilung kann überlegen, wie sie diese am effektivsten beschaffen kann.

Ein wirklich nützliches Tool wird aus einer solchen Skill-Datenbank aber erst dann werden, wenn es im Unternehmen 2020 gelingt, sie aktuell zu halten und auf Projekte und freie Mitarbeiter auszudehnen. So behält das Unternehmen jederzeit den Überblick über vorhandene und nachgefragte Personal- und Skill-Ressourcen. Um Mitarbeitern und gegebenenfalls auch Freien die Eingabe von Daten zu ermöglichen, ist ein Web-Frontend nötig, mit dem sich entsprechende Daten unabhängig von Ort und Zeit eingeben lassen. Gerade in von Projektarbeit geprägten Unternehmen mit vielen freien Mitarbeitern wird ein solches Tool wertvolle Hilfe leisten, vor allem da sich Arbeits- oder Projektgruppen immer wieder neu zusammensetzen. Wenn beispielsweise ein Projektleiter einfach in dieser Datenbank suchen kann, wie viele der von ihm benötigten Skills in ausreichender und bezahlbarer Menge verfügbar sind, kann er sie gleich versuchen zu buchen oder, wenn er nicht fündig wird, die Personalabteilung mit einer entsprechenden Suche beauftragen.

Vom Arbeitsmarkt zur Fachkräftebörse

Dabei spielt es übrigens keine Rolle, ob es sich um eine unternehmensinterne Personalabteilung handelt, um einen Dienstleister oder um eine Job- beziehungsweise Projektbörse, an die die Anfrage weitergeleitet wird. Bereits in einigen Jahren dürften die beiden zuletzt genannten Szenarien für Mittelständler die häufigste Rekrutierungsmethode sein, gleichgültig ob fest angestellte oder freie Kräfte gesucht werden. Nur noch bestimmte Führungskräfte und seltene Spezialisten werden über Headhunter und Personalberater gesucht. Den Rest erledigen die Jobbörsen, die immer mehr Funktionen anbieten. Es ist zu vermuten, dass sie neben ihrer Rolle als digitale Personaldienstleister für Unternehmen auch administrative Tätigkeiten wahrnehmen werden wie Lohn- und Gehaltsabrechnung sowie Vertragsmanagement. Für solche Spezialisten wäre es allemal lohnender, die gesetzlichen Bestimmungen für Freiberufler ebenso aktuell zu halten wie das Thema Rollen im Unternehmen sowie last, not least Honorarstatistiken zu führen, um Unternehmen die Preisfindung zu erleichtern.

Ebenfalls vorstellbar ist, dass diese Börsen in Zukunft teilweise das Skill-Management für die Unternehmen übernehmen. In dem Fall halten sie Profile von Freiberuflern vor, mit ihren aktuellen Qualifikationen und Zertifizierungen, ihrer Projektgeschichte, die nicht nur über die Art der Projekte Auskunft gibt, sondern auch über ihre Größe und die Zusammensetzung der Projektmitarbeiter. Das zeigt, welche Größenordnungen der Freie bevorzugt, beziehungsweise für welche er am geeignetsten ist. Wenn die digitalen Jobvermittler derartige Funktionen übernehmen, gilt es unter Experten als sehr wahrscheinlich, dass sie den Unternehmen auch eine Beurteilungsfunktion anbieten. Auf diese Weise ließen sich künftig sowohl Beschäftigungsmöglichkeiten als auch Honorarfragen transparent und fair lösen. Voraussetzung ist natürlich, dass Beurteilende und Beurteilte die Kriterien kennen und akzeptieren, nach denen benotet wird.

Andere Jobbörsen könnten sich auf die Interessen von Freiberuflern konzentrieren und diese mit hilfreichen Zusatzangeboten beglücken. Haftpflicht- und Unfallversicherungen etwa oder Rechtsschutz, sie könnten bei säumigen Kunden das Inkasso übernehmen und sogar das Forderungsmanagement für die Freien machen. Heute benutzen beispielsweise bereits viele niedergelassene Ärzte Spezialisten für Abrechnungen. Von denen bekommen die Patienten nicht nur Rechnungen, sondern werden im Bedarfsfall auch gemahnt. Die auf die Bedürfnisse der freien konzentrierten Börsen dürften eine ähnliche Beurteilungsfunktion anbieten wie ihre Pendants auf Unternehmensseite. Hier sind es nur die Auftraggeber, die beurteilt werden, nicht die freien Mitarbeiter.

Andere Mitarbeiter – andere Arbeitsplätze

Das Personalmanagement stellt nicht die einzige Herausforderung dar. Bis auf wenige Ausnahmen verfolgen die meisten Unternehmen noch relativ starre Arbeitsplatzkonzepte. Wie sie aufgebrochen werden können und welche Konzepte es dafür gibt, haben wir in Kapitel 3 beschrieben. Allerdings gelten auch Konzepte wie Open Space eher für fest angestellte Mitarbeiter, der Umgang mit freien Kräften wird nicht wirklich berücksichtigt.

Bei Hewlett-Packard – zugegeben zwar kein Mittelständler, aber ein hochinnovatives Unternehmen – gibt es bereits heute in vielen Standorten für die Mitarbeiter inklusive der meisten Führungskräfte weder Büros noch feste Schreibtische. Diejenigen, die nicht beim Kunden sind, suchen sich morgens einen sogenannten „Hot Desk", identifizieren sich meistens mit ihrem Laptop im Netzwerk und bekommen, egal, an welchem Standort sie sich gerade befinden, Zugang zu den Daten und Informationen, auf die sie ihrer Rolle entsprechend Zugriff haben. Viele dieser HP-Mitarbeiter haben auch kein Festnetztelefon mehr, sondern nutzen ihre Smartphones zum Telefonieren und für andere Kommunikationsformen wie SMS oder Twitter, wenn sie gerade keinen Zugriff auf einen richtigen Rechner haben. Das funktioniert allerdings nur, wenn die nötige Infrastruktur vorhanden ist und die Mitarbeiter entsprechen identifiziert und authentifiziert sind. Das heißt, ihnen sind entsprechend ihrer Rolle im Unternehmen unterschiedliche Berechtigungen zugeordnet: Welche Daten dürfen sie sehen? Welche Netzwerke öffnen sich ihnen, welche Websites? Und sogar ihre Berechtigungen für internationale Telefongespräche, wenn diese nicht ohnehin über das Internetprotokoll (Voice over IP) abgewickelt werden.

Ähnliches für freie Mitarbeiter zu organisieren ist weitaus komplexer. Zum einen existieren weit mehr Abstufungen in den Berechtigungen als bei festen Mitarbeitern, zum anderen wechseln die Freien weitaus häufiger und vielleicht ist die ein oder andere Person mit verschiedenen Aufträgen betraut und verfügt eventuell über verschiedene Berechtigungen, die am gleichen oder an unterschiedlichen Standorten zur gleichen oder zu unterschiedlichen Zeiten gelten können. Verwirrt? Zu Recht. Heutige Zugangssysteme kommen damit noch nicht wirklich gut zurecht. Mithilfe von modernem Identity & Access Management (IAM) lassen sich solche Konzepte schon heute realisieren. Es ist davon auszugehen, dass die IAM-Anbieter in den nächsten Jahren signifikante Verbesserungen auf diesem Gebiet erzielen werden. Fest steht, dass sich nur über die eindeutige Erkennung der Mitarbeiter, ob im eigenen Unternehmen, in frei schwebenden Projektteams oder in Partnerunternehmen, die notwendige Sicherheit und Effizienz vernetzter Arbeitsprozesse erreichen lässt. Die Federführung im IAM obliegt heute noch meistens der IT-Abteilung. Das wird sich ändern: Im Unternehmen 2020 wird womöglich die Personalabteilung hier die Hauptrolle spielen – und spielen müssen, denn nur sie hat einen Überblick über den Gesamtstatus der festen und freien Mitarbeiter.

Abgesehen von den technischen Hürden lassen sich auch andere Barrieren nur schwer überwinden. Da ist zunächst einmal das heutige Image der Freien als „Zeitarbeiter" oder bestenfalls als Berater. Erstere werden dabei als Arbeitskräfte zweiter Klasse angesehen. Beiden schlägt von innen wenig Sympathie entgegen, sie selbst verspüren nur in den seltensten Fällen so etwas wie Loyalität gegenüber ihrem zeitweiligen Arbeitgeber. Fremdarbeiter und Zeitarbeiter – so die leider immer noch gängige Wahrnehmung vieler Unternehmen – müssen weniger motiviert als kontrolliert und beaufsichtigt werden. Berater werden entweder nach Erfolg oder nach Tagessätzen bezahlt. Doch gleich, welcher Sorte „Fremdarbeiter" jemand angehört, wird heute noch stark zwischen „innen" und „außen" unterschieden. Diese Unterschiede werden im Unternehmen 2020 zunehmend fließend sein. Firmen, die immer stärker auf die Arbeit von Freien angewiesen sein werden, müssen freie Mitarbeiter genauso einbinden und motivieren wie Festbeschäftigte, wenn sie auch in Zukunft genauso effizient oder sogar noch effizienter sein wollen als heute.

Die Zahnpasta passt nicht mehr in die Tube

Eines der größten Probleme, die ältere Führungskräfte im Unternehmen 2020 lösen müssen, ist die Frage, wie ihre Mitarbeiter während der Arbeitszeit mit den neuen Kommunikationsmethoden umgehen. Junge Menschen der Generation Internet sind mit dem World Wide Web, mit Mobiltelefon, SMS, sozialen Netzwerken und Twitter aufgewachsen. Sie können sich gar nicht vorstellen, ohne diese Kommunikationsmittel zu leben – oder zu arbeiten.

Der Chef, selbst weniger erfahren im Umgang mit den Neuen Medien, sieht darin hingegen oft nichts als Ablenkung und Zeitverschwendung. Schlimmer noch: Sie fürchten, dass die ungehemmte Nutzung interaktiver, unkontrollierter Kommunikationsmittel zum Abfluss von Firmeninterna und damit zu wirtschaftlichen Schäden führen könnte. Das Ergebnis: In jedem zweiten US-Unternehmen ist inzwischen der Besuch in Internet-Netzwerken wie Facebook für die Angestellten während der Arbeitszeit verboten. Einer kürzlich veröffentlichten Umfrage des Marktforschungsunternehmens Robert Half Technology zufolge ist es in 54 Prozent der befragten 1 400 Firmen mit mindestens 100 Mitarbeitern „gänzlich untersagt", während der Arbeit auf Websites von sozialen Netzwerken wie MySpace, Facebook oder Twitter zu surfen. In 19 Prozent der US-Firmen dürfen sich die Angestellten „nur für berufliche Zwecke" auf diesen Seiten einloggen. Eine „beschränkte private Nutzung" ist in 16 Prozent der befragten Unternehmen erlaubt.

Das Problem ist nicht neu. Als Unternehmen vor etwa zehn Jahren anfingen, in breitem Maße E-Mail zu nutzen, hatten Führungsverantwortliche und Personalchefs ähnliche Bedenken und versuchten, strenge Arbeitsanweisungen und Verbote auszusprechen, wie sie damals bei Privatgesprächen mit dem Telefon üblich waren.

Nebenbei bemerkt: In den meisten Unternehmen hat man sich inzwischen damit abgefunden, dass vor allem das Handy – das wohl persönlichste Kommunikationsmedium, das es je gegeben hat – sowohl beruflich als auch privat genutzt wird. Einige, vor allem große Unternehmen, versuchen mit entsprechenden Abrechnungssystemen von ihren Mitarbeitern die für Privatgespräche angefallenen Kosten zurückzuholen, andere arbeiten mit Pauschalen oder mit sogenanntem „Duo Billing". (Diensthandys werden mit einer speziellen SIM-Karte ausgestattet, die zwei Handynummern – eine private und eine dienstliche – enthält. Mit einem einfachen zusätzlichen Tastenklick können so Privatgespräche von geschäftlichen Telefonaten separiert und getrennt abgerechnet werden.)

Der Versuch, zwischen privater und beruflicher Internetnutzung zu unterscheiden, ist hingegen von Anfang an zum Scheitern verurteilt. Das ist so, als würde man versuchen, die Zahnpasta wieder zurück in die Tube zu bekommen. Das hält Unternehmen natürlich nicht davon ab, es zu probieren. Sie machen sich damit aber eher vor ihren eigenen Mitarbeitern lächerlich. Kommt so was raus, ist der Imageschaden ebenfalls immens: Mit einem Unternehmen, das in der digitalen Steinzeit lebt, möchte man heutzutage eigentlich keine Geschäfte mehr machen.

Der Homo oeconomicus hat ausgedient

Es gibt auch wissenschaftliche Hinweise darauf, dass Surfen die Produktivität eines Mitarbeiters eher erhöht als einschränkt. Einer Studie der University of North Carolina aus dem Jahr 2007 zufolge ist Ablenkung beim Menschen ein notwendiger biologischer Teil des Konzentrations- und Kreativprozesses. Mithilfe von Gehirnscans fanden die Forscher heraus, dass die Zentren des Gehirns, die für das Verarbeiten von Langzeiterinnerungen zuständig sind, in Momenten der Ablenkung – früher sagte man dazu „Tagträumen" – auf Hochtouren arbeiten. Andere Studien haben Hinweise darauf ergeben, dass die präfrontalen Gehirnlappen, die bei Problemlösungsprozessen aktiv sind, dann ihre größte Leistung bringen, wenn unsere Gedanken sozusagen im Leerlauf vor sich hin brummen.

Leider steht das im krassen Widerspruch zur Erwartungshaltung vieler Führungsverantwortlichen, die darin ein Zeichen für mangelnde Produktivität erblicken. Prof. Gunter Dueck, Cheftechnologe und „Distinguished Engineer" bei IBM Deutschland, ist überzeugt, dass Menschen dann am effektivsten arbeiten, wenn sie sich wohlfühlen. Zu erwarten, dass einer den ganzen Tag lang Hochleistung bringen kann, sei irrig, schreibt Dueck in seinem 2009 erschienen Buch *Abschied vom Homo oeconomicus*. Darin fordert er eine ökonomische Vernunft, die Instinkte, Emotionen und Vertrauensbeziehungen einbezieht und sich um mehr Stetigkeit und Nachhaltigkeit bemüht. Er fordert einen Führungsstil, der Angst und Stress bei allen Beteiligten abbaut und die Mitarbeiter in einem Tempo – und mit den Werkzeugen – arbeiten lässt, mit dem sie am besten umgehen können.

E-Mail war vorgestern

Was uns auf einem Umweg zurückbringt zur Frage: Sollen Mitarbeiter während der Arbeitszeit zu Facebook surfen dürfen oder nicht? Die Antwort ist klar: Wer versucht, sie daran zu hindern, wird unweigerlich scheitern. Digital Natives werden sich ihre Kommunikationsmethoden nicht verbieten lassen. Für eine 16-Jährige, die heute noch die Schulbank drückt, war E-Mail vorgestern. Sie hält über ihre Profilseite bei Facebook, MySpace oder SchülerVZ Kontakt zu Freunden und Gleichaltrigen. Für sie ist E-Mail etwa so, wie wenn man mit einem Kuli oder Füllfederhalter noch kunstvoll Briefe schreibt. Einer Untersuchung des IT-Branchenverbands Bitkom aus dem Jahr 2008 zufolge sind 85 Prozent der Jungen und 80 Prozent der Mädchen von zwölf bis 19 Jahren regelmäßig online. Für 72 Prozent sind dabei Instant-Messenger-Programme die wichtigste Anwendung, noch vor E-Mail. Viele Jugendliche verbringen täglich mehrere Stunden im Chat. Das hat auch Auswirkungen auf die Allgemeinsprache, denn im Chat wird anders formuliert. Andererseits erfordert das Chatten ein schnelles Reagieren, mit vielen Abkürzungen und auch emotionaleren, spontaneren Äußerungen. Sprachwissenschaftler sehen darin keineswegs, wie viele Deutschlehrer, aber auch viele Vorgesetzte, eine Verkümmerung der Sprache, sondern eine Bereicherung. Die Fähigkeit, mit den Neuen Medien möglichst gekonnt umzugehen, wird im Unternehmen 2020 eine wichtige Jobvoraussetzung sein. Blogs, Messenger, Wikis und Videokonferenzen machen Unternehmen zunehmend zu einem Ort des interaktiven Wissens- und Informationsaustauschs. Besseres Verstehen und sinnvollere Kommunikation sind die Ziele.

Der Mitarbeiter von morgen wird anders reden. Er wird anders schreiben – ganz ohne Punkt und Komma; jedenfalls bis auf diejenigen, die man noch für die sogenannten „Smileys" benötigt: lachende Gesichter aus Interpunktionszeichen. Sie werden ihre Gedanken spontan und in Kurzform weitergeben. Da ist für lange E-Mails weder Zeit noch Platz. Die Zukunft der Unternehmenskommunikation wird eher von Twitter geprägt sein, nach dem Motto: „Was Sie mir nicht in 140 Zeichen sagen können, will ich gar nicht lesen."

Der Mitarbeiter von morgen

Das mittelständische Unternehmen der Zukunft – eine dezentrale organisierte Ansammlung von virtuellen Arbeitsgruppen, die in virtuellen Büros inmitten virtueller PCs sitzen oder als nomadisierende Wanderarbeiter durch die Lande ziehen: Für viele sind solche Visionen heute noch ein Albtraum. Drängt sich die Frage auf: Braucht das Unternehmen Zukunft neue Menschen, neue Mitarbeiter? Die Antwort, so der Medientheoretiker und „Internet-Guru" Ossi Urchs ist einfach: „Wir haben sie schon!"

Das heißt: Laut Urchs sitzen die Mitarbeiter von morgen heute noch auf der Schulbank oder in den Unis. Aber sie sind startbereit: „Die Generation Internet wird ganz anders mit dem Thema Arbeit und Arbeitsorganisation umgehen als die Alten – spielerischer, flexibler, vielleicht auch ein bisschen chaotischer, aber auf jeden Fall produktiver." Junge Menschen, so Urchs, wachsen in einer anderen

Medienwirklichkeit auf als ihre Eltern. Für sie sind Dinge wie Internet, E-Mail, Chat-Rooms, Blogs, Communitys, Online-Videos, Themenportale und Kollaborationsprojekte wie Wikipedia ein Teil der gewohnten Umgebung, in der sie aufgewachsen sind.

Im Bestseller *Generation Internet: Die Digital Natives* (Hanser, 2008), beschreibt der Autor John Palfrey von der Harvard University eine Generation, die sozusagen mit dem Internet aufgewachsen ist und die Arbeitsweisen und Strukturen, die sie dort vorfindet, inzwischen auf ihre neue Arbeitswirklichkeit zu übertragen beginnt. „Diese Menschen sind technisch sehr geschickt. Sie können eine Vielzahl von Informationen aus dem Netz besorgen. Sie sind versiert im Lesen und Überfliegen von digitalisierten Texten. Dafür hören sie ungern zu."

Die Harvard-Studie, auf der Palfreys Buch beruht, kommt zu noch tiefer gehenden Erkenntnissen über die neue Generation Internet, die aus Unternehmenssicht von großer Tragweite sein werden. So wechseln Digital Natives angeblich gerne ihre Identität und ihre Rollen, und das nicht nur im Internet. Wer gewohnt ist, sich mit Fotos, Videos, Profilen und Blogs die Wahrnehmung der eigenen Persönlichkeit sozusagen nach Belieben zu gestalten, wird sich mit einer vorbestimmten Rolle als Unternehmensmitarbeiter vielleicht schwertun. Digital Natives neigen der Studie zufolge auch dazu, sich mit schnellen Entscheidungen schwerzutun, weil sie gewohnt sind, sich eher zu viele als zu wenige Informationen aus dem unerschöpflichen Faktenbrunnen des World Wide Web zu holen. Wichtige Entscheidungen werden dadurch häufig zu spät oder gar nicht getroffen.

Ob sich solche Menschen überhaupt in herkömmliche Berufsbilder zwängen lassen werden oder ob sie nach völlig neuen Alternativen bei Arbeit und Anstellung verlangen werden, wird eine spannende Frage sein, die die Zukunft erst beantworten kann. David Shipler, Autor des Buchs *The Working Poor* („Die arbeitenden Armen"), glaubt, dass sich neue Modelle der Teilzeitbeschäftigung im Büro als Antwort auf die veränderten Bedürfnisse der Digital Natives an ihre Arbeitswelt herauskristallisieren werden:

Praktikanten, die entweder zu einem niedrigen Lohn oder sogar ohne Bezahlung arbeiten, werden seiner Meinung nach in vielen Unternehmen einen wachsenden Anteil des Arbeitsanfalls übernehmen. Gerade in begehrten Bereichen wie Werbeagenturen, Architekturbüros, Unternehmensberatungen, Finanzdienstleistern und Medienproduzenten wird das Langzeitpraktikum als Einstieg in die Berufstätigkeit verstanden und gerne angenommen.

Freie Projektarbeiter („Freetas") werden sich für bestimmte Aufgaben im Unternehmen als Alternative zur Festanstellung durchsetzen. In Japan gibt es bereits heute angeblich schon mehr als vier Millionen solcher Arbeitskräfte auf Zeit. Laut Shipler werden Internet-Plattformen die Nachfrager und Anbieter von qualifizierten Projektarbeitern digital zusammenführen. Auch die Kontrolle und Qualitätssicherung sei mithilfe vernetzter Breitbandsysteme heute wirtschaftlicher denn je.

Dass der Mitarbeiter von morgen auch eine andere Art von Chef verlangen wird, versteht sich fast von selbst. „Viele Manager tun sich schwer bei dem Gedanken, Mitarbeiter führen zu müssen, die sie selten oder vielleicht sogar niemals zu Gesicht bekommen", gibt Chefdesigner Dr. Karl-Heinz Strassemeyer vom IBM-Entwicklungslabor in Böblingen zu. Der Experte für Linux-Systeme und offene Software fordert ein neues Führungsverständnis und rät Managern und Unternehmern deshalb, sich das Open-Source-Modell genauer anzusehen: „Das Unternehmen der Zukunft erfordert den Aufbau kreativer, innovativer Communitys und beruht damit auf der gleichen Denkkultur, die auch der Linux-Gemeinde zugrunde liegt."

Dass die Technologie heute dabei ist, die Weichen für das Unternehmen Zukunft zu stellen, ist offensichtlich. Nicht ganz so klar ist, welche der auf Messen wie der CeBIT in Hannover als „Neuheit" marktschreierisch angepriesenen Einzelinnovationen diejenigen sein werden, die Unternehmen auf dem Weg in diese Zukunft tatsächlich den gewünschten Startvorteil verleihen werden. Das herauszufinden dürfte die eigentliche Herausforderung an Führungspersönlichkeiten im digitalen Zeitalter sein. Auch im Unternehmen von morgen, so scheint es, wird der gute alte Unternehmerverstand einer der wichtigsten Erfolgsfaktoren bleiben.

Nachwort:
Schirrmachers Kopf, oder warum das Internet an allem schuld ist

Wer Erfolg hat, hat auch Neider. Dem Internet geht es da nicht anders. In jüngster Zeit ist es in gewissen Kreisen Mode geworden, in der Digitalisierung und Vernetzung die Wurzel allerlei Übel der Menschheit erkennen zu wollen, sozusagen eine Art Machtübernahme durch die Computer. Prominentestes Beispiel ist sicher der Journalist und *FAZ*-Herausgeber Frank Schirrmacher, der im Spätjahr 2009 mit seinem Buch *Payback* zum Rundumschlag gegen die moderne Informations- und Kommunikationstechnik ausholte. Der Mensch sei nicht mehr in der Lage, die Flut der auf ihn einstürzenden Informationen und Kommunikationsanforderungen zu bewältigen. Das führe zur dauernden Überforderung, zu einem Abbau der Konzentrationsfähigkeit und damit zu einem Verlust der Denkfähigkeit selbst. „Mein Kopf kommt nicht mehr mit!", klagt er im Vorwort von „Payback" und spricht von einer „kognitiven Krise", die am Ende gar zum Kollaps des menschlichen Denkvermögens unter der Last der digitalen Informationsflut führen wird. Damit spricht er natürlich all jenen aus der Seele, die ohnehin das Gefühl haben, dass ihnen alles viel zu schnell geht und sie manchmal im Wortsinn nicht mehr wissen, wo ihnen der Kopf steht, und er macht das sehr geschickt. „Wieso fällt es uns auch zunehmend schwerer, einem Gespräch zu folgen oder eine Nachricht zu ignorieren? Wieso wächst bei der Mehrzahl der Bewohner der westlichen Welt das Gefühl, keine Kontrolle mehr über ihr Leben, ihre Zeit, ihren Alltag zu haben? Was genau geschieht mit unserem Gehirn, unserer Auffassungsgabe, unserer Konzentration?" („Payback", S. 39).

Abenteuerliche Behauptungen, für die Schirrmacher jeden Beweis schuldig bleibt (oder hat er vielleicht die Mehrzahl der Bewohner der westlichen Welt vorher befragt?). Aber mit seinen Thesen rennt er natürlich offene Türen bei all denjenigen ein, die tatsächlich Mühe haben, das neue Internet-Tempo mitzugehen, die sich sowieso vor Veränderung fürchten und sich zurücksehnen in eine gute alte Zeit, als angeblich alles viel einfacher war, das Gras grüner und die Sonne heller strahlte.

Wer Tag für Tag im Unternehmen seinen Mann oder seine Frau stehen muss, kann vermutlich mit solchen kulturpessimistischen Betrachtungen wenig anfangen. Zeit war schon immer Geld, und von beidem haben Geschäftsleute, Manager und Unternehmer nie genug gehabt, auch früher nicht. Erfolg hat derjenige, der auf der Klaviatur der Kommunikationssysteme am besten spielen kann. Der Banker Nathan Mayer Rothschild kannte dank seiner Brieftauben noch vor dem britischen Premierminister den Ausgang der Schlacht bei Waterloo im Jahre 1815. Er verkaufte seine Aktien und die Anleger glaubten, er sei im Besitz von Informationen über eine britische Niederlage, weshalb sie ihm beim Verkaufen der Aktien folgten. Nachdem die Kurse der Wertpapiere in den Keller gesunken waren, kaufte er sie heimlich wieder auf und konnte durch den Kursanstieg, als die Nachricht vom Sieg der Briten für alle eintraf, hohe Gewinne verzeichnen.

Digitale Überforderung als Fortschrittsmotor

Noch mehr Unverständnis erntet Schirrmacher bei der jungen Generation der Digital Natives, also derjenigen, die mit dem Internet aufgewachsen sind und folglich auch gar keine andere kommunikative Umgebung kennen als die totale Vernetzung. „Was mich angeht, so muss ich bekennen, dass ich den geistigen Anforderungen unserer Zeit nicht gewachsen bin. Und auch nie gewachsen war", schrieb der Premium-Blogger Sascha Lobo in „Spiegel Online". Allerdings sei er der Meinung, dass es fast allen Menschen ebenso geht und auch immer so gegangen ist, seit unsere Ahnen von den Bäumen herabgestiegen sind und sich an den Aufbau der Zivilisation machten. Überforderung sei sogar eine wichtige Triebfeder des zivilisatorischen Fortschritts, schreibt er – allerdings nur, wenn sie keine resignative sei wie die eines Frank Schirrmacher (so Andrian Kreye in der *Süddeutschen Zeitung*), sondern eine konstruktive. Indem er der notwendigen Debatte um die technologische Entwicklung und ihre Auswirkungen auf die digitale Gesellschaft den Stempel der Ablehnung und der Resignation aufgedrückt habe, indem er also mit der modernen Welt hadere, erweise er seinen Lesern letztlich einen Bärendienst.

Schirrmachers Sicht der Informationsgesellschaft erscheint als eine rein mechanistische und damit zutiefst menschenverachtende. Überflute die Leute nur lange genug mit Informationen, und sie werden aufhören, selbständig zu denken, und nur noch fremdgesteuert durchs Leben torkeln. Er kann sich nicht vorstellen, dass Menschen sehr wohl die Fähigkeit besitzen – oder dabei sind, die Fähigkeit zu entwickeln –, haarscharf zwischen relevanten und irrelevanten Informationen zu unterscheiden.

Schirrmacher kann – oder will – nicht erkennen, dass Homo sapiens sich in den vergangenen 50 000 Jahren stets und immer wieder einer veränderten Kommunikations- und Informationsumgebung anpassen musste, und dass er es ganz gut gemacht hat. Der Mensch des Jahres 2009 ist nicht die Krone der Schöpfung, sondern eine Zwischenstufe in einer Entwicklung, die erst dann zu Ende sein wird, wenn unsere Sonne vielleicht einmal verglüht und der letzte Mensch die Augen schließt. Bis dahin werden wir fortfahren, uns immer und immer wieder den neuen Herausforderungen zu stellen, die Veränderung – wir wollen lieber nicht von „Fortschritt" reden – in den Informations- und Kommunikationstechnologien uns abverlangt.

Ja, Jugendliche leiden immer häufiger unter CPA, dem „Continuous Partial Attention"-Syndrom, das die Microsoft-Anthropologin Linda Stone, von der in diesem Buch bereits die Rede war, vor Jahren diagnostizierte und das eine starke Ähnlichkeit mit dem Multitasking eines PC hat. Das ist aber nicht, wie Schirrmacher behauptet, „Körperverletzung". Das ist auch keine Zivilisationskrankheit, sondern eine evolutionsbedingte Anpassung an eine veränderte Umwelt. Stone selbst beschreibt CPA als eine Reaktion auf die wachsende Zahl von Kommunikationsangeboten, die uns über eine wachsende Zahl von Kanälen erreichen. Unsere Reaktion darauf sei triebgesteuert, sagt sie, denn wir nehmen den Versuch, mit uns zu kommunizieren, als Hilferuf wahr: Hier ist ein Mensch, der will zu dir! Die Evolution hat uns mit gutem Grund mit dem instinktiven Wunsch ausgestattet, auf solche Rufe zu antworten, weil er uns einen Vorsprung verschafft im ewigen Rennen um das Überleben des Einzelnen und seiner Art.

Lobo erinnert an die Bibliothek von Alexandria, die im Altertum sozusagen das war, was Google für das Digitalzeitalter ist, nämlich eine Sammelstelle für das gesamte verfügbare Weltwissen. Um 50 vor Christus umfassten die Bestände rund 500 000 Schriftrollen, die sich bei einer durchschnittlichen Länge von acht Metern zu einer Gesamtlänge von rund 4 000 Kilometern addierten. Hätte sich ein Mensch die Mühe machen wollen, sie alle zu lesen, hätte er umgerechnet etwa 75 Jahre dafür benötigt. „Der Berg des Wissens ist viel, viel höher geworden seit der Antike – unbesteigbar für den Einzelnen war er seit Beginn der Aufzeichnungen", schreibt Lobo.

Aber darum geht es auch gar nicht. Der Mensch besitzt eine beachtliche Fähigkeit, den Kopf auch in der Informationsflut über Wasser zu halten. Er hat sich im Laufe seiner Geschichte immer wieder Filtermechanismen geschaffen, die ihm geholfen haben, Relevantes von Irrelevantem zu unterscheiden. Früher waren das Priester, später Schriftgelehrte, in den Tagen der Moderne waren es oft Redakteure von Zeitungen und später von elektronischen Medien wie Funk oder Fernsehen, denen dadurch natürlich eine beträchtliche Macht bei der Meinungsbildung zufloss. Dieses Meinungsmonopol ist in Gefahr, und Leute wie Frank Schirrmacher fürchten sich mit Recht davor. Denn heute funktionieren andere Filtersysteme. „Der Redaktion steht hier nämlich das Kollektiv gegenüber", sagt Lobo. Es sei völlig falsch zu glauben, dass Google die Themen vorgibt. „Google hat nur zuerst erkannt, dass letztlich keine Berechnung alleine herausfinden kann, was für uns entscheidend ist. Das vermögen nur Menschen selbst." Google sei nur deshalb so erfolgreich, weil es verstanden hat, das Netz zu nutzen, um menschliches Denken nachzuvollziehen. Statt zum Sklaven des Computers werde der Mensch in der Gemeinschaft des Internets vielmehr zum Lenker der Informationsströme. Ja, das setzt eine gewisse Medienkompetenz voraus, und vor diesem Hintergrund ist das Fehlen von Internetkompetenz bei Lehrern und Erziehern an den Schulen und Hochschulen in Deutschland nachgerade ein Skandal! Aber im Zeitalter von Web 2.0 und Mitmach-Internet holen sich junge Menschen ihre Medienkompetenz bei ihren Zeitgenossen ab. Sie lernen von Kindesbeinen an das vernetzte Denken – ja, sie können am Ende gar nicht anders denken. Und das ist gut so! Wer da nicht mitkommt, der ist für diese jungen Menschen einfach kein adäquater Gesprächspartner. Er ist für sie nicht relevant.

Das Internet und die Krise

Das soll nicht heißen, dass Kritik am Internet ausschließlich eine Sache von Kulturpessimisten ist. Es gibt tatsächlich Beispiele dafür, wie die Computer unserer Kontrolle zu entgleiten drohen. Das Beste dürfte der Beinahe-Zusammenbruch der globalen Finanzmärkte gewesen sein.

Wie konnte das passieren? Google hatte es doch schon lange vorhergesagt, was sich da im Spätjahr 2008 an den Finanzmärkten der Welt zusammenbraute. Wer nach „mortgage crisis" suchte, fand damals Artikel aus dem Jahr 2003, in denen bereits vor dem Platzen der Immobilienblase in den USA gewarnt wurde. Es konnte also keiner behaupten, er habe es nicht gewusst.

Eigentlich müsste das Internet also wie ein Frühwarnsystem funktionieren – tut es aber offensichtlich nicht. Das kann nicht daran liegen, dass Banker nicht surfen. Wohl aber, so scheint es, schauen sie sich die falschen Seiten an. Wer immer nur wie ein Kaninchen auf die Schlange auf die Aktienkurse bei Bloomberg starrt, dem geht über kurz oder lang die Übersicht übers große Ganze verloren.

Das globale Finanzsystem ist durch die Technologie der New

Economy in atemberaubendem Tempo beschleunigt worden. Das Problem ist nur: Die weltweiten Regulierungssysteme und Bürokratien hängen immer noch im Analogzeitalter fest. Jeder Amateur-Investor mit einem Online-Maklerkonto und einem Breitbandanschluss kann heute ein Global Player sein. Aber er tut es am Rande oder sogar außerhalb des abgesteckten Spielfelds des klassischen Finanzmarkts. Früher rief man seinen Broker an, um eine Order zu platzieren. Heute mutieren triviale Konversationen per Black-Berry plötzlich zu Millionen-Transaktionen. Sie möchten einen Credit Swap von 100 Millionen Dollar aufsetzen? Eine Instant Message an einen Hedgefonds auf den Caymans genügt. Alles völlig unbeaufsichtigt, unkontrolliert, aber am Schluss mit einem netten Smiley signiert. Kein Wunder, dass unser altes Finanzsystem nicht mehr funktioniert.

Alan Greenspan, der große amerikanische Zentralbanker, war es, der davon schwärmte, das Internet ermögliche es der Finanzwelt, „Risiko zu verteilen" und „komplexe Finanzprodukte zu schaffen, zu bewerten und zu handeln". Dass aber selbst gestandene Finanzprofis von der Flut der Online-Informationen überschwemmt werden, hat er nicht bedacht. Das Ergebnis: Statt eigenverantwortlich zu handeln, folgen sie ihrem Herdeninstinkt – notfalls in den Abgrund. Das scheint Alan Greenspan übrigens durchaus erkannt, zumindest aber geahnt zu haben, als er vor einem Kongressausschuss einmal sinnierte: „Unternehmen scheinen gleichmäßiger als früher zu reagieren. Innovationen werden nicht nur früher, sondern auch synchroner eingeführt. Der Wandel wird so in zunehmend kürzere Zeitrahmen gepresst." („Corporations appear to be reacting more uniformly then before. Adaptation is occurring not only more early, but also more synchronously than ever. Change is being compressed into increasingly shorter time frames.")

Das Internet war also tatsächlich schuld an der globalen Finanzkrise, weil es systematische Verfehlungen im globalen Finanzgefüge mit „Cyberspeed", im Internet-Tempo, wie ein Pestvirus rund um den Globus verbreitet hat. Das ist die schlechte Nachricht. Die gute: Das Internet hat es Zentralbanken, Wirtschaftspolitikern und Finanzexperten ermöglicht, schneller und konformer als je zuvor auf den drohenden Kollaps des Systems zu reagieren. „Es ist so, als hätten sie alle in einem Raum gesessen, sich gegenseitig in die Bücher geschaut und in enger Abstimmung gehandelt", wundert sich der US-Unternehmensberater Zachary Karabell. Und auch das Magazin *Newsweek* kam zu dem gleichen Schluss: „Die Werkzeuge, die zur Krise geführt haben, haben die Reaktion darauf ermöglicht." Nationalbanken, Finanzministerien und Schatzkanzler in den wichtigsten Industrienationen hätten zwar unabhängig voneinander gehandelt, aber Informationen über Bilanzen, Liquiditätsengpässe und versteckte Risiken „per Mausklick und mit den gleichen Modellen ausgetauscht". Dadurch wären sie besser in der Lage gewesen, sich abzustimmen, als wenn sie tagelang irgendwo zusammen in einem Konferenzraum gesessen hätten.

Es gilt Lehren zu ziehen aus der ersten globalen Finanzkrise des Internet-Zeitalters. Die Wirtschaft 2020 braucht Online-Systeme, die in der Lage sind, selbst komplexeste Finanzinformationen so darzustellen, dass sie ein Mensch verstehen kann. Der Risikokapitalgeber Paul Kedrosky fordert von den Internet-Entwicklern eine Art Armaturenbrett mit Knöpfen und Zeigern, das das komplexe Geschehen in den Kreditmärkten, bei Derivaten und Aktien auf einen Blick überschaubar macht. Statt endloser Tabellen wünscht er sich einfache Infografiken mit Säulen oder Balken in Ampelfarben (Grün ist gut, Rot ist schlecht), die Finanzmanager aus ihrem Dämmerschlaf aufschrecken und frühzeitig zum Gegenlenken anstiften sollen.

Ein solches System müsste aber auch Einblick geben in die bislang verborgenen Finanzströme, die per Handy und SMS um den Globus schwappen. Die Finanzaufsichtsbehörden müssen den Wildwuchs des „rogue trading" per Instant Messaging und andere Kommunikationssysteme in den Griff bekommen, die heute noch außerhalb jeglicher Compliance-Aufsicht stehen. Eine solche Aufgabe übersteigt die technischen, aber auch die organisatorischen und gesetzlichen Grenzen einzelner Nationalstaaten. Welche internationale Institution dafür am besten geeignet ist, darüber wird noch viel gestritten werden. Womöglich wird auch hier die Welthandelsorganisation am Ende als der geeignetste Kandidat herauskommen – zumal sich gerade ein weltpolitischer Konsens abzuzeichnen scheint, die WTO zu einer globalen Finanzaufsichtsbehörde auszubauen.

Und die Wirtschaft 2020 muss Systeme schaffen, die Händler besser überwachen und Transparenz im Markt schaffen – damit wir nicht wieder auf dem falschen Fuß erwischt werden. Das ist einfacher, als es zunächst klingt, denn jede Finanztransaktion läuft heute über Computernetze. Und es gibt geeignete Systeme, um zumindest innerhalb von Firmennetzwerken und Trading-Systemen festzuhalten, wer wann was getan hat. Das Internet vergisst nichts, und nichts lässt sich auf Dauer geheim halten. Das ist die erfreuliche Seite der neuen Transparenz, die wir ansonsten meist nur als Bedrohung unseres Privaten wahrnehmen.

Das Internet ist an vielem schuld, an kognitiven wie an finanziellen Krisen. Es kann uns aber auch dabei helfen, diese Krisen zu meistern. Insofern ist das Netz sogar unsere einzige Hoffnung.

Index

1&1 191

Accenture 156
Access Management 220
Accor 76
Affiliate Marketing 135
Alice im Spiegelland 52
Amazon 5, 104, 114, 176, 182
Ambrozy, Peter 108
American Telephone & Telegraph Company *siehe* AT&T
Andersen, Arthur 36
Anderson, Chris 24, 35
Andreessen, Marc 44
Apache 44
Apple 51
Application Service Providing *siehe* ASP
Arbeit 2.0 70
Arcandor 154
Aronia-Wurst 145
Asien für den Mittelstand 38
ASP 164, 172
Astore 147
AT&T 11
Attali, Jacques 72
Auktionen 201
Außendienst 18
Autobytel 90ff.
AutoScout24 29

Bachem, Christian 136
Bachem, Erich 23
Back To The Core 14
Bad Waldsee 23
Bahlsen, Hermann 1
Bain & Company 14
BARC 19
Basel II 199
Bauer, Wilhelm 58
BearingPoint 17
Becker, Franklin 58

Bedarfsbündelung 30
Belitz, Steffen 108
Bell, Alexander Graham 10
Benz, Karl 1
Berg, Achim 163
Berra, Yogi 73
Beschaffungsportale 27, 33
Beschwerdemanagement 88, 107, 128, 142
Bestler, Tassilo 108
Beziehungsmanagement 86
Beziehungsnetzwerk, kundenzentriertes 90ff.
Bezos, Jeff 5
Bigfon 66
Bildtelefon 66
Bing 30, 212
Bitkom 45, 223
Blach, Roland 60
Blog 53, 81, 142, 145
Bolz, Norbert 146
Bosch, Robert 1
Brin, Sergey 5
Brose 61ff.
BSI 191, 201
Bundesamt für Sicherheit in der Informationstechnik *siehe* BSI
Bundesverbands Digitale Wirtschaft *siehe* BVDW
Büro der Zukunft 58
Büro, papierloses 17
Busch, Wilhelm 141
Business Application Research Center *siehe* BARC
Business Process Outsourcing 157
BVDW 135

Capellaro, Christoph 200
Car.com 92
CardSpace 185
CarSmart.com 92
Cartellieri, Max 29, 30

CarTV.com 92
Castells, Manuel 77
CCR 133
CeBIT 163, 226
Cerf, Vinton 7, 8, 9
Chambers, John 39, 65
Chat 81, 223
Christie's 113
Chrysler 36
Ciao 28, 102, 141
Cisco 16, 40, 65ff.
Clayton, Feri 19
Clean Desk 62
Cloud Computing 37, 154, 157, 162, 171ff., 176, 178f.
Cloud Governance 176, 179
Coase, Ronald Harry 33, 34
Coburg 61f.
Colocation Server Hosting 192
ComCult Research 30
Community 54
Companion 136
Computer Bild 118
Concurrent Engineering 51
connect 74
Connectivity 74
Continuous Partial Attention Syndrome *siehe* CPA
Coopetition 90
Cornell University 58
Coworking Area 78
CPA 80, 229
Crawler 139f.
CRM 87f., 132, 150, 158, 161, 167, 185, 208
Cross Site Scripting 190
Crowdsourcing 45
Customer Asset Management 87, 106
Customer-Centric Retailing *siehe* CCR
Customer Relationship Management *siehe* CRM

Dalal, Brinda 17
Dallmayr, Alois 101
Dark fiber 43
Darwin, Charles 89
Dawo, Jürgen 123
Dedicated Server Hosting 192

Deep collaboration 51
Demand Chain Management 12, 85
Denk, Gunter 38, 39
De-Provisioning 206f.
Deutsche Bahn 119
Deutscher Sparkassenverlag 122, 200
Deutsche Standards – Aus bester Familie 61
Dialog 53
Dialogmarketing 128
Die dritte Welle 103
Die kundenfeindliche Gesellschaft 118
Die neue Macht des Kunden 106
Die Welt ist flach 39, 50
Digital Natives 81, 223
Digital Nomad 72
Direktmarketing 126f.
Dokumentenmanagement 17, 23
dooyoo.de 141
Dotcom-Blase 41, 173
Dueck, Gunter 223
Duo Billing 222

eBay 5, 26, 66, 112, 193, 201
E-Billing 21, 198
E-Business 2, 36, 136, 194
eCard 196
ECM 17, 19
eco 189
E-Commerce 2, 36, 84, 110, 112, 115, 133, 194
Economist 75
edelight 108
EDI 14
E-Enabling 13, 16
eGK 196
Einkommensnachweis *siehe* ELENA
E-Invoicing 21, 197
Electronic Data Interchange *siehe* EDI 14
Elektronische Gesundheitskarte *siehe* eGK
ELENA 21, 196
ELSTER 21, 196, 198
ELViS 195
E-Marketing 125
Emnos GmbH 132
Enron 36

Enterprise Resource Management *siehe* ERP
E-Peeping 79
E-Procurement 12, 85, 93, 96
E-Provisioning 203, 206
E-Recruitment 214f.
Erlacher, Walter 146
Ernst & Young 200
ERP 150, 159f., 167, 207
E-Services 15
Ethernet 11
Extended Enterprise 89, 93

Facebook 5, 221, 223
Facility Management 210
fahrrad.de 129ff.
Fahrzeugakte, digitale 23
Feedback-Management 142
Fijneman, Rob 36
Filter, kollaborativer 104
Flashing 79
Flash Trades 37
Flickr 173
Fon 41, 42
Forrester 172
Fourastié, Jean 119
Fraunhofer-Institut für Arbeitswirtschaft und Organisation (IAO) *siehe* IAO
Fraunhofer-Institut für Digitale Medientechnologie *siehe* IDMT
Fraunhofer Kompetenzzentrum Virtual Environments 60
Freese, Ludger 144f.
Freetas 226
Freizeitfahrzeuge 23
Friedman, Thomas L. 39f., 43, 50, 52
Frosch Sportreisen 54
Funkausstellung 66

Gabel-Schmidt 18
Garbologist *siehe* Dalal, Brinda
Gartner Group 143
Gärtner, Matthias 191, 201
Gates, Bill 68
Gebehenne, Markus 137f., 140
Gehirnscan 222
Gehry, Frank 58
geizkragen.de 102, 110

Generation Internet: Die Digital Natives 225
Geschäftsreisen 65
Glasfaser 40
Globales Umsatzsteigerungssystem 94
Globalization 3.0 39
Gloger, Axel 59
Goldbeck 69
Google 5, 30, 42, 75, 102, 137ff., 163, 165, 176, 230, 231
Google Docs 163
Google Mail 173
Googlenomics 137
Googleplex 75
Governance, Risk Management & Compliance *siehe* GRC
Gray, Steve 132, 133, 134
GRC 179
Great Depression 35
Greenfield Online 30
Greenspan, Alan 49, 232
Greve, Gustav 119
Grid Computing 172
Grohmann, Werner 163f., 166
Gromball, Paul 27
Grundig, Max 1
Grüne Büros 59
Grunegger, Stefan 130f.
guenstiger.de 102, 110

Hall, Wendy 181, 186f.
Hamburger Sparkasse 121
Hammami, Daniela 195
Happy slapping 79
Harvard Business Review 33, 116
Henn, Gunter 59
Herbert, Liz 166
Heuser, Achim 122
Hewlett-Packard 219
High Definition 67
High-Speed Trading 37
Hinrichs, Lars 5
Holl, Alexander 141f.
Home Office 58, 78
Homo oeconomicus 222f.
Hotmail 173
Hotspot 41f., 72
HRM 208
hrworks.de 165

Human Fertilisation and Embryology
 Authority 187
Human Resource Management
 siehe HRM
Hybrid spaces 58
Hymer 23
Hymer, Erwin 23
Hypo Real Estate 35

IAM 220
IAO 60, 70
IBM 15, 18f., 31, 44, 156, 223, 226
IDC 171f.
Ideas at Work 57
Identität, digitale 172, 181, 187, 201ff.
Identitätenklau 188
Identitätsmanagement 86, 181
Identity-Federation 177
Identity Management 106, 172, 179, 202ff., 210, 214
Identity Theft 188
IDMT 60
Industrie-Ökosystemen 33
Infomediär 27
Initiative D21 183
Insiderhandel 38
Insourcing 13, 48, 50, 169
Institute for the Future 42, 74
Integralis 165, 189
International Workplace Studies
 Program 58
Internet-Kühlschrank 8, 9
Internet Protocol *siehe* IP
Internet-Waage 9
Intrashop 192
IP 7, 49, 170
iPod 72
ITC 80
Itellium Systems & Services 153
IT-Grundschutz-Handbuch 201

Jack Wolfskin 155
Jobbörse 215, 217f.
Jobs, Steve 51
Jones Lang LaSalle 58
Jühling, Ernst 61

Kaethner, Udo 197
Kahn, Bob 7

Kaltenböck, Robert 200
Kaprun 54
Kartellamt 34
Kasachstan 50
Kaypro II 73
Kedrosky, Paul 233
Kernkompetenz 50
Keynes, John Maynard 101
KGB 73
kohlpinkel.de 145
Kollaboration 40, 51
Konnektivität 77
Konvergenz 49
KPMG 36
Kraus, Matthias 172
Kromi AG 120f.
Krüger, Timo 54, 55
Krugman, Paul 101
Kundenbindung 5
Kundenkartell 27
Kundenstrategie 31
Kunden-Universum 93f.
Kundenwissen 104
Kuppinger Cole + Partner 172
Kuppinger, Martin 195

La Fonera 42
Lambert, Martin 122
Langenscheidt, Florian 61
Lederer GmbH 137f., 140
Lederer, Klaus 138
Lehnert, Susanne 200
lexoffice.de 165
LG 9
Lifesize 67
Light Fusion 60
Lindemann, Martin 194, 198
LinkedIn 215
Linux 226
Lobo-DMS 23
Lobo, Sascha 228, 230
Loewe AG 20
London School of Economics 29
Loutro 75
Loyalität 105
Lukas, Horst 193
Lundborg, Wilhelm 66

MacBook 72
Makimoto, Tsugio 72
Malone, Tom 33
Managed Services 162, 166ff.
Manners, David 72
Marketing, virales 144f.
Märklin, Caroline 1
Marktplatz, elektronischer 15
Massenmedium neuen Typs 127f.
Maurer, Andreas 189, 191, 193
McKinsey & Co 12, 46, 156
Meeting, virtuelles 65
Meinungsportal 28, 141f.
Mesonic 18
Metcalfe, John 11
Metro 47
Michel, Jürgen 21, 22
Microsoft 42, 64, 68, 80, 150, 158, 160, 163, 166, 173, 176, 185, 189, 229
Mihm, Frank 64f., 68
MIT 33, 58
MIT Media Lab 41
Mitmach-Internet 53, 143f., 231
Mitterrand, François 72
Mobile lifestyle 73
Mobilität 79
Modem 73
Moore's Law 39
Mosaic 44
Müller, Werner 118, 194
Multipoint 67
mybratwurst.de 144
my-eShop 193
my.frosch 55
myhammer.com 215
MyRide.com 92
MySpace 221, 223

Negroponte, Nicholas 41
Netzwerkeffekt 10, 11
Neue Brose Arbeitswelt 61
New New Economy 24f., 35
New York Times 39, 80, 186
Nicolaus, Thomas 67
Nike 53
Nomad Café 72
Non-territoriale Arbeitsplätze 62
NTT 174

OCS 68
Office Communicator Server *siehe* OCS
Offshoring 45
Ohse, Kay 63f., 67f.
Omidyar, Pierre 5
Online-Auktionen 25, 89, 113f.
Online-Community 53, 129
Opel 34f.
OpenID 185
Openshop 192
Open Source 44, 185
Open Space 210, 219
Oracle 160, 189, 207
Outsourcing 13f., 33, 37, 45, 50, 52, 119, 154, 166, 177, 205

Page, Larry 5
Palfrey, John 81, 225
Palo Alto 42, 74
Palombo, Patrick 152f.
Participation 44
Password Self-Reset 204
Pay per Click 134
Pay per Sale 134
Performance Marketing 134ff.
Permission Marketing 136f.
Personalwesen 205, 208
Pfeiffer, Uwe 120f.
Pizza Hut 51
Polycom 63, 67
Posteingangsbearbeitung 19
Postini 165
Power Shopping 25, 27, 89
Praktikanten-Syndrom 206
Preisagent, elektronischer 25, 89
Preisagentur 110, 117
preiscomputer.de 118
Preisfindung, variable 26
Preissuchmaschine 28
Priceline 114ff.
Primondo 154
Profiling 182
Prognos AG 120
projectplace.de 165
Prosument 103
Prozessoptimierung 14, 21
Pullman 76

Index

Qualitätskontrolle 18
Quelle 152ff.
QXL.com 112

Randlkofer, Therese 101
Ranking-Betrug 139
Rechnung, elektronische 21
Rechnungsversand, digitaler 21
Rechnungsversand, elektronischer 21
Reputation Management 141
Retourenquote 153
Reverse auctioning 114
RFID 47f., 212
Rocco Forte 76
RoundTable 64f.
RVF 146

SaaS 154, 163ff., 172, 177, 179
SaaS-Forum 163
Sachbearbeitung, digitale 20
Sachsen-Coburg und Gotha,
 Herzogtum 61
Saffo, Paul 42, 74
SAML 176
Samsung 9
SANET 38
Sarbanes-Oxley-Gesetz *siehe* SOX
Schaffrin, Markus 189
Scheer, Markus 69
Schiklang, Michael 19f.
Schirrmacher, Frank 227ff.
Schmidt-Lucht, Michaela 18
Schrifterkennung 19
Schüler, Christoph 20
SchülerVZ 223
Schwarz, Torsten 53
Search Engine Optimization
 siehe SEO
Security Assertion Markup Language
 siehe SAML
SEO 138ff.
Servicewüste 118, 123
Shared Desktop 68
Shipler, David 225f.
Signatur, digitale 21, 186, 194f., 197f.
Single Sign-on 203f.
Skill-Datenbank 216f.
Skype 66f.
Sloan-Managementakademie 33

Smart device 75
Smartphone 41, 76, 80, 158, 219
SMS-Marketing 135
Social-Media 142
Social Network 211, 214f.
Software as a Service *siehe* SaaS
Softwareagent 33, 36
Softwareroboter 28, 110, 117, 139
Sommer, Guido 65
Sotheby's 113
Southampton University 181
SOX 36, 175
Spooth, Sebastian 78f.
SQL Injection 190
Standard & Poor's 200
Stata Center 58f.
Statista GmbH 112
Staudt, Erwin 31
Steiff, Margarethe 1
Stein, Hartmuth 165
Stone, Linda 80, 229
Strassemeyer, Karl-Heinz 226
Strategic Alliance Network
 siehe SANET
Studio 70 78f.
Sturm, Udo 201
Stylefinder 108
Supplier Alignment 133
Supply-Chaining 46
Svendsen, Mikkel deMib 142

Tampe, Steffen 17, 21f.
Tandberg 67
Tchibo 5
TCP/IP-Protokoll 7
Technologie Management Gruppe
 siehe TMG
Teilzeitbeschäftigung 225
Telekom AG 66, 119
Telepräsenz 63f.
The Future of Work 33
The Long Tail 35
The Working Poor 225
Ticketmaster 188
Tittel, Stefan 197
TMG 93
Toffler, Alvin 103
Tominaga, Minoru 118, 123
Top-down-Unternehmen 33

Town & Country Haus 123
tracdelight.com 108
Trackingsystem 123
Transaktionskosten 34
Transformation, digitale 12ff., 25, 83ff.
Transparenz 31
Traut Bürokommunikation 21
TU Dresden 59
T-View 100 66
TV-Shopping 25
Twitter 77, 142, 219, 221, 224

Universal Resource Identity *siehe* URI
Universität Würzburg 19
University of North Carolina 222
University of Southern California 77
UPS 48
Urban Nomadism 72
Urchs, Ossi 54, 127, 224
URI 181, 186
User Content 29

VDR 65
Verband Deutsches Reisemanagement *siehe* VDR
Videokonferenz 61ff., 163, 224
Virtual Directories 202
Vodafone 57
Voice over IP 219
Volkswagen AG 59

Walker, Jay 115f.
Waters, Christopher 72
Web 2.0 45, 53, 77, 102, 143f., 146, 231
WebSphere 44
Weinreich, Karl-Heinz 146f.
Wenzel, Eike 148
Wiegenstein, Andreas 189ff.
Wiki 57
Wikipedia 81, 143, 225
Winzerblog 145f.
Wired 24, 35
Wirtschafts-Darwinismus 33
Wirtschaftskrise 34
WLAN 42, 211
Work 2.0 70
Workflow 40
Workforce Analysis 208
WorldCom 36
world-wide-wurst.de 144

Xerox 17
Xing 5, 215

Y2K 149
Yatego 193

Z1 39
Zuckerberg, Mark 5
Zukunftsinstitut 148
Zuse, Konrad 39

Digitale Aufklärung

Warum uns das Internet klüger macht

Tim Cole und Ossi Urchs

Carl Hanser Verlag

Es ist schick geworden, das Internet und die digitale Vernetzung für allerlei Übel der Menschheit verantwortlich zu machen. Kulturpessimisten diagnostizieren eine aufkommende „digitale Demenz" und zeichnen das düstere Bild einer Zukunft, in der Menschen aufhören, selbstständig zu denken. Die Internet-Experten Tim Cole und Ossi Urchs vertreten eine radikal andere Position: Das Internet macht uns klüger. Wer alle Möglichkeiten der Vernetzung ausschöpft, kann sich mit anderen zusammentun, um Missstände der Politik anzurangern, kann Unternehmen gründen und gemeinsam mit anderen an sozialen Projekten arbeiten. Wir sind der Digitalisierung nicht hilflos ausgeliefert, wir können sie sinnvoll gestalten.

Hanser

Technik verkaufen

Verkaufen für Techniker

Tim Cole

Forsthaus Verlag

Technik kann faszinierend sein. Sie kann aber auch verängstigen oder abschrecken. In diesem Dilemma befinden sich viele Verkäufer technischer Produkte, insbesondere dann, wenn sie selbst Techniker sind, der Käufer aber nicht, sondern Manager.

Bits und Bytes, Drehzahlen, Arbeitsspeicher oder Datengeschwindigkeit: Darüber kann ein Techniker stundenlang schwärmen. Sein Kunde aber langweilt sich oder versteht nur Bahnhof.

Dieser Praxisleitfaden soll helfen, die Kommunikation zwischen Techniker und Nichttechniker, zwischen Verkäufer und Kunde zu verbessern und beide zu einem befriedigenden Abschluss zu bringen. Das ist eine echte Herausforderung für beide.

Forsthaus